内 容 简 介

　　本教材立足高职园林类专业实际，从园林植物个体、种群、群落、生态系统、景观五个层次阐述园林植物与其环境之间的相互关系，力求为园林植物栽植、园林植物群落构建、园林生态系统营建与养护、城市园林绿地规划设计等方面提供生态科学的理论基础，为园林从业人员奠定生态学素养。为提高高职学生专业素养，本教材每章都编写了相应的实训项目；列举了6个园林绿地规划设计案例，力求让学生理解生态理论在园林实践的应用；此外还编写了园林生态可持续发展和生态文明的相关内容，便于了解生态科学的新知识和新理论。

　　本教材从园林类专业的人才培养目标和教学实践出发，比较清晰地介绍了园林生态学的基本理论和基本技能，基本反映了生态学的新知识、新成果，注重生态学理论联系园林绿化实践，实训项目的安排，力求可操作、易实现。本教材内容新颖，文字简单明了、通俗易懂，便于教学组织和自主学习。每章后有复习与思考题，便于学生巩固学习效果。

　　本教材可供高职高专园林专业学生学习使用，也可供相关专业学生和广大园林科技工作者参考。

"十三五"职业教育国家规划教材
高等职业教育农业农村部"十三五"规划教材

园林生态学

第三版

张先平　主编

中国农业出版社

北京

图书在版编目（CIP）数据

园林生态学/张先平主编．—3版．—北京：中国农业出版社，2019.11（2022.11重印）
高等职业教育农业农村部"十三五"规划教材 高等职业教育农业农村部"十二五"规划教材
ISBN 978-7-109-26200-3

Ⅰ．①园… Ⅱ．①张… Ⅲ．①园林植物－植物生态学－高等职业教育－教材 Ⅳ．①S688.01

中国版本图书馆CIP数据核字（2019）第242786号

中国农业出版社出版
地址：北京市朝阳区麦子店街18号楼
邮编：100125
责任编辑：王 斌
版式设计：杨 婧 责任校对：刘飔雨
印刷：北京通州皇家印刷厂
版次：2009年10月第1版 2019年11月第3版
印次：2022年11月第3版北京第4次印刷
发行：新华书店北京发行所
开本：787mm×1092mm 1/16
印张：12.25
字数：290千字
定价：39.50元

版权所有·侵权必究
凡购买本社图书，如有印装质量问题，我社负责调换。
服务电话：010-59195115 010-59194918

第三版编审人员

主　编　张先平
副主编　陈家武　王润莲
编　者（以姓氏笔画为序）
　　　　　王润莲（内蒙古农业大学职业技术学院）
　　　　　冉茂中（南充职业技术学院）
　　　　　衣晓明（深圳职业技术学院）
　　　　　何晓亮（黑龙江职业学院）
　　　　　张先平（太原学院）
　　　　　陈家武（湖南生物机电职业技术学院）
　　　　　薛竣桓（苏州农业职业技术学院）
审　稿　谷　茂（深圳职业技术学院）

第一版编审人员

主　编　谷　茂（深圳职业技术学院）
副主编　谢小玉（西南农业大学）
参　编　张春华（黑龙江畜牧兽医职业学院）
　　　　常介田（河南农业职业学院）
　　　　鲁朝辉（深圳职业技术学院）
　　　　王日明（湖南怀化职业技术学院）
主　审　邹志荣（西北农林科技大学）

第二版编审人员

主　编　张先平
副主编　陈家武
编　者（以姓氏笔画为序）
　　　　王润莲　冉茂中　衣晓明　何晓亮
　　　　张先平　陈家武　薛竣桓
审　稿　谷　茂

第三版 前言

"绿水青山就是金山银山"。随着城市化进程的加快，生态环境的改善显得越来越迫切，特别是人居环境更加受到人们的重视。园林生态学属于应用生态学范畴，它以园林植物与城市环境为主要研究对象，以创建健康人居环境为目的，调控人、生态与环境之间的关系，实现城市健康、持续发展。生态学理念和技术体系在现代城镇绿化实践中发挥着越来越重要的作用。为了更好地服务现代高职园林类专业的发展，特对《园林生态学》（第二版）教材进行了修订。

《园林生态学》第三版在第二版的基础上，按照个体生态、种群生态、群落生态、生态系统、景观生态、园林生态系统评价与可持续发展、园林生态学应用案例编排教学内容，并设计了相应的实训项目，并对各章节内容进行了调整和修订。

本教材由太原学院张先平主编。具体编写分工如下：张先平编写绪论；深圳职业技术学院衣晓明编写第一章和第七章第四节；内蒙古农业大学职业技术学院王润莲编写第二章、第三章和第七章第六节；苏州农业职业技术学院薛竣桓编写第四章和第七章第二节；湖南生物机电职业技术学院陈武家编写第五章和第七章第一节；黑龙江职业学院何晓亮编写第六章和第七章第五节；南充职业技术学院冉茂中编写第七章第三节。本教材由张先平统稿，由深圳职业技术学院谷茂审稿。

随着园林生态学理论和研究技术的不断丰富和发展，其内容体系也需要不断完善，限于编者水平有限，恳请读者提出富贵意见，以便进一步修订和完善（主编张先平邮箱：492889505@qq.com）。

编 者
2019 年 5 月

第一版前言

生态学在自然科学中是一门年轻的学科，也是最有活力的学科之一。作为一门新兴的学科，在应用中产生了许多应用性分支，如农业生态学、城市生态学、景观生态学、森林生态学、环境生态学等等。园林生态学即是现代生态学体系中一个年轻而活跃的分支。

园林生态学的科学体系是怎样的？它与城市生态学和景观生态学怎样分工？它在园林科学中应该扮演怎样的角色？它在园林生态实践中主要解决什么问题？这是本教材编者深入思考的问题。接受编写任务后，我们编写组前后召开了两次编写会议，研讨编写思路，完善编写大纲，努力探索有园林科学特色的、符合园林生态规律的园林生态学的科学体系，使其在理论体系上与植物生态学、城市生态学和景观生态学有明确的界别。在编写过程中，我们充分考虑高职类院校的教学任务和教学特点，努力融会园林生态领域的最新研究成果和发展，注重理论知识的新颖、系统和完整，兼顾技术和技能知识的规范、易学和可操作性。初稿完成后，经过副主编和主编把关，并请西北农林科技大学邹志荣教授审定全书。

本教材的编写分工为：谷茂编写绪论和第五章，并参与编写第一章第一、二节，第四章第一、二节；谢小玉编写第六章，第八章，并参与编写第四章第三节；张春华编写第一章第三、四、五节；常介田编写第二章；王日明编写第三章；鲁朝辉编写第七章并参与了全书的总策划。实训指导由谢小玉、常介田、鲁朝辉编写。深圳职业技术学院刘学军为第五章提供了图片并进行编辑。本教材广泛参阅、引用了国内外数十位专家、学者的著述、论文和图片，限于篇幅不能一一列出，在此一并致以诚挚的谢意。

由于时间仓促，编者水平有限，虽倾力撰著，然难免不足，诚请同行专家、学者批评指正。

编 者
2006 年 9 月

第二版前言

　　园林生态学是生态学理论在园林这一实践领域中的应用，是研究园林植物与其环境之间相互关系的一门学科。随着我国城市化进程的加快，城市园林绿化也面临着前所未有的挑战，如何科学合理地进行城市园林绿化的规划、建设、养护，为人提供适宜的生存、生活环境，从而实现城市的健康、持续发展，是每一位城市绿化科技人员应该深思的问题。为满足园林高职专业人才培养目标的需求，结合我国城市园林绿化行业实践，教材内容选取在第一版的基础上进行了一些调整，目的是为园林植物栽培养护、园林植物群落构建、园林绿地生态系统的养护管理以及城市园林绿地景观规划提供科学依据。为此，增加了园林景观生态、生态文明、园林生态学应用案例等内容，且增加了实训项目，便于学生了解园林生态学方面的新知识、新内容，提高学生园林生态学素养。

　　本教材的编写分工为：山西林业职业技术学张先平编写绪论；南充职业技术学院冉茂中编写第七章第三节；深圳职业技术学院衣晓明编写第一章和第七章第四节；内蒙古农业大学职业技术学院王润莲编写第二章、第三章和第七章第六节；苏州农业职业技术学院薛竣桓编写第四章和第七章第二节；湖南生物机电职业技术学院陈家武编写第五章和第七章第一节；黑龙江职业学院何晓亮编写第六章和第七章第五节。本教材由张先平统稿，由深圳职业技术学院谷茂审稿。

　　限于编者水平有限，本教材中错误和疏漏难免，欢迎使用者提出宝贵意见，以便进一步修订和完善。

编　者
2016 年 1 月

目录

第三版前言
第一版前言
第二版前言

绪论 1
 一、生态学概述 1
 二、园林与园林生态学 2
 三、现代生态学的热点问题 4
 四、园林生态学的学习内容与方法 6
 复习与思考题 8

第一章　园林植物与生态因子的关系 9

第一节　园林植物环境与生态因子的关系 9
 一、园林植物环境 9
 二、生态因子及其作用 10

第二节　非生物因子与园林植物的关系 12
 一、光因子 12
 二、温度因子 15
 三、水分因子 18
 四、土壤因子 21
 五、大气因子 24

第三节　生物因子与园林植物的关系 26
 一、微生物对园林植物的生态作用 26
 二、动物对园林植物的生态作用 28
 三、人对园林植物的生态作用 28

第四节　园林植物的生态效应与生态适应性 29
 一、园林植物的生态效应 29
 二、园林植物的生态适应性 32
 三、生物与环境的协同进化 37
 复习与思考题 37
 实训项目1-1　植物对水分的生态适应 37

实训项目 1-2　观察光照度对园林植物的影响 ………………………………… 38
实训项目 1-3　温度对园林植物的影响 …………………………………………… 38

第二章　园林植物种群生态 …………………………………………………………… 40

第一节　植物种群的概念和特征 ………………………………………………… 40
一、植物种群概念和特点 …………………………………………………… 40
二、植物种群的分布 ………………………………………………………… 41
三、植物种群的数量特征 …………………………………………………… 42

第二节　植物种群动态 …………………………………………………………… 43
一、植物种群数量动态的描述 ……………………………………………… 43
二、影响植物种群动态的因素 ……………………………………………… 44
三、植物种群调节 …………………………………………………………… 46

第三节　园林植物种群种间关系 ………………………………………………… 47
一、植物种群的遗传多样性 ………………………………………………… 47
二、植物种群的生态位分化与进化 ………………………………………… 47
三、植物种群种间关系 ……………………………………………………… 49

第四节　园林植物种群特点及其构建 …………………………………………… 50
一、园林植物种群特点 ……………………………………………………… 50
二、园林植物种群的构建 …………………………………………………… 51

复习与思考题 …………………………………………………………………… 52
实训项目 2-1　植物不同种群的生态位调查 …………………………………… 53

第三章　园林植物群落 ………………………………………………………………… 54

第一节　园林植物群落的物种多样性和结构特征 ……………………………… 54
一、园林植物群落的物种多样性 …………………………………………… 54
二、园林植物群落的结构特征 ……………………………………………… 55

第二节　园林植物群落的动态 …………………………………………………… 59
一、园林植物群落变化类型 ………………………………………………… 59
二、园林植物群落的形成与发育 …………………………………………… 60
三、园林植物群落的演替 …………………………………………………… 61

复习与思考题 …………………………………………………………………… 63
实训项目 3-1　园林植物群落的季相观察 ……………………………………… 64
实训项目 3-2　比较不同园林植物群落中植物多样性 ………………………… 65

第四章　园林生态系统 ………………………………………………………………… 68

第一节　生态系统 ………………………………………………………………… 68
一、生态系统的组成要素与作用 …………………………………………… 68

二、生态系统的基本特征 ·· 69
三、生态系统的结构与功能 ··· 70
四、生态系统平衡 ·· 71

第二节 园林生态系统的组成与特点 ··· 73
一、园林生态系统的组成 ·· 74
二、园林生态系统区别于自然生态系统的特点 ···························· 76

第三节 园林生态系统的结构 ·· 77
一、园林生态系统的组分结构 ··· 77
二、园林生态系统的空间结构 ··· 77
三、园林生态系统的时间结构 ··· 78
四、园林生态系统的营养结构 ··· 78

第四节 园林生态系统的功能 ·· 79
一、园林生态系统的能量流动 ··· 79
二、园林生态系统的物质循环 ··· 84
三、园林生态系统的信息传递 ··· 86
四、园林生态系统的服务功能 ··· 90

复习与思考题 ·· 91
实训项目4-1 园林生态系统物种组成 ··· 91
实训项目4-2 园林生态系统空间结构 ··· 92
实训项目4-3 园林生态系统分类 ·· 92

第五章 园林景观生态 ·· 94

第一节 园林景观生态概述 ··· 94
一、景观 ·· 94
二、景观生态学 ··· 95
三、园林景观生态 ··· 96

第二节 景观形成的因素 ·· 96
一、地质地貌因素 ··· 97
二、气候因素 ·· 99
三、土壤因素 ·· 99
四、植被因素 ·· 100
五、干扰因素 ·· 102

第三节 景观结构与空间格局 ··· 103
一、景观发育 ·· 103
二、景观结构的基本组成要素 ··· 104
三、景观异质性 ··· 112

第四节 景观过程与功能 ·· 113

一、生态过程与生态流概念 113
二、相邻景观要素间的物质流 113
三、生态流与景观结构 114
四、景观动态变化 116
五、景观功能 117

第五节　城市绿地景观生态规划 119
一、城市绿地景观的组成结构特点及演变 119
二、城市绿地景观生态规划的内容和原则 120
三、城市绿地景观系统规划的目标和步骤 121
四、城市绿地景观格局规划 123

第六节　园林景观生态美学欣赏 124
一、生态环境美学的理论概述 124
二、园林景观生态美及审美特征 125
三、景观生态美的审美情趣 127
四、园林景观生态美的实景欣赏 128

复习与思考题 130
实训项目 5-1　对校园进行绿地景观生态规划设计 131
实训项目 5-2　园林景观生态美学欣赏实训 131

第六章　园林生态系统评价与可持续发展 132

第一节　园林生态文明概述 132
一、生态文明的内涵 132
二、生态文明的背景及意义 133
三、园林与生态文明 133

第二节　园林的可持续发展 133
一、可持续发展的生态伦理观 133
二、园林可持续发展应遵循的原则及其支持系统 135
三、园林可持续发展的技术体系 137

知识拓展　园林生态系统服务评价 138
一、生态系统状态的评价 139
二、生态系统服务功能的评价 139

复习与思考题 141
实训项目 6-1　园林绿地景观生态服务功能评价 141

第七章　园林生态学应用案例 142

第一节　城市园林规划与设计 142
案例一　昆明城市绿地景观生态系统规划与设计 142

  一、城市绿地基本概况 142
  二、规划布局 142
  三、创建园林城市近期建设规划 144
  四、项目的主要技术经济指标及实施效果 144
 案例二 邯郸市城市绿地园林景观生态系统规划 145
  一、规划设计技术路线 145
  二、现状分析 146
  三、城市绿地系统布局规划 146
  四、主城区绿地景观生态系统规划 146
  五、绿化景观规划 148
  六、植物配置规划 148
  七、规划实施情况 148
第二节 山水园林规划与设计 148
 案例一 苏州古典园林的生态规划与设计 149
  一、苏州古典园林的概况 149
  二、苏州古典园林规划设计中的生态学分析 149
 案例二 第二届中国绿化博览会江苏园规划与设计 153
  一、方案概况 153
  二、设计理念 154
  三、植物规划 158
  四、江苏园设计方案的生态学考虑 161
第三节 湿地公园规划与设计 161
 案例 太原汾河湿地公园规划与设计 161
  一、太原汾河湿地公园的建设背景 161
  二、汾河湿地公园的规划设计理念 162
  三、汾河景区的功能分区 163
  四、汾河景区规划设计分析 166
  五、项目实施效果 166
第四节 保健性园林规划与设计 167
 案例 南京鼓楼医院仙林国际医院规划与设计 167
  一、保健型园林的概念 167
  二、项目背景 168
  三、项目规划 168
  四、生态分析 169
第五节 道路园林的规划与设计 169
 案例 川主寺至九寨沟公路景观生态系统规划与设计 169
  一、项目基本情况 169

二、项目建设目标和意义 ·· 170
三、项目规划 ·· 170
四、规划生态分析 ·· 172
能力拓展 ·· 172
第六节　社区园林的规划与设计 ·· 172
案例　广州大学城园林绿地规划与设计 ··· 172
一、地理位置 ·· 172
二、概况 ··· 173
三、设计理念 ·· 173
四、功能结构组织 ·· 173
五、景区划分及重要景观节点 ··· 174
六、植物配置 ·· 174
实训项目7-1　山水园林规划设计 ·· 175
实训项目7-2　呼吸保健型园林规划与设计 ·· 176
实训项目7-3　社区园林绿地的观察与实测 ·· 176

参考文献 ·· 178

绪　论

一、生态学概述

（一）生态学及其发展历史

1. 生态学定义　"生态学（ecology）"一词最早由索瑞（Henry Thoreau）于 1858 年提出，但并未给出确切的定义。德国生物学家海克尔（E. H. Haeckel）于 1866 年在《普通生物形态学》一书中引用了这个术语，并给下了定义。"ecology"一词源于古希腊文，由词根"oiko"和"logos"演化而来，"oiko"表示住所，"logos"表示学问。因此，生态学是研究生物"住所"的科学，即研究生物有机体与其环境之间相互关系的科学。

2. 生态学发展历史　生态学发展历史可分为三个发展阶段：经典生态学阶段、实验生态学阶段和现代生态学阶段。

（1）经典生态学阶段。这一阶段是指 18 世纪至 20 世纪 40 年代，该阶段主要是生态学的资料累积与生态描述。这一阶段由于西方一些国家对新大陆的探险以及发展与其他国家的海运贸易过程中发现了大量新的物种资源并加以描述分类，使已知的植物种类从 18 世纪的 20 000 多种增加到 19 世纪初的 40 000 多种。这些活动吸引了许多科学家包括植物学家的参加，如德国植物分类学家 Alexander von Humboldt 是第一位观察研究生物与环境关系的科学家，并应用海拔与纬度来描述植物分布与气候的关系，促进了植物地理学（phytogeography）学科的诞生。

英国自然学家 Charles Robert Darwin 在 1859 年出版的《物种起源》，标志着生态学理论研究取得重大突破，使生态学理论从一种机械描述模式向生物学、有机和进化的模式转变。这一时期许多新术语和概念不断出现，如 1866 年 Ernst Haeckel 提出的生态学概念，1875 年 Eduard Suess 提出了生物圈（biosphere）的概念。我国《本草纲目》等不朽巨著的问世，也促进了生态学从经验定性描述向半定量定性与定量相结合的实验生态学发展。

（2）实验生态学阶段。实验生态学阶段主要指 20 世纪 50~80 年代。到了 20 世纪，生态学之所以得到迅速发展，主要由于 18 世纪末世界范围内战争此起彼伏，造成森林严重破坏，进入 19 世纪后，工业革命给环境带来的影响日益加大，客观上要求人们去重新审视社会。20 世纪初，美国植物生态学先行者 Henry Chandler Cowles 首次提出了生态演替（ecological succession）的概念，促进了动态生态学（dynamic ecology）的研究与发展。1926 年，俄罗斯营养矿质学家和地理学家 Vladimir Vernadsky 在他的著名著作 *The Biosphere*《生物圈》中重新将生物圈定义为所有生态系统的总和。1930 年英国植物学家 Arthur George Tansley 的同事 Arthur Roy Claph 首次提出"生态系统（ecosystem）"一词，1935 Tansley 扩展了生态系统的定义，补充了"ecotope"的概念来说明生态系统的空间异质性，并以此解释自然界中不同生物具有不同的空间分布格局这一生物地理学特性。之后，Raymond Lindeman 引用了这种理念，并于 1942 年提出了 1/10 定律，促进了湖沼学（limnology）和生态学，特别是能量生态学的发展。Lindeman 的工作也大大促进了生态系统研究的继续深入。后来生态系统的思想与方法被美国非常有影响力的生物学家和能量学家 E. P. Odum 及其胞弟 H. T. Odum 所采纳，促进了生态系统生态学（ecosystem ecology）的产生与发展。

（3）现代生态学阶段。从 20 世纪 80 年代开始至今现代生态学发展比较迅速，主要表现为以下几个特点：

①研究尺度向宏观与微观两个方向发展。即分子—细胞—个体—种群—群落—生态系统—区域—景观—国家—全球。

②研究对象的转变。即由自然生态系统逐渐向自然—社会—经济复合生态系统转变。

③研究目的发生了转变。由实验理论研究逐渐转向实践应用研究，研究内容更加关注与人类社会密切相关的生态问题，实用性和可操作性加强。

④研究方法与手段的改变。由传统的收集、描述、统计到现代信息技术和现代生物技术的广泛应用，即从经验和定性研究转向定量机理性研究。

⑤研究组织方式发生了转变。由原来的孤立研究到大范围多层面的合作，跨学科跨区域的合作研究不断加强。

（二）生态学科分支

1. 按照研究对象的组织层次划分　生态学可以划分为分子生态学、种群生态学、群落生态学、生态系统生态学、景观生态学、全球生态学。

2. 按照研究对象的生物类群来划分　生态学可以分为动物生态学、植物生态学、昆虫生态学、微生物生态学、人类生态学、地衣生态学以及各个物种的生态学。

3. 按照应用领域划分　可以分为用于农业资源管理的农业生态学、森林生态学、草地生态学、家畜生态学、渔业生态学等；应用于城市建设则形成了城市生态学、园林生态学等；应用于环境保护与受损资源的恢复则形成了保育生态学、恢复生态学、生态工程学、污染生态学等。

二、园林与园林生态学

从生态学的学科分支可以看出，园林生态学是生态学的一个分支。为此需要理清：什么是园林？现代园林与传统园林有什么特点？

（一）传统园林与现代园林

1. 传统园林　在一定的地段范围内，利用并改造天然山水地貌或者人为开辟山水地貌，结合植物的栽植和建筑的布置，从而构成一个供人们观赏、游憩、居住的环境。创造这个环境的全过程（包括规划、设计及施工）称为造园，研究如何去创造这个环境的科学就是传统园林学。山水植物是园林中的灵魂，表示园林源于自然，代表人对自然的渴望及对人工城市生活的弥补；表达园林高于自然的艺术美与功能实用性。

造园活动是在原有地形的基础上，在生态学的思想和理论指导下进行造园活动。这一活动的目的是尽可能创造接近自然的环境，极大程度地改善和美化环境，为人们的生产、生活和休闲提供良好的环境。

陈相强在2007年第四届现代生态学讲座对蕴涵了中华五千年文明的中国园林进行了理论和实践探索，对中国园林的本质、哲学、模式等进行了归纳。认为园林是人类居住空间的扩大与延伸，是人在一定范围内按照自身的意愿仿造或超自然的人造景观，供人活动、休憩和欣赏，同时受到社会经济、文化、历史等条件制约的，并具有实用功能的自然文化、艺术综合体。

2. 现代园林 当前社会经济的快速发展、人口迅速增长、资源过度消耗、环境污染、气候变化，尤其是城市化进程的加快，使传统园林正面临着前所未有的挑战，园林的内涵与外延远远超出了传统园林的界限。传统的造园理念正渐渐被景观规划设计、绿地生态设计、人居环境设计、区域环境生态学所取代。因此现代园林已不再拘泥于传统园林，其继承传统园林的造园思想，延伸扩展到城市绿地系统规划和景观规划。

现代园林学是一门协调人类经济、社会发展及自然环境关系的科学和艺术，它的任务是保护和合理利用自然资源，创造生态健全、景色优美，反映时代文化、经济特点的可持续发展的人类生活环境。在这种新形势下，如何在生态学的理论指导下，构建和维护风景园林生态系统，以最低的投资和最低的养护费用创造最大的效益是现代园林的追求目标，也是园林生态学的最终目标。

（二）园林生态学

园林生态学是生态学理论在园林这一实践领域中的应用，是研究园林植物与其环境之间相互关系的一门学科。园林环境半自然半人工的特点决定了园林生态学的各组织层次也是介于自然与人工之间的。无论是古代园林，还是现代园林，园林中有生命的要素主要是园林植物，因此园林生态学是研究园林植物各组织层次（个体、种群、群落、生态系统及园林景观）与其环境之间相互关系的一门学科，是在一种半自然半人工的城市环境条件下，依据生态学原理科学规划、设计、合理使用各种园林要素（建筑、水体、植物和山石），创造出景色优美、生态健全、有文化特色的环境，从而实现人与自然和谐、健康、持续发展，使这种半自然半人工的环境具有观赏、生态、文化及保健功能。

随着生态园林城市的蓬勃发展，园林科学的研究也越来越被重视。2011年风景园林学科正式成为国家一级学科，并与建筑学、城市规划共同构成"三位一体"的人居环境科学主导专业体系。这表明中国风景园林教育事业的发展进入新阶段，学科研究也从传统的园林历史与理论、园林规划设计、园林植物等，向园林景观生态、园林与景观遗产保护等领域和方向拓展，其中园林景观生态科学研究已成为探索和谐人居环境可持续发展的重要途径之一。

冷平生认为园林生态学是研究城市居民、生物与环境之间相互关系的科学，强调研究四个方面的问题：

①城市地区特殊的生态环境条件与园林植物的相互作用关系。

②城市生态系统特别是城市绿地生态系统在改善城市环境中的作用和机理。

③与城市植被相关的群落生态学问题。

④城市景观生态规划以及城市的生态恢复与生态管理等。

于艺婧等（2013）提出园林生态学研究的不仅是园林生态系统中生物与环境相互作用关系问题，也包括人与环境相互作用关系问题，还研究园林生态系统与其他生态系统之间相互作用关系问题。其认为园林生态学就是运用生态学的原理和系统论方法，研究园林生态系统中人、生物与环境之间相互关系以及园林生态系统与城乡人居大环境系统相互关系的科学。

园林植物是改善城市环境的关键生物因素，而人是城市生态环境中占相当大比重的生物因素。随着城市空间的不断拓展，园林生态学的研究尺度从个体、种群、群落、生态系统拓展到景观，研究不同尺度下园林植物与环境之间的相互关系，为人提供适宜的生存、生活环境，从而实现城市的健康、持续发展。

三、现代生态学的热点问题

（一）全球变化

全球变化（global change）是国际科学联盟提出的一个概念，用来描述可能改变地球支撑生命能力的环境变化，包括了气候变化、水资源和海洋的变化、陆地的变化、大气的变化以及生态系统的变化。全球变化研究开始于20世纪80年代，它有广义和狭义之分。狭义的全球变化仅指全球气候变化，包括温室效应气体的增加以及由此引发的大气成分的变化、全球变暖、冰川融化、海平面上升、臭氧层破坏等过程；广义的全球变化不仅包括全球气候变化，也包括全球人口种群增长、土地利用与覆盖的变化、生物地球化学循环的改变、环境污染和生物多样性降低以及国际经济形势和政治格局的变化等。

全球变化是多学科交叉综合应用的一个研究领域，多学科的交叉研究容易产生新的理论和研究方法，同时全球变化研究具有明确的应用目标，研究成果能直接用于自然资源的合理开发与利用，农、林、牧、副、渔的合理布局，水、土、气等污染的有效控制以及全球生态环境问题上的重大决策，为保护和改善几代人的生存环境做出了重大贡献，因此，该研究成果具有全局性的战略意义。

联合国气象组织（Intergovernmental Panel on Climate Change，IPCC）已经对全球气候变化进行了4次权威评估，1990年的第一次评估指出，近百年的气候变化可能是自然波动或人类活动或两者共同影响造成的；1995年第二次评估报告定量地表述人类活动对全球气候的影响能力仍有限；2001年第三次评估报告中新的、更强的证据表明，过去50年观测到的大部分增暖归因于人类活动（66%以上的可能性）；2007年第四次评估报告得出了近乎确定的结论，人类活动很可能是气候变暖的主要原因（90%以上的可能性）。由此可见，人类活动还是全球变暖最主要的原因，而城市又是人类活动较密集、较集中的区域。因此，园林生态在应对气候变暖的过程中，应从规划、设计、施工到养护各环节做出应有的贡献。

（二）生物多样性

生物多样性是指一定范围内多种多样活的有机体（动物、植物、微生物）有规律地结合所构成稳定的生态综合体。这种多样性包括动物、植物、微生物的物种多样性，物种的遗传与变异的多样性及生态系统的多样性。生物多样性是地球生物圈与人类本身延续的基础，具有不可估量的价值。一般来讲生物多样性从遗传多样性、物种多样性、生态系统多样性与景观多样性这几个层次去描述。

已有研究结果表明,生态系统内部功能的调节水平很大程度上依赖于系统内现存的动、植物和微生物的多样性水平。在生态系统中,生物多样性的意义远远超越了生物生产本身,特别在生态系统的生态服务功能,包括营养循环、微气候调节和局部水文过程、抑制不良微生物和消减有毒物质的影响等方面是需要通过系统内生物多样性的维持来实现的。显然,生态系统的生态服务是一个复杂的生物学过程,体现其可更新又可持续的生态学特性。因此,系统中生物多样性的降低或品种资源布局的单一化必然会导致自然生态系统服务功能的削弱甚至丧失。

城市生物多样性也与城市人居环境和可持续发展密切相关,但目前由于城市化进程的加剧,城市中生物多样性所依存的场所,如城市森林、城市绿地面积的减少和人为破坏以及环境的污染,都对其产生了巨大的威胁。而城市生物多样性的减少,会给城市发展和人类身心健康造成一系列不良的影响,如气候变化、大气和水质污染、水资源短缺、热岛效应、人口密集、患病率高等,使人类的生存环境受到了严重威胁。因此要确保城市可持续发展,建设生态园林城市,为居民提供适宜的人居环境,科学地管理和保护生物多样性资源,将会成为城市生态环境建设中一项非常重要的基础工作。

(三) 城市化

城市化是指人口向城镇或城市地带集中,或者农村地区转化为城市地区的过程。这个集中过程表现为两个方面:

①城市数目增多。即原有乡村地区发展为城镇或城市。

②城市规模的扩大。包括城市人口规模、地域、产业指标等的不断扩大,从而提高了城市人口在总人口中的比例。

人与自然的协调是城市发展所要追求的目标,人类活动应符合自然规律。违背自然规律,将人的意志凌驾于自然规律之上,最终会带来一系列难以解决的问题甚至灾难,从而妨碍城市的进一步发展。随着城市化进程的加快,会带来一系列问题:

1. 城市化进程中的环境问题　由于城市交通高度密集、人口的聚集,大工厂不断移向城市,造成了严重的空气和噪声污染。城市人口的过度密集和高度城市化的生活方式使城市生活用水的水质、水量以及水源问题突出,水资源供应局面紧张;城市规模的扩大和建筑设施的激增使城市绿地进一步减少;玻璃建材的大量使用和无线电通信的飞速发展加剧了光、电磁波的污染等。城市自然生态环境整体水平较差,在空气质量、水质量、绿地面积、生物多样性等方面,都难以达到人类居住的理想标准。况且,城市人工生态系统间关系不协调,城市资源十分短缺,资源利用率低。近期,由于人类对自身利益和生存环境的再认识,可持续发展观念也不断深入人心,各种防污、治污意识和手段相应提高,使城市的生态环境不断改善。

2. 城市化进程中的经济问题　生态学认为,自然—社会—经济复合系统具有物质循环再生和能量的多级利用规律,其重要性在于借助科学技术的进步来延伸资源加工链(或资源加工网络),改变传统的"原料—产品—废料"的单一生产模式,代之以"原料—产品—废料—原料"的多级利用模式。通过生态工艺关系,延伸资源的加工链,最大限度地开发、利用资源,实现生产模式的价值增值和保护环境。综观城市生态经济系统的物质流动,其生产模式基本上是一种由"资源—产品—污染排放"的单向流动的线性经济活动,其特征是高开采、低利用、高排放。在这种经济中,人们高强度地把地球上的物质和能源提取出来,然后又把污染和废物大量地排放到水系、空气和土壤中,对资源的利用是粗放和一次性的,通过把资源持续不断地变成废物来实现经济的数量型增长,不仅资源利用效率低,而且污染了环境。

3. 城市化进程中的社会问题 从长远来看,城市人口居高不下,近郊区不断膨胀,教育、医疗公共资源的短缺,必将带来一系列严重的城市社会问题。

城市人口的增加、规模的扩大,导致耕地面积、森林草场等绿地面积的骤减。在中国近20年来,一些大城出现了中心区人口减少,外围区人口增多的变化趋势,市内人口大量迁居。大量农村剩余劳动力涌入城市,加剧了本已十分严峻的城市就业形式;城市在基础设施建设、城市管理水平等方面跟不上城市化进程的速度,随之而来会产生一系列社会问题。

全球气候变化、生物多样性保护和城市化是全球面临的三大问题,这些问题也是每一个城市面临的问题,因此与园林生态有密切关系,园林生态工作者从事城市绿地景观规划、城市绿地生态系统管理、园林植物群落的构建时应该考虑这些问题,并采取有效措施。

四、园林生态学的学习内容与方法

作为生态学在园林领域的应用,园林生态学主要研究城市及其周边区域内园林植物之间、园林植物与其环境之间的生态关系、合理配置、功能开发与科学管理。

(一)学习园林生态学的意义

为什么要学习园林生态学?学习园林生态学有什么意义?如前所述,园林是人类社会实践的产物,它直接反映人类的政治、经济、文化生活的水平,因而园林的发展是伴随着城市的发展而发展起来的。现代园林的范畴已扩展至传统园林和城市绿地系统两大部分。我们知道,现代园林的功能有两点:

①供人们游乐欣赏、休闲放松、缓解疲劳、释放压力、调整身心状态。
②在整个城市生态系统中产生良好的生态效益和景观效益,提升城市形象。

要在园林规划设计和建设中实现这些个功能,离不开园林生态理论的指导。从城市绿地景观规划这个层面讲,要用到景观生态理论去科学合理地进行绿地斑块、生态廊道的规划与布局;从生态系统层面上,需要理解园林生态系统的特点、结构和功能,从而有效地管理各类园林生态系统,使其为改善城市生态环境发挥最大的生态效益;从群落和种群层面需要合理配置园林植物群落的时空结构,是园林生态系统持续健康发展的根本保障;从个体生态的层面,因地制宜地栽植园林植物同样需要个体生态方面的知识,一方面需要了解园林植物的生态习性,另一方面也要把园林植物栽到其适宜的生境,实现真正意义的适地适树、适花、适草,这样因地制宜,乔、灌、草合理配置,才能实现园林植物群落有效改善城市生态环境的目的,进而保护园林生态系统的生物多样性,实现城市健康持续发展。

2013年9月国务院印发了《关于加强城市基础设施建设的意见》(国发〔2013〕36号文件),"以城市公园建设"和"提升城市绿地功能"为主要内容的"加强城市生态园林建设"被纳入意见之中。城市园林绿化作为城市中唯一有生命的基础设施,是城市基础设施的重要组成部分。以生态学原理为基础，以系统理论为指导，以人为根本出发点所建立的城市园林绿地系统，是构建资源节约型、环境友好型、实现城市可持续发展的主要抓手之一。

因此园林生态学是园林设计、建设、管理等行业从业必须具备的基本专业素养。

（二）园林生态学的主要学习内容

本教材从 7 个方面阐述园林生态学的教学内容。绪论部分简要介绍生态学、园林生态学等概念，现代生态学的热点问题及学习园林生态学的方法；第一章介绍园林植物与生态因子之间的关系；第二章介绍园林植物种群的特点、结构与动态变化；第三章介绍园林植物群落的特点、结构与动态变化；第四章介绍园林生态系统的组成、结构、功能及常见的园林生态系统类型；第五章介绍园林景观生态，主要包括景观的概念、结构、空间格局以及景观生态在城市绿地规划中的应用；第六章介绍园林生态的可持续发展与生态文明；第七章为园林生态学应用案例。

园林生态学是一门新兴的园林学与生态学的交叉学科，涉及面广，与多门课程有密切关系，如气象学、土壤学、植物生理学、树木学、花卉学、草坪学、植物生态学、森林生态学、城市生态学、景观生态学、城市绿地规划、园林设计、树木栽培与养护、遥感与地理信息系统等。

（三）园林生态学的学习方法

在园林生态学学习和研究的过程中，最常用的方法有 3 种。

1. 实地观察　实地观察是在具体的生境条件下观察、调查园林植物个体、种群、群落、生态系统、景观与环境之间的生态关系。一方面要观察园林植物对环境的适应程度，另一方面要看园林植物对环境的改善程度。具体方法：先划定生境的边界，然后在确定的种群或群落生存活动空间范围内，进行种群行为或群落结构与生境各种条件相互作用的观察记录。实地调查仍是目前生态学研究中最基本的方法。现代生态学实地考察除了经常用生物学、化学、物理学等方面的考察手段外，还使用了 GIS（geographic information system，地理信息系统）、GPS（global positioning system，全球定位系统）和 RS（remote sensing，遥感）（简称"3S"技术）等现代科学技术手段。

2. 实验分析　实验分析是在模拟自然生态系统的受控生态实验系统中，研究单项或多项因子相互作用及其对种群或群落影响的方法技术。生态学中的实验主要有原地实验和人工控制实验两类。原地实验是指在自然或半自然条件下通过某些措施，获取某些因素变化对生物的影响；人工控制实验是指在受控条件下研究各环境因子对生物的作用。不过，受控实验分析无论怎样都不可能完全再现自然的真实，总是相对简化的，存在不同程度的干扰，因而模拟实验取得的数据和结论，最后都需回到自然界中去进行验证。

3. 生态模型与模拟　对生物种群或群落系统行为的时态或空间变化的数据概括，统称为生态模型。广义的生态模型还泛指文字模型和几何模型。生态数学模型仅仅是实现生态系统的抽象，每个模型都有其一定的限度和有效范围。因为生态学所研究的问题是复杂的，我们不可能全部理解所有的物种和环境，而生态模型与模拟可以从错综复杂的问题中把问题简单化，进而解释问题。所以，生态模型与模拟成为生态研究中不可缺少的研究方法。

随着园林生态的发展和学科间的交融，园林生态研究领域会不断拓宽，研究深度不断增加，同时研究手段也在不断发展，除传统的实地考察、园区试验和室内分析方法外，遥感技术、地理信息系统技术、仪器分析技术、生态环境的自动观测技术、数字模型及生态制图技术等也逐渐受到研究者的重视和应用。因此，学习园林生态学要注重理论与实践的结合与统一。

复习与思考题

1. 请查阅资料，分析现代园林与传统园林各有何特点。
2. 试述园林生态学的主要内容。
3. 试述园林生态与社会发展的关系。你认为学习园林生态学有什么重要意义。
4. 试述园林生态学的学习方法。

第一章 园林植物与生态因子的关系

第一节 园林植物环境与生态因子的关系

一、园林植物环境

环境是一个应用广泛的概念,在不同的学科中环境的科学含义不尽相同。园林植物环境可理解为以园林植物为中心,与其有关的周围诸因素及其所呈现的状态和相互关系的总和。在园林生态学中,环境是指影响园林植物个体或群体生命活动的所有外界力量、物理条件(如光、热、水、土、气)及直接、间接影响该植物个体或群体生存的一切事物的总和。按其组成可以分为自然环境和人工环境两个部分。

（一）自然环境

1. 自然环境 园林植物的自然环境是指自然界中一切可以直接或间接影响生物生存的要素的总和。包括地形、地质、土壤、水文、气候、植被、动物、微生物等因素。在不同地理纬度、不同海拔高度与不同的地形、地貌条件下,园林植物所处的自然环境不同。

自然环境对生物体具有根本性的影响,根据人类考察的范围大小,自然环境又可分为宇宙环境、地球环境、区域环境、生境等。园林生态系统一般涉及范围较小,介于区域环境和生境之间,故称为生态环境。

2. 生境 园林生态系统的生境是指园林植物的栖息地,是特定地段上对园林植物起作用的环境因子的总和。一定的生境与一定生态习性的植物有着较密切的联系,特定的生境条件决定了特定的植被类型。如热带雨林生境相应地分布热带雨林植被,低湿地段常分布有沼泽植被。

（二）人工环境

园林植物的人工环境是指在人为因素的作用下,自然环境的某些因素局部发生变化后而形成的环境,包括建筑物、道路、管线、各种基础设施、城市、村落、水库、废水、废气、废渣和噪声等因素。人工环境有广义与狭义之分。

广义人工环境是指人为因素作用下使自然环境某些因素发生变化,从而对植物生长发育产生影响的环境条件。如人工经营的农场、林场、草场、园林、自然保护区等,这是人工改变某些不良的自然因素,为植物生长发育创造良好条件的人工环境;相反,如毁林开荒、人为环境污染等,造成水土流失、环境恶化,则是人为不合理利用和破坏原有良好的自然环境而带来对生物生长不利的人工环境。

狭义人工环境是指人类根据生物的生长发育规律,利用现代科学技术手段,通过人工模拟或单个因子改造，为植物生长发育所创造的良好环境条件。如保护地栽培、温室栽培、水培、人工气候室等，人为地为植物提供良好的生长条件。随着科学技术的发展，人类活动对自然环境的影响越来越大。

二、生态因子及其作用

（一）生态因子及其分类

自然环境中一切影响园林植物生命活动的因子均称为园林植物的生态因子，如光、温度、水、大气、土壤等自然因素均为园林植物的生态因子。在任何一个综合性环境中，都包含很多生态因子，其性质、特性和强度等方面各有不同，这些不同的生态因子之间相互组合、相互制约，形成各种各样的生态环境，为园林植物的生存提供了环境。

生态因子的分类有多种，如根据生态因子的稳定性将其分为稳定因子和变动因子两类。稳定因子是指终年恒定的因子，不会随环境条件的改变而改变或变动不大，处于相对稳定状态，如地形、地貌、土壤质地、气候等；变动因子是指不断变化着的因子，如降水量、温度、光照等。通常，生态因子按其性质分为以下5类：

1. 气候因子　如光照、温度、湿度、降水、雷电等。

2. 土壤因子　土壤结构、土壤有机质、矿物质以及土壤微生物等。

3. 地理因子　如海洋、陆地、山川、沼泽、平原、高原、丘陵等，此外，海拔、坡向、坡度、纬度、经度等也都是地理因子，它们都会不同程度地影响植物的生长发育和分布。

4. 生物因子　动物、植物、微生物对环境的影响以及生物之间的相互影响。

5. 人为因子　虽然人类属于生物范畴，但通过人类对植物资源的利用、改造、发展、引种驯化，以及对环境的生态破坏和对环境造成的污染等行为已充分表明人类对环境及对其他生物的影响已越来越具有全球性，远远超出了生物的范畴，应该作为一类生态因子予以考虑。

（二）生态因子作用的基本原理

1. 最小因子定律　最小因子定律也称李比希定律，是德国著名化学家李比希于1840年研究发现并提出的。他发现限制植物生长的营养成分不是植物需求量大的或最大的营养物质，而是处于临界值的营养物质。换句话说，在植物生长发育需要的各种营养物质中，哪种营养物质的可被利用量接近所需临界量时，则这种物质将成为植物生长的限制因子。这一规律称为最小因子定律。

最小因子定律说明，基本生态因子之间存在相互联系、相互制约的关系，某一因子的数量不足，就会限制其他因子发挥作用，进而影响植物的生长发育。如在北半球，冬季太阳辐射弱，导致气温低，喜温类植物在此环境条件下生长缓慢或停滞甚至处于休眠期，就算给予充足的肥水条件，这些植物也不能正常生长。

2. 耐性定律　耐性定律又称谢尔福德耐性定律，是美国生态学家谢尔福德于1913年研究发现并提出的。他发现植物对其生存环境的适应有一个生态学最小量和最大量的界限，即存在一个最低限和一个最高限，两界限之间的幅度为其耐受性范围。这一规律称为耐性定律。耐性定律说明，植物只有在其所要求的环境条件完全具备的情况下才能正常生长发育，任何一个因子数量不足或过剩，都会影响该植物的生长发育和生存。由此可见，任何接近或超过耐性限度的因子都可能是限制因子。

具体地讲，耐性定律有以下主要内容：

①同一物种对不同生态因子表现不同的耐性，如抗旱性强的品种其耐淹性可能会差些。

②对多个环境因子的耐性范围幅度大的物种，其地理分布范围也广。

③综合作用于同一物种的多个生态因子存在着相互限制作用。当某一生态因子不利于生物的生长发育时，该物种对另一些生态因子的耐性限度也将下降。

④植物在不同的生长发育阶段耐性范围不同。一般而言，营养生长阶段耐性范围广，生殖生长阶段耐性范围窄。

⑤各生态因子对生物的影响存在互补作用。例如，某些植物在高温下，处于暗处比光照处生长得好；在低温条件下，阳光充足比暗处生长得好。这说明，阳光可以补偿低温的影响。

3. 限制因子理论　基于上述最小因子定律和耐性定律，对限制因子可以理解为植物的生存和繁殖依赖于环境条件的综合作用。在环境条件中，必有一种或少数几种因子是限制植物生存和繁殖的决定因素，这些关键因素即是限制因子。限制因子理论包括三层含义：第一，植物生长发育是环境因子综合作用的结果，作用效果不等于各个因素的简单相加；第二，在各环境因子中，任何一个因子接近或超过耐性限度，都可能成为制约植物生长发育的限制因子；第三，限制因子不是固定不变的，有可能随条件变化而在因子间发生转变。

如果某一园林植物对某一生态因子的耐受范围很广，并且这种因子又非常稳定，那么这种因子就不会成为限制因子；相反，如果某一园林植物对某一生态因子的耐受范围窄且这种生态因子又易于变化，则它很可能成为这种园林植物的限制因子。如通常情况下氧气不会成为大叶樟（*Cinnamomum platyphyllum*）的限制因子，因为大气中的氧气含量稳定，且能满足其正常生长的需要；而大叶樟对低温的耐受能力较差，如果在北方栽培，则冬季低温是其正常生长的限制因子。

（三）生态因子的作用规律

1. 生态因子的同等重要性与不可替代性　作用于园林植物的生态因子，如光、热、水、气等不是等效的，每种生态因子具有各自的特殊作用和功能，且每个生态因子对植物的影响都是同等重要和缺一不可的，缺少任一项都会引起植物生长发育失调。例如，水分条件是生物生化反应的媒介和组成部分，而光照则是植物获得热能、进行光合作用等生理反应不可或缺的因子。它们对植物的作用方式不同，所起功能各异，但同等重要、不可替代。只有各生态因子共同发挥作用，植物的生理活动才能正常完成。

虽然作用于园林植物的生态因子同等重要、不可替代，但对于某一生态因子一定范围内的不足或过多，可通过其他因子的变化加以补偿，从而维持整个环境生态效应的稳定性。例如，当光照不足引起植物光合作用下降时，可通过增加二氧化碳浓度来补偿光合作用的效率；环境温度过低时，在增加光照的情况下植物不容易受冻。需要注意的是，生态因子的补偿作用仅限于量上，而不在质上，补偿不等于代替。

2. 生态因子的主导作用　环境中各生态因子对园林植物而言都是必需的，但在一定条件下各因子所起的作用不同，其中必有一个或几个因子对园林植物的生存和生态特性的形成起主导作用，这类因子称为主导因子。主导因子具备以下两个特征：

① 对环境而言，该因子的改变会使环境的全部生态关系发生变化。

② 对园林植物而言，这个因子的存在与否及数量多少，会直接导致植物生长发育发生明显变化。

主导因子往往是在同一地区或同一条件下大幅度提高植物生产力的最主要原因，准确地找到主导因子，在实践中具有重要的意义。

3. 生态因子的直接作用和间接作用 生态因子对园林植物的作用有直接的，也有间接的。所谓直接作用是指生态因子直接影响或直接参与植物体的新陈代谢，如光、温、水、气、矿质养分等生态因子对植物产生的作用。所谓间接作用，是指一些生态因子的变化不直接影响植物，而是通过影响其他生态因子从而影响植物的新陈代谢，如地形、地势等生态因子对植物产生的作用。生态因子的间接作用虽不直接，但往往非常重要，其作用范围广而深，有时甚至构成地区性影响及小气候环境。

4. 生态因子作用的阶段性 植物不同生长发育阶段对生态因子的要求是有差异的，具有阶段性的特点。某生态因子在植物生长的某阶段是有利因子，而在另外阶段则可能成为有害的因子。例如，低温对一些需要通过春化阶段才能萌芽的一二年生草本植物种子是必要的，是起主导作用的因子，但越过春化阶段后，低温对其生长非但不必要，而且是有害的。

5. 生态因子的交互作用 园林植物同时受多个生态因子的作用，各因子的效应不会简单加减，而是通过交互作用，以高于各因子效应和的效应作用于生物体。例如，对植物进行氮、磷、钾配合施肥，植物的生长量比各单因素施肥效果总和还要大。因子间的互相调节或补偿作用也是交互作用的一种体现，如增加二氧化碳浓度，可以适度抵消因降低光强而引起的光合效率下降。但这种补偿不是代替，且有限度。

6. 生态因子的综合作用 在一定条件下，生态因子虽然有主要和次要、直接和间接之分，但它们不是孤立起作用的，而是相互联系和配合，作为一个整体对园林植物发挥作用，且一个因子的变化必然引起其他因子相应的变化。例如，光和温度的高低往往是分不开的，而温度的高低又可影响土温及土壤湿度等的变化，变化后的各因子再作为一个综合体，对生物发生作用，保护地栽培最直接的作用是提高土壤温度，土温的提高改变了土壤表层的蒸发量，进而影响近地表的土壤湿度，土壤温、湿度的变化，引起土壤微生物活性和土壤养分状况的变化，最终综合影响生物的生长发育。

综合作用规律的另一层含义是，在一定条件下，生态因子间的相对重要性会发生转变。例如，植物种子萌发前的生物学过程，主要受温度控制，但在即将突破种皮发芽的那段时间，氧气的供应却更为重要。

从生态因子综合作用规律我们知道：改变环境因素，必须考虑对其他因素的影响，不能顾此失彼；要注意各生态因子的关系和不同条件下其重要性的改变；必须注意环境的综合作用。

第二节 非生物因子与园林植物的关系

一、光因子

光照是园林植物不可缺少的生态因子之一。它直接影响植物的光合作用进程，也是影响叶绿素形成的主要因素。

（一）光照条件对园林植物的作用

1. 光照度 接受一定量的光照是植物获得净生产量的必要条件，因为植物必须生产足够的蛋白质、脂肪、糖类以满足其生长发育的需求。当影响植物光合作用和呼吸作用的其他生态因子都保持恒定时，光合和呼吸这两个过程之间的平衡主要决定于光照度。

光照度对植物的生长、形态结构的建成及植物发育均有重要的作用，植物进行光合作用需要一定的光照度，光照不足，易造成植株黄化，光照过强对生物也有伤害作用。由于 C_3 植物、C_4 植物和 CAM 植物对二氧化碳的利用方式不同，光合作用进程也不一样，但它们的光合作用强度与光照度之间均存在密切关系。一般 C_4 植物的光合能力强，对光照度的需求高；C_3 植物的光合能力较弱，其光饱和点明显低于 C_4 植物；阴性草本植物和苔藓植物对光照度要求更低。

在低光照条件下，植物光合作用较弱，当植物的光合产物恰好等于呼吸消耗时，此时的光照度称为光补偿点。由于植物在光补偿点时不能积累物质，因此光补偿点的高低可以作为判断植物在低光照度条件下能否正常生长的标志，也就是说，可以作为测定植物耐阴程度的一个指标。随着光照度的增加，植物光合作用强度提高，并不断积累有机物质，但光照度增加到一定程度后，光合作用强度提高的幅度就逐渐减弱，最后到达一定的限度，不再随光照度的增加而增加，这时的光照度称为光饱和点。

2. 光照时间 白昼光照与夜间黑暗交替的周期变化及长短，对被子植物的花芽分化及开花具有决定性作用。植物生长发育随日照长短周期变化的现象，称为光周期现象。植物的开花、休眠和落叶，以及鳞茎、块茎、球茎的形成，都受日照长度调节，即都存在光周期现象。光照长度对观花类园林植物从营养生长期到花原基形成阶段具有决定性影响，对许多植物的开花、结实、休眠、落叶等生长发育过程也有影响。

自然界的光周期决定了植物的地理分布与生长季节，植物对光周期反应的类型是对自然光周期长期适应的结果。低纬度地区不具备长日照条件，所以一般分布短日照植物；高纬度地区具备长日照条件，因此多分布长日照植物。在同一纬度地区，长日照植物多在日照较长的春末和夏季开花；而短日照植物则多在日照较短的秋季开花。

3. 光照质量 光照质量实质上是指太阳辐射的光谱质量。太阳光是由波长范围很广的电磁波组成的，主要波长范围为 150～4 000 nm，其中人眼可见光的波长在 380～760 nm，可见光谱中根据波长的不同又可分为红、橙、黄、绿、青、蓝、紫 7 种颜色的光。波长小于 380 nm 的是紫外光，波长大于 760 nm 的是红外光，红外光和紫外光都是不可见光。所谓光质不同，就是指光线的光谱成分不同。

在全部太阳辐射中，红外光占 50%～60%，紫外光约占 1%，其余是可见光部分。由于波长越长，增热效应越大，所以红外光可以产生大量的热，地表热量基本上就是由红外光能所产生的。紫外光对生物和人有杀伤和致癌作用，但它在穿过大气层时，波长短于 290 nm 的部分被臭氧层中的臭氧吸收，只有波长在 290～380 nm 的紫外光才能到达地球表面。在高山和高原地区，紫外光的作用比较强烈。可见光具有最大的生态学意义，因为只有可见光才能在光合作用中被植物所利用并转化为化学能。植物的叶绿素是绿色的，它主要吸收红光和蓝光，所以在可见光谱中，波长为 760～620 nm 的红光和波长为 490～435 nm 的蓝光对光合作用最为重要。

植物生长发育通常是在全光谱的日光下进行的。在日光下,不同的光谱成分对植物的作用是不一样的。波长为 380~760 nm 的可见光可以被绿色植物吸收,这部分光称为生理有效光。实验证明,在生理有效光中红光有利于糖类的合成,而蓝光有利于蛋白质的合成。蓝紫光、青光能抑制植物伸长,红光和远红外光还能影响植物的开花、茎的伸长和种子萌发等。红光具有良好的热效应,而紫外线则有杀死细胞、组织的作用,人不能看到和感受到紫外线,但它却可以引起一些昆虫的趋光反应。因此,常用紫外光灯来诱捕昆虫。

(二) 园林植物对光照的调节作用

1. 园林植物群落在光照变化中的作用　照在植物叶片上的光有 70% 左右被叶片吸收,20% 左右被叶面反射出去,透过叶片照射下来的光比较少,一般为 10% 左右。同时,叶片吸收、反射、透射光的能力因叶片的结构、厚薄和颜色的深浅以及叶片表面的性状不同而有所差异。一般而言,正常厚度的叶片透过太阳辐射 10% 左右,非常薄的叶片可以透过 40% 以上,厚且坚硬的叶片可能完全不透光,但对光的反射却相对较大,密被毛的叶片能增加光的反射量。

在园林植物群落内,由于植物对光照的吸收、反射和透射作用,所以群落内光照度、光质和光照时间都会发生变化,而这些变化会随着植物种类、群落结构以及时间和季节而不同。例如,稀疏的树林,上层林冠反射的光约占 18%,吸收约占 5%,射入群落下层的约为 77%。针阔混交林,上层树冠反射的光约占 10%,吸收的约占 70%,射入下层的约为 20%。针对园林植物群落内的光照特点,在植物配置时,应考虑植物喜阴、喜阳及常绿、落叶等特点。

2. 园林植物在城市光照中的作用　随着我国城镇化水平的加速,光污染成为一种呈上升趋势的城市污染。光污染一般可以分为人造白昼污染、白亮污染和彩光污染 3 种。

(1) 人造白昼污染。人造白昼是随着照明科技的发展,城市夜景照明等室外照明设施的应用而产生的一种现象,并由此带来的对人和生物的危害称为人造白昼污染。它会影响人体正常的生物钟,并通过干扰人体正常的激素水平影响人的健康。同时它对生物圈内其他生物也会造成影响,人造白昼会影响昆虫在夜间的正常繁殖,影响鸟类的飞行方向,影响植物的正常光周期反应等。

(2) 白亮污染。白亮污染主要是由强烈的人工光和玻璃墙反射光、聚焦光产生。此类污染经常容易引起交通事故,还可能反射太阳光,使人体受放射性污染,从而引发疾病。例如,茶色玻璃含有放射性元素钴,能将太阳光反射到人体上,长时间能破坏人的造血功能。

(3) 彩光污染。彩光污染是指各种黑光灯、荧光灯、霓虹灯、广告灯等产生的污染。彩光污染不仅能够损害人的生理功能还能影响人的心理健康。例如,黑光灯产生的紫外线强度高于太阳光紫外线,对人体有害影响持续时间长。紫外线能伤害眼角膜,过度照射还可能损害人体免疫系统,导致多种疾病。

因此,为了减少光污染,要加强城市地区园林绿化工作,利用大自然的绿色植物,建设"生态墙""园林生态小区"等,一方面加强对灯光的管理,另一方面多种树、种草、种花和增加水面等,以改善生态环境。

二、温度因子

(一) 温度条件对园林植物的作用

温度对植物的生理活动产生影响。当温度升高时,酶催化反应的速度加快,植物的生理活动随之加强,直至一个温度点后植物的生理活动又逐渐减弱。温度对植物的生理活动的影响主要表现在:

①影响生化反应酶的活性,尤其是光合作用和蒸腾作用的酶。

②影响二氧化碳与氧气在植物细胞中的溶解度。

③影响植物的蒸腾作用。一方面改变空气中气压差从而影响蒸腾速率;另一方面影响叶面温度和气孔开闭进而影响植物的蒸腾作用。

④影响根系在土壤中吸收水分和矿物质的能力。

1. 低温和高温对植物的生态作用 植物进行正常生命活动对温度有一定的要求,当温度低于或高于一定数值,植物就会因低温或高温受害。极端温度对植物的影响较普遍。其影响程度取决于极端高温、低温的程度及其持续时间、温度变化幅度与速度,也取决于植物本身对环境温度变化的抵抗能力。

(1) 园林植物温度的三基点。植物的生命活动需要适宜的热量条件,热量不足或热量过多都可能使植物生长受阻。在长期的适应中,植物形成了生命活动能够接受的最低温度、最适温度和最高温度,即植物温度的三基点。不同园林植物种类的三基点不同。园林植物在低于温度最低点的环境中容易受冻,严重时导致植株死亡;在高于最高点时体内代谢紊乱,呼吸消耗过大而受热害,严重时也会导致植株死亡。植物在最适温度范围内,其光合作用效率高,体内养分积累多,生长最好。

(2) 低温对园林植物的生态作用。温度过低常导致植物生长发育迟缓、组织和有机体冻伤甚至死亡等危害。但有些植物,特别是起源于高海拔、高纬度地区的植物,必须经一定时间的低温刺激(感低温效应)后才能发芽或开花。不仅生长阶段有感温效应,而且发育阶段也需要有一定的低温刺激,这种过程即春化作用。

多年生植物对年极端最低温度有一个忍耐的低限,如热带橡胶在发生小于5℃的极端低温时,就可能受害甚至被冻死。植物的分布受年极端温度的影响,存在一个北界或南界的分布界限,如在我国,柑橘类的植物一般不过淮河。

常见的低温危害有寒害、冻害、霜害、冻举、冻裂和生理干旱。

①寒害。寒害又称冷害,是0℃以上的低温对植物造成的伤害。喜温植物易受寒害,如三角梅适于在我国广东、云南、广西等南方地区栽培,如果往北引种,初冬季节受0℃以上的低温的影响,表现出叶片呈水渍状,严重时顶梢干枯而受害。

②冻害。冻害是指冰点以下低温使植物体内形成冰晶引起的伤害。细胞内和细胞间隙结冰,导致细胞失水,原生质浓缩,胶体物质沉淀,细胞膜变性,细胞壁破裂,严重时引起植物死亡。很多植物在0℃以下维持较长时间会发生冻害。

③霜害。由于霜的出现而使植物受害称为霜害。早霜危害一般在植物生长尚未结束、未进入休眠状态时发生。从南方引种到北方栽培的植物容易发生早霜危害;晚霜危害一般在早春发生,对于一些从北方引种到南方栽培的植物,因春季过早萌芽而受晚霜危害。

④冻举。冻举又称冻拔。由于冰的体积比水大9%，在0℃以下土壤水分结冰时，土壤体积增大。随着冻土层的不断加厚、膨大，使树木上举。解冻时土壤下陷而树木留于原处，导致根系裸露，严重时倒伏死亡。

⑤冻裂。冻裂是指白天太阳光直射树干，入夜气温迅速下降，而木材导热慢，树干两侧温度不一致，热胀冷缩而产生弦向拉力使树皮纵向开裂而造成的伤害。在昼夜温差较大的地区尤易发生。一些树皮较薄的树种如乌桕（*Sapium sebiferum*）、悬铃木（*Platanus acerifolia*）等越冬时常在向阳面树干发生冻裂。

⑥生理干旱。生理干旱又称冻旱。土壤结冰时，植物根系不能从土壤中吸收水分，或在低温下植物根系活动微弱，吸水很少。地上部分又不断蒸腾失水，从而引起枝条干枯，严重时导致整株死亡。生理干旱多发生在早春土壤未解冻前。

（3）高温对园林植物的生态作用。在植物的生长发育过程中，温度过高容易造成植物受害。在长期的高温条件下，植物呼吸作用增强，呼吸消耗增加，光合作用减弱，严重时导致植株饥饿而死亡；在高温条件下，植物为了维持体温而加大蒸腾作用，破坏体内的水分平衡，造成生理干旱，严重时也可导致植株死亡。常见的高温危害有皮烧与根颈灼伤。

①皮烧。树木受强烈的太阳辐射，温度的快速变化引起形成层和树皮组织局部死亡，使树皮呈现斑点状死亡或片状剥落。皮烧多发生在冬季，朝南或南坡地域以及有强烈太阳光反射的城市街道。一般树皮光滑的树、树皮薄的树易发生皮烧。

②根颈灼伤。当土壤表面温度增高到一定程度时，灼伤幼苗柔嫩的根颈而造成的伤害。皮烧与根颈灼伤易引起病菌侵入，引发病害，从而加重危害，严重时可使植株死亡。

2. 积温对植物的生态作用 年平均温度或时段平均温度不能反映年或时段温度的周期性变化和变差，所以往往用植物发育期间所需温度的总和——积温来表示植物对温度的要求。积温指标同时反映着某一指标温度持续日数和温度强度两个因素，持续的时数愈长，温度愈高，积温值愈大。积温分活动积温和有效积温两类。

（1）活动积温。活动积温指高于最低生物学有效温度的日平均气温的总和，通常用日平均气温≥10℃持续期间内的温度总和作为衡量大多数作物热量条件的基本指标。在构建园林实践中，积温常采用≥10℃的活动积温表示各地的热量状况，以确定园林植物种的分布。

（2）有效积温。有效积温即对植物生长发育有效的温度的总和，是活动温度与生物学最低温度差值的总和。如某日的温度为18℃，欲计算≥10℃的有效积温，计算得其差值为8℃，则8℃为其有效温度。将稳定通过≥10℃期间的有效温度相加，即为≥10℃的有效积温。

积温的应用有一定的局限性，有效积温不能区别植物的最低、最高和最适温度，也不能反映温度强度的效用差异。如积温相同而日均温高，则植物的发育期就短，反之就长。有时即使积温可以满足某种植物的种植要求，但由于温度强度不足或极端温度使植物受害等原因，使该植物仍不能种植。所以积温是植物生长发育的重要指标，但并不是完全指标，因而在园林生态实践中还需要与温度的其他生态指标共同运用。

3. 界限温度与植物的生态关系 常用的园林界限温度有日平均气温0℃、5℃、10℃、15℃等几种。日平均气温≥0℃的始现期和终止期，是土壤解冻和冻结期，也是园林植物栽培开始和结束的时间，其持续期为园林植物栽培期；日平均气温≥5℃的始现期和终止期，是各种喜凉植物开始生长和停止生长的时间，其持续时期为喜凉植物生长期。这一时期多数树木开始恢复生长；日平均气温≥10 ℃时，大多数喜温植物开始发芽生长，喜凉植物开始快速生长，10 ℃也是绝大多数乔木树种发芽和枯萎的界限温度；日平均气温≥15 ℃是一些对低温特别敏感的喜温植物安全播种和生长的温度，也是大部分热带植物组织分化的临界温度。

4. 植物的温周期现象　植物对温度有节奏的昼夜变化的反应称为温周期现象。主要表现在：

① 变温影响种子萌发。多数植物变温下发芽良好，幼芽常能适应春季十几度的昼夜温差。

② 变温影响植物生长。植物生长要求一定的温度差，多数植物在较大昼夜温差下，日增量较高。一定范围内，日温差越大，干物质积累越多，产量也就越高，而且品质也好，表现在蛋白质、糖分含量提高等方面。

5. 我国热量分布与园林植物分布　我国除高山与高原外，采用积温（统一按照日温≥10 ℃的持续期内日平均温度的总和为标准）和低温为主要指标从南向北分为6个热量带，每个不同的热量带内分布着不同的植物类型，分别适于种植要求不同温度的植物，形成不同的园林植物分布（表1-1）。

表1-1　我国热量带划分

热量带类型	积温	最冷月平均气温	主要园林植物	备注
赤道带	在9 000 ℃左右	≥26 ℃	椰子、桄榔等	位于北纬10°以南
热带	≥8 000 ℃	≥16 ℃	鱼尾葵、王棕等	
亚热带	4 500～8 000 ℃	0～15 ℃	白兰花、樟树等	
暖温带	3 400～4 500 ℃	−10～0 ℃	云杉、侧柏等	
温带	1 600～3 400 ℃	≤−10 ℃	水曲柳、紫椴等	针、阔叶混交林为主
寒带	≤1 600 ℃	≤−28 ℃	落叶松、樟子松等	针叶林为主

（二）园林植物对气温的调节作用

1. 植物的热量平衡　植物可以直接接收太阳辐射而使自身温度升高，又能将它们吸收的热能散发出一部分，从而调节其自身的温度，避免因温度过高而死亡，通过植物体热辐射散发掉的热量可占到植物吸收的全部热量的近一半。蒸腾也可散失很大一部分热量，液态水变成气态时会消耗一定的热能，从而使叶面温度下降；此外，无风时贴近叶表面的空气薄层有对流作用，这种对流作用也可将叶面的热量传到温度较低的空气中去，而当叶面温度低于气温时，空气中的热量就通过对流传导到叶内。通过这些机制以及其他适应性能的交互作用，植物和环境之间保持着一定的热量平衡，从而使植物体保持适当的温度。当气温低时，可使叶温高于气温；当气温高时，可使叶温低于气温。

2. 园林植物的降温作用　夏季在树阴下会感觉到凉爽宜人，这是由于树冠能遮挡阳光，减少阳光直接辐射所致。一般来说，太阳辐射直接使气温升高的作用是很小的，每小时仅升高0.02 ℃，而太阳辐射到地面后，地面辐射才是气温升高的主要热源。植物遮阳可以明显减缓小环境温度升高。一般植物叶片对太阳光的反射率为20%左右，对热辐射的红外光的反射率可高达70%，而城市铺地材料沥青的反射率仅为4%，鹅卵石为3%。树木通过遮挡阳光，减少太阳光的直接辐射，从而产生明显的降温作用。

园林植物一方面可阻挡太阳的热辐射，另一方面又可通过蒸腾作用消耗大量热量，达到降温效果。Baumgartner测定，一片云杉（*Picea* spp.）林每天通过蒸腾作用可消耗66%的太阳辐射能。Ruge（1972）计算汉堡市的年平均降水量为771 mm，其中1/3没有经过蒸发直接流入城市下水道排走。他认为，一棵行道树每年蒸腾消耗的水分为5 m³，那么每公顷500棵行道树将能蒸腾掉相同面积内流走的同样数量的水分，它的凉爽效应为$6.28×10^9$ kJ/（hm²·年）。显然，在夏季植物通过蒸腾作用所消耗的热量对改善城市热岛效应有巨大的作用。

由于植物对热辐射的遮挡和蒸腾消耗热量，植物覆盖的表面接受到的长波辐射比建筑材料铺装表面低得多，温度也低得多。植物覆盖降低了被覆盖物的温度，被覆盖物对周围环境的热辐射也随之减少，从而使周围环境温度较低。

3. 园林植物通过形成局部微风起到调节温度的作用　城市地区大面积园林绿地可形成局部微风。在夏季，建筑物和水泥沥青地面气温高，热空气上升，而绿地内气温低，空气密度大，冷空气下降，并向周围地区流动，从而使热空气流向园林绿地，经植物过滤后凉爽的空气流向周围，使周围地区温度下降。而在冬季，森林树冠阻挡地面辐射的热量向高空扩散，空旷地空气易流动，散热快，因此在树木较多的小环境中，气温要比空旷处高，树林内热空气会向周围空旷地流动，提高周围地区温度。总之，大片园林绿地能使城区环境温度趋于冬暖夏凉，而且由于这些绿地的存在改变了城市地区的下垫面，有利于空气的流动和大气污染物的稀释。

三、水分因子

（一）水分条件对园林植物的作用

水是生物最重要的组成成分，是生物生命活动必不可少的物质，活的植物体体重的50%～98%是水；水参与生物体内许多生化过程（如参与有机质的水解过程、作为光合作用的不可缺少的原料、参与新陈代谢等）；植物生命活动过程中所吸收的无机盐只有溶解在水中才能被吸收。生命代谢过程离不开水，没有水就没有生命。此外，水具有最高的热容量和最大的汽化热，是减弱地球上温度变化的最好的缓冲剂。可见，水是植物生存、生长发育、繁殖和生态系统运动的重要因子。

1. 水的形态与植物的生态关系

（1）气态水。指空气中的水汽，一般用相对湿度来表示空气中水汽的含量。相对湿度是指空气中的实际水汽压与同温度下饱和水汽压之比。相对湿度越小，空气越干燥，植物的蒸腾和土壤的蒸发就越大。

（2）液态水和固态水。液态水包括雨、雾、露等，固态水包括雪、冰雹、霜等。其中雨和雪是最主要的降水形式，对植物发生重要作用。

①降水。年降水量的多少是影响植物生产力和植被分布的重要因素。我国温带地区，森林多出现在年降水量450 mm以上地区，450～150 mm地区一般分布着草原，降水量150 mm以下为荒漠。植物生产力与年降水量及其季节分布关系密切，干旱地区表现尤为明显。如内蒙古东部森林草原区年降水量400～450 mm，干草产量为1 500 kg/hm²；年降水量300 mm的中部地区干草原的产草量为600～1 000 kg/hm²；西部荒漠草原区的产草量只有

200~300 kg/hm²。降水量的季节分配还影响植物的生长发育。我国北方夏秋季降水多，热量也较丰富，有利于植物生长发育，但也常出现暴雨，造成农田损坏以及人、畜伤亡。

②降雪。冬雪是春墒的来源之一，在北方寒冷地区，冬季雪层覆盖对植物起到良好的保护作用，使植物免受冻害。但在土壤未结冻、植物未休眠时被积雪覆盖，反易受冻或窒息死亡。

③冰雹。冰雹是强烈的上升气流所引起水汽急剧冷却而形成的小冰球，当其急剧降落地面时，易击伤植物造成灾害。一般说来，北方雹灾多于南方，山地多于平原，中纬度半干旱地区最多，南方潮湿区及西北干旱沙漠区很少。

2. 水分的生态作用

(1) 水是植物细胞原生质的重要组成成分。细胞原生质含水量为 70%~90% 时，呈溶胶状态，是新陈代谢能正常进行的基本环境。一般说来，细胞原生质含水量较多、呈溶胶状态时，细胞的新陈代谢比较旺盛；当细胞中含水量降低到一定程度，原生质就由溶胶状态变为凝胶状态，生命活动大大减弱，如休眠种子。

(2) 水参与了植物体内的代谢。生物体内所有的化学反应都是在水环境中进行的，而且水参与了大多数新陈代谢的化学反应，如光合作用、呼吸作用以及有机物的合成和分解过程，都有水分子作为反应物或生成物。

水分是植物进行光合作用的重要原料。在光的作用下，植物把水与二氧化碳合成糖类，以构成植物机体。

$$H_2O + CO_2 \longrightarrow C_6H_{12}O_6 + O_2$$

植物制造 1g 干物质所消耗水分的克数称为蒸腾系数。蒸腾系数越小，植物光合作用对水分的利用率越高。绿色植物形成 1g 干物质所消耗的水分克数称为植物需水量，植物需水量一般在 200~800g。一般 C_4 植物比 C_3 植物需水量低。

植物的蒸腾作用是其生长发育必需的生理过程，以蒸腾强度表示（即在 1 h 内每平方米叶面积蒸腾失掉水分的总克数）。蒸腾强度受植物的生理特性、形态特征及温度、湿度、风速、土壤等多种因素的影响。

植株体内的水分绝大多数消耗于植物蒸腾，蒸腾对植物体生命活动具有重要的生态学意义。植物通过蒸腾作用形成蒸腾压力，从而使根系能吸收土壤水分进入植株体，通过茎的输导组织向上运输；在夏季高温期，植株通过蒸腾失水以散热，维持植株体温度正常而不至受高温危害。

土壤、植物体和大气系统的水分平衡及植物体水分的吸收、运输和蒸腾三个环节的协调平衡，决定和影响植物的新陈代谢活动。植物体内的水分平衡是指植物在生命活动过程中，吸收的水分和消耗的水分之间的平衡。植物只有在吸水、输导和蒸腾三方面的比例适当时，才能维持植株体内的水分平衡，进行正常的生长发育。水分从土壤到植物根系，再通过茎输送到叶片，然后通过蒸腾作用进入到大气，形成土壤—植物—大气连续体，在这一连续体中水分的流量决定于驱动力与阻力之比。当土壤缺水时，即土壤保水力等于或高于根系吸水力时，植物吸收水分困难，便发生萎蔫；当土壤水分含量适宜，根系吸水力高于土壤保水力时，植物正常吸收水分，生长发育良好；当土壤含水量过高或空气湿度大、蒸腾压力小，根系吸水力低时（如在南方的梅雨季节），植株根系吸水力下降，甚至不能从土壤中吸收水分。

(3) 水是植物体吸收和运输物质的溶剂。一般情况下，植物不能直接吸收固态的矿物质和有机物,这些物质只有溶解在水中才能被吸收。例如,植物的根主要吸收溶解在土壤溶液中的矿物质盐,这是园林栽培中施肥和浇水相结合比在干燥的土壤中直接施肥效果好的原因。被根吸收的矿物质盐和植物自身制造的各种有机物,也必须溶解在水中才能被运输到植物体相应的器官和组织内。

(4) 水分能保持植物体固有的姿态。细胞含有一定的水分才能维持膨胀状态,从而使植物体挺拔,使枝叶挺立,叶面舒展,能更好地利用太阳光能进行光合作用;使花朵绽放、色泽鲜艳,保障生殖生长正常进行。

3. 水分与植物分布的关系　年降水量是常见的水分指标之一,是影响植物分布的重要因素。一般年降水量多的地方,木本植物的比例较高,植物的种类比较丰富。

干燥度是衡量区域干湿状况的常用指标之一,它是某一地区干燥程度的变量,用该地区≥10 ℃的某时段内的可能蒸散量与同期内总降水量的比值表示。干燥度把降水量和温度综合考虑,在运用中具有更实际的意义。

根据中国综合自然区划(1980年),以年降水量和年干燥度为指标将我国分为4种类型(表1-2)。

表1-2　我国干湿分类与植物分布
(中国综合自然区划,1980)

项　目	分类区			
	干旱	半干旱	半湿润	湿润
年降水量(mm)	<250	250~500	500~1 000	>1 000
年干燥度	>4.0	1.5~4.0	1.0~1.49	<1.0
植被类型	荒漠	草原	森林草原	森林

可见,水分条件直接影响到植物的生活和分布,什么样的水分环境就可能有相应的植物类型分布。

在不同水分环境条件下生长的植物,它们在个体形态、生理机能等方面常具有显著的差别。水生植物莲(*Nelumbo nucifera*)和旱生植物骆驼刺(*Alhagi sparsifolia*)的个体形态,因水分条件的不同而有很大差别。莲生长在水塘、湖沼等水湿环境中。它具有柔嫩、硕大的叶子,但根系并不发达。而骆驼刺生长在沙漠地区。它的叶子已变成细刺,以减少水分蒸腾;根系很发达,能从很深很广的地下吸取水分。这是植物对其生长环境长期适应的表现。由于植物生长对环境的依赖性很大,而且它能产生某些适应性现象与其生长的环境保持统一,因此植物对环境往往有明显的指示作用,如骆驼刺的生长反映了干旱环境,芦苇(*Phragmites australis*)的生长则反映了水湿环境。

(二)园林植物对水分的调节作用

1. 园林植物增加空气的湿度　园林植物具有很好的增加空气相对湿度的效应,主要是因为园林植物特别是园林树木有较强的遮阳、降低风速的作用,同时还具有很强的蒸腾作用。园林树木具有较大的叶面积,能遮挡大量太阳辐射,并阻碍水蒸气迅速扩散。园林植物水分消耗中,99%以上的水是通过叶面蒸腾。由于植物群落具有强大的蒸腾水分的能力,不断向空气中输送水蒸气，因此可以提高空气湿度。

2. 园林植物能够涵养水源、保持水土 园林植物通过改变降水去向及其所占的比例，以达到涵养水源、保持水土的作用，主要通过树冠截留、地被物层吸水保土、地表水的吸收和下渗及对融雪的调节作用等途径达到。植物群落特别是森林群落对降水重新进行分配，可大量贮存水分在森林内部，减少地表径流，从而发挥保持水土、涵养水源、调节周围小气候的作用。

3. 园林植物具有净化水体的作用 植物对水污染的净化作用主要表现在两个方面：

①植物的富集作用。植物体对元素的富集浓度是水中浓度的几十至几千倍，对净化城市污水有明显作用。不同的植物富集能力也不相同。如芦苇（*P. australis*）能吸收酚及其他20多种化合物，每平方米土地上生长的芦苇一年可积累 6 kg 污染物。又如凤眼莲（*Eichhornia crassipes*），也被称为水葫芦，能从污水中吸收金、银、汞、铅等重金属元素。

②植物具有代谢解毒的能力。在水体的自净过程中，生物体是最活跃的因素，水体的有机物反应过程一般都有生物体的参与。例如，水中的氰化物是一种毒性很强的物质，通过植物吸收，与丝氨酸结合变成腈丙氨酸，再转变成天冬酰胺，最终变成无毒的天冬氨酸。

四、土壤因子

（一）土壤条件对园林植物的作用

土壤是由土壤有机质、矿物质、水分和土壤空气共同构成的统一体。土壤是陆地生态系统的基础，是具有决定性意义的生命支持系统，它提供了植物扎根固定的场所，是植物所需矿质养分的来源和贮藏库。具有肥力是土壤最为显著的特性。土壤供给植物水分和氧气，是植物与无机环境之间进行物质与能量转化和交换的主要环节和场所。

1. 土壤的生态学意义 土壤是动、植物分布的基本场所，也是决定和影响生物分布的重要因素。土壤中的生物包括细菌、真菌、放线菌、藻类、原生动物、轮虫、线虫、蚯蚓、软体动物、节肢动物和少数高等动物。土壤是植物生长的基质和营养库，它为植物提供了生活的空间、水分和必需的矿质元素。土壤是污染物转化的重要场地。土壤中大量的微生物和小型动物对污染物都具有分解能力。

2. 土壤质地与结构对植物的影响 土壤是由固体、液体和气体组成的物质系统，其中固体颗粒是组成土壤的物质基础。土粒按直径大小分为粗沙（2.0～0.2 mm）、细沙（0.2～0.02 mm）、粉沙（0.02～0.002 mm）和黏粒（0.002 mm 以下）。这些大小不同的土粒的组合称为土壤质地。土壤质地是决定土壤持水性、通气性及温度状况的重要方面。根据土壤质地可把土壤分为沙土、壤土和黏土三大类。沙土的沙粒含量在 50% 以上，土壤疏松、保水保肥性差、通气透水性强。壤土质地较均匀，粗粉粒含量高，通气透水、保水保肥性能都较好，有利于深根植物的水分供应，抗旱能力强，适宜植物生长。黏土的组成颗粒以细黏粒为主，质地黏重，保水保肥能力较强，通气透水性差，易形成地表径流，可供利用的水分较少。土壤质地还通过影响土壤的水、气、热状况影响土壤养分状况，从而影响植物的生长。

土壤结构是指固体颗粒的排列方式、孔隙的数量和大小以及团聚体的大小和数量等。最重要的土壤结构是团粒结构（直径 0.25～10 mm），团粒结构具有水稳定性，由其组成的土壤，能协调土壤中水分、空气和营养物之间的关系，改善土壤的理化性质。

土壤质地与结构通过影响土壤的物理、化学性质影响植物的生长。

3. 土壤的物理、化学性质对植物的影响

（1）土壤温度。土壤温度对植物种子的萌发和根系的生长、呼吸及吸收能力有直接影响，还通过限制养分的转化来影响根系的生长活动。一般来说，低的土温会降低根系的代谢和呼吸强度，抑制根系的生长，减弱其吸收作用；土温过高则促使根系过早成熟，根部木质化，从而减少根系的吸收面积。

（2）土壤水分。土壤水分与盐类组成的土壤溶液参与土壤中物质的转化，促进有机物的分解与合成。土壤中的矿质营养必须溶解在水中才能被植物吸收利用。土壤水分太少引起干旱，太多又导致涝害。干旱和涝害都对植物的生长发育不利。

（3）土壤空气。土壤空气的组成与大气不同，土壤中氧气的含量只有10%～12%，在不良条件下，可以降至10%以下，这时就可能抑制植物根系的呼吸作用。土壤中二氧化碳的浓度则比大气高出几十倍到上千倍，植物光合作用所需的二氧化碳有一半来自土壤。但是，当土壤中二氧化碳含量过高时（如达到10%～15%），根系的呼吸和吸收机能就会受阻，甚至会窒息死亡。

（4）土壤酸碱度。土壤的酸碱度用pH表示。pH<5.0为强酸性土，在5.0～6.5范围为酸性土，在6.5～7.5范围为中性土，在7.5～8.5范围为碱性土，pH>8.5为强碱性土。土壤酸碱度与土壤微生物活动、有机质的合成与分解、营养元素的转化与释放、微量元素的有效性、土壤保持养分的能力及生物生长等有密切关系。土壤pH影响矿质养分的溶解度和植物生活力，从而对土壤中的一切化学过程和生物过程具有重大意义。根据植物对土壤酸碱度的反应和要求，可将植物分为酸性土植物（pH<6.5）、碱性土植物（pH>7.5）和中性土植物（pH6.5～7.5）。

①酸性土植物。该类植物能在pH<6.5的酸性土壤中生长，并且对Ca^+及HCO_3^-离子非常敏感，不能忍受高浓度的溶解钙。这类植物主要分布在气候冷湿的针叶林地区和酸性沼泽土上，土壤中的钙及盐基被高度淋溶。

②碱性土植物。该类植物适宜在pH>7.5的碱性土壤上生长，适于生长在含有大量代换性Ca^{2+}、Mg^{2+}离子而缺乏代换性H^+离子的钙质土和石灰性土壤上。这类植物主要分布在气候炎热干旱的荒漠和草原地区，以及盐碱土地区，此类地区降雨少，不足以淋失土壤中的盐基和钙质。

③中性土植物。该类植物生长在pH6.5～7.5的土壤上，大多数作物、温带果树都属此类型。其中，有些种类可以耐一定程度的酸碱，如荞麦、甘薯、烟草等耐酸性较强，而向日葵、甜菜、高粱、棉花等耐碱性较强。

现将一些园林植物对土壤pH的适应范围列于表1-3。

表1-3 部分园林植物适宜的土壤pH范围

（冷平生，2003）

pH	植 物 种 类
4.0～4.5	欧石楠、凤梨科植物、八仙花
4.0～5.0	紫鸭跖草、兰科植物
4.5～5.5	蕨类植物、锦紫苏、杜鹃花、茶、柑橘

(续)

pH	植 物 种 类
4.5~6.5	山茶花、马尾松
4.5~6.5	杉木
4.5~7.5	结缕草属
4.5~8.0	白三叶
5.0~6.0	山月桂、广玉兰、铁线莲、藿香蓟、仙人掌科、百合、冷杉
5.0~6.5	云杉属、松属、棕榈科植物、椰子类、大岩类、海棠、西府海棠
5.0~7.0	毛竹、金钱松
5.0~7.8	早熟禾
5.0~8.0	乌桕、落羽杉、水杉、黑松、香樟
5.2~7.5	羊茅、紫羊茅
5.5~6.5	樱花、喜林芋、安祖花、仙客来、菊花、蒲包花、倒挂金钟、美人蕉
5.5~7.0	朱顶红、桂香竹、雏菊、印度橡皮树
5.5~7.5	紫罗兰、贴梗海棠
6.0~6.5	兴安落叶松、樟子松、红松、日本黑松
6.0~7.0	一品红、秋海棠、灯心草、文竹
6.0~7.5	郁金香、风信子、水仙、牵牛花、三色堇、瓜叶菊、金鱼草、紫藤
6.0~8.0	火棘、泡桐、榆树、杨树、大丽花、花毛茛、唐菖蒲、芍药
6.5~7.0	四季报春、洋水仙
6.5~7.5	香豌豆、金盏花、勿忘草、紫菀
7.0~7.5	油松、辽东栎
7.0~8.0	西洋樱草、仙人掌类、石竹、香堇
7.5~8.5	毛白杨、白皮松
8.0~8.7	侧柏、白榆、刺槐、红树、胡杨、沙棘、甘草、柽柳

(5) 土壤有机质的生态作用。土壤有机质或腐殖质主要是微生物分解动、植物残体的产物，它们对土壤物理、化学性质和肥力状况有很大影响。

有机质进入土壤后，立即受到微生物的作用，微生物一方面把有机残体分解成多种简单物质（称矿质化过程），另一方面又把一些物质合成新的复杂高分子含氮化合物（称腐殖质化过程）。两个过程相互依赖，后者是在前者基础上进行的。土壤腐殖质为黑色或黑褐色胶体物质，它与矿物质颗粒紧密结合，对营养元素保存和供应十分重要。

(6) 土壤矿物养分的生态作用。土壤是陆生植物所必需的矿物养分的根本来源，土壤中约98%的养分呈束缚态，溶解性养分只占很小一部分。土壤矿质营养以溶于土壤水分中的离子状态被植物根系吸收并进入植物体，转化成植物体的构成部分。

每种矿物营养对植物都有独特功能，不能被其他元素所代替。这些元素不仅数量上要充足，而且比例也要恰当。否则，造成植物生长发育不良。

在长期的适应和进化中，园林植物对土壤养分形成下列适应类型：

①耐瘠型。豆科植物是典型的耐瘠型植物，固氮菌的共生给它们提供了耐瘠的条件；松（*Pinus* spp.）、竹（*Bamboo* spp.）等植物需要养分不很多，具有一定的忍受瘠薄能力；当然，这些植物在较肥沃的土壤上生长更为有利。

②耐肥型。凤梨（*Guzmania* spp.）、蕨类等是典型的耐肥型植物，在土壤养分丰富的情况下，能健壮生长，对高水肥条件有较强的适应性。

③喜肥型。月季（*Rosa chinensis*）、一串红（*Salvia splendens*）、菊花（*Dendranthema morifolium*）等植物，需要的养分较多，但养分过多易造成徒长、倒伏和不易形成花蕾等弊端，所以实际上它们是喜肥而不耐肥的类型。

4. 土壤的生物性质与植物的生态关系　居住在土壤中的生物种类很多，有各种菌类、藻类、原生动物、线虫、软体动物、节肢动物、脊椎动物等，其数量十分惊人。据估计，在 1 m^2 的耕层中，土壤生物的数量可达 112g。

微生物是生态系统的分解者和还原者，促进生态系统的养分循环，对土壤结构的形成和养分的释放均有影响。但有些种类会引起植物病害，或产生有毒物质，有害于植物生长。如蚯蚓等对土壤改良和土壤肥力起着良好作用，但地下害虫、土壤病原菌等常对植物造成危害。

（二）园林植物对土壤的调节作用

1. 园林植物根系对土壤的作用　园林植物根系对土壤的发育有重要作用。根系脱落或者死亡，可增加土壤下层的有机物质，并促进土壤结构的形成。根系腐烂后，留下许多通道，改善了通气性并有利于重力水上升。根系分泌物、根周围微生物的活动能增加植物某些营养元素的有效性，改变土壤的 pH，促进矿物质及岩石的分化。

2. 园林植物对土壤污染的修复作用　由于土壤受到污染后，其中存在高浓度的难降解污染物，影响到土壤正常功能的实现，并通过土壤—植物—动物系统影响到人类的身体健康，长久以来，人们就在寻求治理土壤污染的良好方法，植物对土壤污染的修复就是利用生物技术治理土壤污染的方法。

植物修复主要是指以植物可以忍耐和超量积累某种或者某些化学元素理论为基础，利用植物及其共存微生物体系清除环境中污染物的一种环境污染治理技术。按其原理可以分为三种方式：

①植物萃取技术。利用植物吸收、积累污染物，将土壤中的污染物（重金属）萃取出来，富集并运移到植物根部可收割部分和地上枝条部分，收割后将植物进行热处理、化学处理或微生物处理。

②植物降解技术。利用植物及其根际微生物区系将污染物（有机污染物）降解转化为无机物或无毒物质。

③植物固定化技术。在植物与土壤的共同作用下，将污染物固定为稳定的形态，以减少其对生物与环境的危害。如禾秆蹄盖蕨（*Athyrium yokoscense*）能吸收镉，浮萍（*Lemna minor*）能吸收金、镭等。

五、大气因子

包围地球外围的空气层称为地球大气，简称大气。大气是地球自然环境的重要组成部分之一，与生物的生存息息相关。由于地球引力的作用，大气质量的 1/2 集中在 6 km 高度以下，3/4 的质量集中在 10 km 高度以下，99% 的质量集中在 35 km 高度以下。

大气是一种无色、无味，由各种气体及悬浮在空中的液态和固态微粒所组成的混合物。对从地面到 100 km 高度的大气来说，可以看作是由干洁大气、水汽及气溶胶质粒等三部分组成的。通常把不包含水汽的大气称为干洁大气。干洁空气的主要成分是氮、氧和氩（氮占 78.09%，氧占 20.95%，氩占 0.93%），还有少量的二氧化碳、臭氧、各种氮氧化物以及其他一些惰性气体。从地面到 90 km 高度，空气的主要成分为氮、氧、氩，还有微量的惰性气体，氖、氢、氙及氦等之间大致保持固定的比例，基本上不随时间、空间变化，称为常定成分。其他一些气体在大气中所占的比例随时间、地点而变，称为可变成分。大气中二氧化碳一般仅占空气体积的 0.03%。

氮和氧是大气中最丰富的气体，对于生物具有重大意义。氮是一种不活泼的气体，虽然植物不能吸收大气中的氮，但豆科植物能借助其根瘤的作用，直接利用大气中的氮素，氮的氧化物也可随降水进入土壤，供给植物需要；另外氮是工业上用的硝酸、农业上用的氮肥的重要成分。氧不但为生物呼吸所必需，而且是很多主要化学反应所不可缺少的物质，决定着有机物的燃烧、腐蚀及分解等过程。大多数陆生植物和动物都需要充足的氧气，属窄氧性生物；而绝大多数水生动物和植物，属广氧性生物。微生物中有严格的厌氧菌，如甲烷细菌，有氧则不能生长；也有好氧菌，无氧则不能生长，如固氮细菌；也有介于二者之间的兼性厌氧菌，如链球菌。

在干洁大气中臭氧和二氧化碳含量虽然很少，但它们的存在对人类活动及天气变化起到很大的影响。高空臭氧的形成主要是氧分子吸收了波长在 $0.1 \sim 0.24 \mu m$ 的太阳紫外辐射后形成氧原子（$O_2 + h\nu \rightarrow O + O$，式中 $h\nu$ 是光子能量，h 是普朗克常数，ν 是光子频率），氧原子在第三种中性粒子（M）的参与下与氧分子结合，形成臭氧（$O_2 + O + M \rightarrow O_3 + M$）。低空中的臭氧一部分是从高空输送而来，另一部分是由闪电、有机物氧化而生成。但这些过程不是经常存在，所以低层大气中臭氧的含量很少并且是不固定的。在大气更高的层次中，由于紫外辐射强度很大，使氧分子接近完全分解，令臭氧难以形成。所以臭氧的分布，在近地层空气中含量极少；自 $5 \sim 10$ km 高度处，含量开始增加，其最大浓度出现在 $20 \sim 30$ km，称为臭氧层。臭氧能强烈地吸收太阳紫外辐射，太阳辐射中的紫外线对于生物有机体的组织有很大的危害作用，臭氧吸收了绝大部分的紫外线才使生物有机体免遭伤害。臭氧对红外部分的吸收，使地面辐射受阻，这种作用也促进了大气的增温。

二氧化碳主要来源于有机物的燃烧和腐烂以及生物的呼吸，矿泉、地壳裂缝及火山喷发也排出二氧化碳。二氧化碳对于长波辐射能强烈的吸收和放射，含量多少直接影响着地面和大气的温度。另外，二氧化碳是植物进行光合作用不可缺少的原料，构成植物体成分的 95% 是光合作用的产物。二氧化碳浓度的高低是影响植物初级生产力的重要因素。在园林栽培实践中，人们已经开始采用"二氧化碳施肥"以提高植物光合效率，增加园林植物的产出量。

大气中的水汽来源于江、河、湖、海、潮湿的物体表面及植物表面的蒸腾作用和地面的蒸发作用。水汽在大气中的含量虽少，但由于它在大气温度变化范围内可以进行相变，变为水滴或冰晶，因而它对大气的物理变化过程起着重要作用，是天气变化的主要角色，大气中的雾、云、雨、雪、雹等天气现象都是水汽相变的产物。如果没有水汽，这些现象也将不会出现。水汽在相变过程中要吸收和释放潜热，同时水汽又易吸收和放射长波辐射，所以大气中水汽含量的多少能直接影响地面和空气的温度，影响天气及天气系统的变化和发展。

大气溶胶粒子是指悬浮于空气中的液体和固体粒子。它包括水滴、冰晶、悬浮着的固体灰尘微粒、烟粒、微生物、植物的孢子和花粉以及各种凝结核和带电离子等，它们是低层大气的重要组成部分。大气溶胶粒子对辐射的吸收与散射、云雾降水的形成、大气污染以及大气光学与电学现象的产生都具有重要的作用。

大气溶胶粒子的来源大致可分为人工源与自然源两大类。人工源为人类活动所产生，如煤、木炭、石油的燃烧和工业活动，产生大量固体烟粒和吸湿性物质；由于核武器试验所引起的微尘和放射性裂变产物等。自然源为自然现象所产生，像土壤微粒和岩石的风化，森林火灾与火山爆发所产生的大量烟粒和微尘；海洋上的浪花溅沫进入大气形成的吸湿性盐核；由于凝结或冻结而产生的自然云滴或冰晶。另外还有宇宙尘埃，像陨石的燃烧进入大气等。

表示大气中的物理现象和物理变化过程的物理量，统称为气象要素。如气温、气压、湿度、风向、风速、能见度、降水量、云量、日照、辐射强度等。其中以气温、气压、湿度和风最为重要。气温是表示空气冷热程度的物理量，它实际上是空气分子平均动能大小的反映。湿度是表示空气潮湿程度的物理量，分绝对湿度和相对湿度两类。绝对湿度是单位容积空气中所含水汽的质量，也就是水汽的密度。相对湿度是空气中实际混合比与同温度下空气的饱和混合比之百分比，即空气中的实际水汽压与同温度下的饱和水汽压的百分比。水汽的密度影响植物的蒸腾作用与呼吸作用。

空气的水平运动称为风。风包括风向和风速两个要素。从云中降落到地面的液态或固态水称为降水。降水通常用降水的形态、降水的性质、降水量和降水强度来表示。各气象要素均对植物的生长发育产生直接的影响。

第三节 生物因子与园林植物的关系

生物圈中生物种类繁多，其间通过取食、竞争等关系联系起来，它们互为条件，或协调生长，或相互影响和制约，形成采食与被采食、寄生与被寄生、共生、竞争以及互为环境的关系。生物因素的生态作用表现在影响种群的分布和发展动态上，也在一定程度上通过影响环境，使得环境因子变化，从而再影响其他生物。生物因子对园林植物的作用分三大类：即微生物、动物和人类本身对园林植物的作用，下面分别予以介绍。

一、微生物对园林植物的生态作用

微生物是地球上最早出现的生命形式，是生物中一群重要的分解代谢类群。其作为生态系统中极为重要的一员，对植物的生长、生态系统中的能量流动和物质循环及环境污染物的降解和解毒等方面起着重要作用。土壤是微生物生长和繁殖的良好系统，各种微生物都能在土壤中生活，素有"微生物大本营"之称，土壤微生物的最重要作用是分解动、植物的排泄物及残体，转化合成为腐殖质，增强土壤肥力，促进土壤良好结构的形成。

土壤中的微生物也是植物营养供应的主要动力，依靠微生物对有机质的不断矿质化过程，为植物源源不断地供应碳、氮、硫、磷等矿质营养。土壤中固氮微生物能固定空气中的氮气，为植物提供氮源，是自然界中氮素循环的重要环节。从全球看，每年生物固定的氮量约为工业生产的氮肥的 3 倍。有些土壤微生物还可以分解有毒物质或难以分解的特殊物质，起到净化环境的作用。

（一）微生物在自然界中的功能

微生物在自然界中的功能表现为微生物在生物地球化学循环中和在能量流动中的作用，主要表现在碳、氮、硫、磷元素循环中的作用。

1. 微生物在碳循环中的作用　微生物代谢产生的二氧化碳占地球总产量的 90% 以上，所以微生物对维持植物的生命活动和自然界各种碳化合物的动态平衡起着极为重要的作用。微生物参与有机物的生产，很多单细胞的自养细菌和藻类是初级生产者。微生物中的原生动物在有机物的消费过程中是非常重要的中间环节。因此，微生物在碳素的循环中负重要责任。

2. 微生物在氮循环中的作用　在含氮有机物的分解过程中，异养微生物起着最主要的作用。微生物固氮占地球上总固氮量的 90% 以上。氮素是蛋白质、核酸的组成元素，因此是所有生物所必需的元素。但是绝大多数生物不能直接利用氮分子，所以微生物的固氮作用对维持自然界的生物繁荣具有特别重要的意义。

3. 微生物在硫循环中的作用　微生物能将很多其他形式的硫转化为生物可利用的硫酸根形式（SO_4^{2-}），同时也可以通过分解有机硫化合物和还原硫酸根，使自然界各种形态的硫的含量保持平衡和正常循环。

4. 微生物在磷循环中的作用　微生物在有机磷化合物的产生和分解过程中及食物链中磷的传递和转化过程中起作用。硫化细菌和硝化细菌能促进难溶性磷酸盐向可溶性磷酸盐的转化。

（二）微生物对园林植物的作用

1. 微生物对园林植物的有益作用　在园林生态系统中，微生物的有益作用表现是多方面的。土壤微生物的作用是分解动、植物的排泄物及残体，转化合成腐殖质，增强土壤肥力；有的土壤微生物能固定大气中的氮素，如根瘤菌、固氮菌，直接参与氮元素循环；有的土壤微生物能分解土壤母质中的磷素，为植物提供可吸收的磷元素，直接参与磷元素循环；有的土壤微生物可寄生昆虫或与植物的病害菌产生拮抗作用，如白僵菌，可寄生许多害虫，致其死亡，为园林植物提供一个良好的生存环境。

一些学者利用微生物的有益作用，研制微生物肥料或杀虫剂、杀菌剂，应用到园林管理中，获得良好的效果，既为园林植物提供了肥料供应，消灭了病虫害，又避免了环境污染。

2. 有害微生物对园林植物的作用　园林中的有害微生物是指可使园林植物产生各种病害的微生物，包括植物病原真菌、细菌、病毒、类病毒及一些病原线虫，它们可对园林植物造成危害。如菌类寄生，使树木呼吸加速 1~2 倍，降低光合作用 25%~39%，破坏角质层，使气孔不能关闭，加大蒸腾强度，或使导管堵塞，或分泌毒素使植物中毒。随着各种有害微生物的产生与传播，园林植物产生相应的病害症状，如白粉病、立枯病、锈病、叶斑病等，严重时会导致植株成批死亡。

二、动物对园林植物的生态作用

动物是园林生态系统的一个重要组成部分。动物对园林植物的作用多种多样。其直接作用表现为以植物为食物，帮助传授花粉，散布种子；其间接作用除了在一定程度上通过影响土壤的理化性质作用于植物外，植物群落中各种动物之间所存在的食物网关系对保持植物群落的稳定性也发挥着重要的作用。

传粉对植物完成生活史是一项关键性的环节，动物在这一过程中扮演着非常重要的角色。动物将花粉由雄蕊运输到雌蕊上，对于异花授粉植物的生殖是一个关键，甚至某些自花授粉植物也要求对花粉进行运输，因为雄蕊与雌蕊之间存在一个空间，跨越这个空间才能授粉。植物常常表现出对授粉者习性和形态特征上的适应，如花瓣、花萼或花序在外观上或气味上有诱惑力，花粉常有黏合力，有时成团状，花蜜或花粉对授粉者有营养价值，开花时间与授粉者的活动规律相联系。传粉的动物有昆虫、鸟类和蝙蝠。昆虫中的蜂、蝇、蝶类和蛾类是最主要的传粉者。蝶类是在白天活动，通常喜欢色泽鲜艳的花朵，蛾类多数在夜间活动，从颜色浅淡、香味浓郁的花朵内获取花蜜或花粉。据观察，1 窝蜂 1d 能采集 25 万朵花。在开花的植物中，现已知有 65% 的植物是虫媒花，其中主要或完全由动物传粉的植物包括杜鹃花科、李属、槭属、七叶树属、刺槐属、椴属、木兰属、鹅掌楸属、梓树属、柳属和鼠李属等。

昆虫可以传播真菌和苔藓的孢子，一些病原细菌可被蜜蜂等昆虫传播。还有一些昆虫对植物的生长发育产生危害，其中对园林植物危害性较大的有蝼蛄、蛴螬、地老虎、金针虫等。

动物能吃掉植物的种子，伤害或毁坏幼树，但在保存和散布植物种子，维持群落的相对稳定上又有积极作用。一些浆果类或肉质果实的小乔木和灌木，如山丁子（*Malus baccata*）、山莓（*Rubus corchorifolius*）等种子都有厚壳，由鸟类吃食后经过消化道也不会受伤，排泄到其他地方从而得以传播。蚯蚓能传播兰花的种子，爬行类、鸟类和哺乳类是木本植物种子的主要传播者。

除上述有益的生态作用外，动物对植物也有有害的作用。如在传播种子和传授花粉的同时有时还传播病害，鸟类对板栗疫病的病原体的传播，地下害虫危害植物根部、近土表主茎及其他部位。这类害虫种类繁多，危害寄主广，它们主要取食园林植物的种子、根、茎、块根、块茎、幼苗、嫩叶及生长点等，常常造成缺苗、断垄或植株生长不良。

三、人对园林植物的生态作用

人类在生物圈的作用举足轻重。人首先是生态系统的组成部分，也是园林生态系统的重要组成部分之一。人对园林生态系统的生态作用是显著的。从建设的角度看，人类直接规划和设计园林，不仅在原有自然条件下利用已有植物资源，更多的是改造已有条件，引进新的植物类型，创造新植物景观；从保护的角度看，人类要发挥自身高智能的优势，不断运用自身力量和现代科学技术改造环境和生物，增加生态系统中的物质和能量投入，提高生态系统的整体功能。例如防虫治病，更替枯死、不健康的植株，维护系统的洁净等；从消费的角度看，人是园林系统最大的消费者。人类在园林中的消费活动，破坏多于保护，既有直接作用，又有间接作用。直接作用是伤害园林植物，侵扰园林动物，破坏系统的协调和完美；间接作用是丢弃垃圾、踩踏土壤、污染水源、挤占生态位。

所以，人对园林生态系统的作用既可能产生有利结果，也可能具有盲目性和不合理性，造成环境、物种的破坏和毁灭，造成灾难。尤其是在科学技术成为第一生产力的今天，在不断强化人类干预的同时，应保持警觉，坚持科学，避免盲目性。

第四节　园林植物的生态效应与生态适应性

一、园林植物的生态效应

（一）园林植物的空气效应

1. 吸收二氧化碳放出氧气　植物是大气环境中二氧化碳和氧气的调节器。通过光合作用，植物每吸收44g二氧化碳可放出32g氧气。通常每公顷森林每天可消耗1 000 kg二氧化碳，放出730 kg氧气。不同园林植物种类的光合作用强度是不同的，因而它们吸收二氧化碳的量和放出氧气的量也是不同的。如在气温为18~20 ℃的全光照条件下，1g重的新鲜落叶松（*Larix gmelinii*）针叶在1 h内能吸收二氧化碳3.4 mg，柳树（*Salix babylonica*）叶为8.0 mg，椴树（*Tilia amurensis*）叶为8.3 mg。

2. 释放活性挥发性物质，发挥生态保健功能　不少园林植物属芳香型植物，它们的花、树皮、枝干、叶、果皮等地上部分能释放活性挥发性物质到空气中，经人体呼吸道进入人体而被吸收，从而发挥其药效，达到预防、治疗疾病的医疗保健作用。研究表明，芳香型园林植物的挥发性成分的药理活性和保健作用有下列10类：

①对呼吸系统有保健作用的成分：石竹烯、柠檬烯、蒎烯。

②对心血管系统有保健作用的成分：蒎烯、贝壳杉烯。

③对中枢神经系统有保健作用的成分：石竹烯、蒎烯、水芹烯。

④对消化系统有保健作用的成分：桉树脑、石竹烯。

⑤对免疫系统有保健作用的成分：β-石竹烯、α-荜草烯、大蒜新素（抗炎）。

⑥抗肿瘤活性成分：邻苯二甲酸二丁酯、β-桉叶油醇、角鲨烯、蛇床子素、丁香酚。

⑦抗微生物活性成分：石竹烯、匙叶桉油烯醇、柠檬醛、芳樟醇、挥发性醛、具有α，β-不饱和结构的烷烯基酸酯类、芳香醛类和芳香酸酯类、丁香酚、柠檬烯、蒎烯、雪松醇、莰烯、百里酚等。

⑧有驱虫作用的成分：桉叶油醇、金合欢醇、柠檬醛、龙脑。

⑨有抗病毒作用的成分：贝壳杉烯及其衍生物。

⑩具有芳香气味的成分：柠檬烯、橙花叔醇、芳樟醇、柠檬醇、石竹烯等。

对呼吸系统有保健作用的植物有山小橘（*Glycosmis citrifolia*）、白兰（*Michelia alba*）、红千层（*Callistemon rigidus*）、含笑（*Michelia figo*）、九里香（*Murraya exotica*）等；对心血管系统有保健作用的植物有人心果（*Manilkara zapota*）、白兰（*Michelia alba*）、红千层（*Callistemon rigidus*）、含笑（*Michelia figo*）、鹅掌藤（*Schefflera arboricola*）等；对中枢神经系统有保健作用的植物有鹅掌藤（*Schefflera arboricola*）、九里香

（*Murraya exotica*）、白兰（*Michelia alba*）等；抗肿瘤作用的植物有含笑（*Michelia figo*）、白兰（*Michelia alba*）等；对消化系统有保健作用的植物有白千层（*Melaleuca leucadendron*）、山小橘（*Glycosmis citrifolia*）等；含抗菌活性成分较多的植物有麻楝（*Chukrasia tabularis*）、黄兰（*Michelia champaca*）、洋蒲桃（*Syzygium samarangense*）、九里香（*Murraya exotica*）等。

3. 吸收有毒气体 一些园林植物能有效地吸收大气中的有毒气体，并将其分解或富集于体内而起到净化空气的作用。这些园林植物有金银花（*Lonicera japonica*）、卫矛（*Euonymus alatus*）、旱柳（*Salix matsudana*）、臭椿（*Ailanthus altissima*）、水蜡（*Ligustrum obtusifolium*）、山桃（*Prunus davidiana*）等对二氧化硫既具有较大的吸收能力，又具有较强的抗性，是净化空气中二氧化硫的好树种。银桦（*Grevillea robusta*）、悬铃木（*Platanus acerifolia*）、柽柳（*Tamarix ramosissima*）、君迁子（*Diospyros lotus*）等对氯气有较强的吸收能力，是净化空气中氯气的好树种。泡桐（*Paulownia*）、梧桐（*Firmiana simplex*）、大叶黄杨（*Euonymus japonicas*）、榉树（*Zelkova schneideriana*）、垂柳（*Salix babylonica*）等有不同程度的吸氟力。

4. 阻滞尘埃 尘埃中除含有土壤微粒外，还含有细菌和其他金属粉尘、矿物粉尘、植物性粉尘等，它们会影响人体健康。尘埃会使多雾地区的雾情加重，降低空气的透明度，减少紫外线含量。很多园林植物的叶片对尘埃具有较强的阻滞作用，相当于过滤器而使空气清洁。

5. 减弱噪声的生态效应 噪声也是一种空气污染，噪声越过 70 dB 时，对人体就产生不利影响，如长期处于 90 dB 以上的噪声环境下工作，就有可能发生噪声性耳聋。噪声还能引起其他病症，如神经官能症、心跳加速、心律不齐、血压升高、冠心病和动脉硬化等。

种植乔灌木对降低噪声有显著作用。公路上 20 m 宽的多层行道树［如雪松（*Cedrus deodara*）、杨树（*Populus*）、珊瑚树（*Viburnum odoratissimum*）、桂花（*Osmanthus fragrans*）各一行］的隔音效果很明显，噪声通过后，与同距离的空旷地相比，可减少 5～7 dB。30 m 宽的杂树林［以枫香（*Liquidambar formosana*）为主、林下空虚］与同距离的空旷地相比，可减弱噪声 8～10 dB。18 m 宽的雪松（*Cedrus deodara*）林带（枝叶茂密，上下均匀）与同距离空旷地相比，可减弱噪声 9 dB。45 m 宽的悬铃木（*Platanus acerifolia*）树林，与同距离空旷地相比，可减弱噪声 15 dB。4 m 宽的枝叶浓密的绿篱墙可减少噪声 6 dB。

研究表明，较好的隔声树种有雪松（*Cedrus deodara*）、桧柏（*Sabina chinensis*）、龙柏（*Sabina deodara*）、悬铃木（*Platanus acerifolia*）、梧桐（*Firmiana simplex*）、垂柳（*Salix babylonica*）、云杉（*Picea asperata* Mast.）、柏木（*Cupressus funebris*）、臭椿（*Ailanthus altissima*）、樟树（*Cinnamomum camphora*）、榕树（*Ficus microcarpa*）、珊瑚树（*Viburnum odoratissimum*）等。

6. 增加空气负离子 空气负离子效应被誉为"空气维生素"，对人体健康极为有利。含氧空气负离子接近分子大小、属于小的空气负离子，具有高的运动速度（迁移率）和强的生物活性，对正常机体起到良好的生物学效应和卫生保健作用，能使人镇静、净化血液、增进新陈代谢、强化细胞功能、延年益寿。园林植物根系和土壤微生物利用氧时，以氧离子或氧离子团为主的负离子被释放至土壤空气中，并通过与大气的气体交换而增加空气中负离子的浓度。空气含氧量和负离子两者具有相互协同作用，共同产生倍增的生物学作用。植物通过光合作用每天吸收大量的二氧化碳同时放出人们所需要的氧气，使空气的负离子化加速，故人们在绿地空间游憩时会有心旷神怡的感觉。生态林特别是具有一定规模效应的树林，尤其是针叶林和木本花卉放出的芳香挥发物质具有增加空气负离子的功能。

（二）园林植物的温度效应

植物的树冠能阻拦阳光而减少辐射热，从而有效地降低小环境的温度条件。由于树冠大小、叶片的疏密度、叶片的质地不同，不同树种的降温效果不同。以银杏（*Ginkgo biloba*）、刺槐（*Robinia pseudoacacia*）、悬铃木（*Platanus acerifolia*）的遮阳降温效果最好，垂柳（*Salix babylonica*）、旱柳（*Salix matsudana*）、梧桐（*Firmiana simplex*）较差。常用园林树种的遮阳降温效果观察值见表1-4。

表1-4 常用行道树遮阳降温效果比较表（℃）

（吴翼．1963）

树 种	阳光下温度	树阴下温度	温 差
银 杏	40.2	35.3	4.9
刺 槐	40.0	35.5	4.5
枫 杨	40.4	36.0	4.4
悬铃木	40.0	35.7	4.3
白 榆	41.3	37.2	4.1
合 欢	40.5	36.6	3.9
加 杨	39.4	35.8	3.6
臭 椿	40.3	36.8	3.5
小叶杨	40.3	36.8	3.5
构 树	40.4	37.0	3.4
梧 桐	41.1	37.9	3.2
旱 柳	38.2	35.4	2.8
槐	40.3	37.7	2.6
垂 柳	37.9	35.6	2.3

（三）园林植物的水分效应

城市中的水分因子容易受到工矿业、加工业和生活污水的污染。如果水中含有过高的油脂、蛋白质、糖分、纤维素等营养物时，微生物和一些藻类繁殖加快，生长旺盛，会消耗水中的氧气，导致水体形成缺氧的条件。这时有机物就在厌氧条件下分解而释放出甲烷、硫化氢和氨气等，造成水中生物死亡。许多植物能吸收水中的有毒物质而在体内富集起来，富集的程度，可比水中有毒物质的浓度高几十倍到几千倍，从而降低水中的有毒物质，净化水体。

种植树木对改善小环境内的空气湿度有很大作用。不同树木的蒸腾能力差异很大，选择蒸腾能力较强的树种对提高空气湿度有明显的效果（表1-5）。

表1-5 几种常见园林树种的蒸腾强度 [g/ (m² · h)]

树种名	蒸腾强度	树种名	蒸腾强度
松树	520	忍冬	252
白蜡	326	桦木	341
榆树	344	栎树	364
杨树	369	美国槭	388
椴树	390	苹果树	530

注：根据前苏联伊万诺夫在莫斯科地区17℃下的测定结果。

据测定，在树林内的空气湿度比林外要显著提高，一般要比空旷地的湿度高7%~14%。由于树林内温度较低，故相对湿度比林外要显著提高，所以无论从相对湿度和绝对湿度来讲，树林内总是比空旷地要潮湿些。但是这种湿度的差别程度是受季节影响的，在冬季最小，在夏季最大。

(四) 园林植物的光效应

园林植物能有效地减弱环境光照条件，改善光环境。阳光照射到树冠上时，有20%~25%的太阳辐射被叶面反射，有35%~75%为树冠所吸收，有5%~40%透过树冠投射到树林下。植物所吸收的光波段主要是红橙光和蓝紫光，而反射的部分主要是绿色光。所以从光质上看，林中及草坪上的光线具有大量绿色波段的光。这种绿光要比街道及建筑装饰面的光线柔和得多，对眼睛保健有良好作用，绿色光能使人在精神上觉得爽快和宁静。

二、园林植物的生态适应性

(一) 生态型和生活型

1. 生态型 同种生物的不同个体，长期生长在不同的生态环境中，发生趋异适应，经自然和人工选择，分化形成形态、生态和生理特征不同的基因型类群，称为生态型。生物分布区域和分布季节越广，生态型就越多，适应性就越广。

生态型的种类有：

(1) 气候生态型。即长期适应不同光周期、气温和降水等气候因子而形成的各种生态型，如早稻与晚稻即属此类。

(2) 土壤生态型。即在不同的土壤水分、温度和肥力等自然和栽培条件下，所形成的生态型，如陆稻和水稻即属此类。

(3) 生物生态型。即在不同的生物条件下分化形成的生态型。如在病虫发生区培育出来的植物品种，一般有较强的抗病虫能力；而在无病虫区培育出来的品种，抗病虫能力就差。

2. 生活型 生活型是指不同种的生物，由于长期生活在相同的自然生态条件或人为培育条件下，发生趋同适应，并经自然和人工选择而形成具有类似形态、生态和生理特征的物种类群。生活型是种以上的分类单位，如具有缠绕茎的藤本植物虽然包括许多植物种，但都是同一个生活型。分类学上亲缘关系很近的植物，可能属于不同的生活型，如豆科植物中的槐树（*Sophora japonica*）、合欢（*Albizia julibrissin*）为乔木，胡枝子（*Lespedeza bicolor*）为灌木，白车轴草（*Trifolium repens*）为草本，它们不是同一个生活型。

（二）生态位

生态位是生物栖息环境再划分的单位——生境的一个亚单位。生态位作为生物单位（个体、种群）生存条件的总集合体又分为基础生态位和现实生态位（图1-1）。

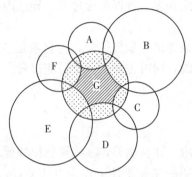

图1-1 物种G的基础生态位和现实生态位的理论模型
（陈汤臣．生态农业的理论与实践）

由图1-1可见，6个竞争物种中A、B、C、D、E和F都对物种G占有竞争优势，故G的现实生态位是不规则6边形，远小于其基础生态位。

（三）园林植物适应环境的方式和机制

园林植物对环境的适应，一方面表现为植物的生存、繁殖、活动方式和数量比例等均消极地受环境限制、控制和支配；另一方面，植物还具有积极适应、利用和改造环境的能力，以获得在现实环境中自身发展的能力。主要体现在以下几个方面：

1. 园林植物的耐性补偿作用 耐性补偿作用是指园林植物群体经一定时期的驯化过程，可以调整、改变其生存和生命活动的耐性限度和最适范围，以克服和减轻外界因子的限制作用。这种作用方式可能存在于植物群落水平上，也可能出现于种群水平上。

（1）植物群落层次的耐性补偿作用。由于群落中不同种群对环境的最适范围和耐性限度不同，通过相互的补偿调节，可以扩大群落活动的耐性范围，从而保持整个群落有较稳定的代谢水平和多样性。所以，群落比单一种群具有更广的活动范围和耐性限度。

（2）植物种群层次的耐性补偿作用。在一个种内部，耐性的补偿作用常表现在该种具有多个生态型上。一个种可以通过驯化产生适应于不同地区条件的生态型，克服某些环境因子的限制作用。园林植物品种大多是经长期驯化的结果，对当地的自然环境条件具有很强的适应能力。病菌中某些生理小种的产生，就是通过耐性补偿作用对农药药性发生适应的结果，这在植物保护中是必须考虑的因素。

还有些植物可以通过生理过程调节和行为适应等方式来达到耐性补偿。当环境不适应时，可进入不活跃状态，如休眠、落叶、产生孢子、产卵等，都是通过生理调节来克服不利因子的限制。

2. 利用生存条件作为调节因子　园林植物可以改变自身的活动规律，以适应自然环境的节律性变化，从而缓和环境的有害作用，获得生存和发展。如植物通常表现出的光周期现象就是利用日照长度来调节自身活动的明显例证。许多植物的花芽分化、开花、休眠等都受日照长度的调节。在雨量少而不稳的沙漠上，只有达到一定降雨时，一些一年生植物才能发芽，并迅速完成生活史，这也是一种高度的适应。

3. 形成小生境以适应生长环境　在大的不利环境中，生物能创造一个有利的小环境，以保证自身的生存需要。在一个种群内部，成年树能遮光蔽荫，为种子的萌发、幼苗的生长发育提供条件。当小苗长到一定程度，种群密度过大，导致内部一些个体发育不良而出现自疏现象。

生物从以上诸方面对环境条件进行积极适应，为自身创造了发展和生存的可能和条件，但是，这种作用的范围是有限的，同时也需要一个适应过程。

（四）园林植物对各生态因子的适应

1. 园林植物对光的适应

（1）园林植物对光强的适应。在自然界，一些园林植物要求在强光照条件下才能生长发育良好，而另一些则要求在较弱的光照条件下才能生长良好。依据植物对光照度的要求不同，可以把园林植物分为阳性植物、阴性植物和耐阴植物三大类。

①阳性植物。这类植物的光补偿点较高，光合速率和呼吸速率也较高，在强光条件下生长发育良好，而在弱光下发育不良。也可以说，阳性植物要求全日照，并且在水分、温度等条件适合的情况下，不存在光照过强的问题。阳性植物多为生长在旷野、路边、森林中的优势乔木，草原和荒漠中的旱生、超旱生植物及高山植物等均属此类型。如松属、柳属、杨属、银杏（*Ginkgo biloba*）等。

②阴性植物。这类植物具有较低的光补偿点，光合速率和呼吸速率也较低，具有较强的耐阴能力，在树阴下亦可正常更新。但并不是说阴性植物对光照度的要求是越弱越好，因为当光照过弱达不到阴性植物的补偿点时，它也不能得到正常的生长，所以阴性植物要求较弱的光也仅仅是相对于阳性植物而言。阴性植物多生长在密林或沼泽群落的下部，生长季的生境较湿润，因此也往往具有某些湿生植物的形态特征。如蕨类植物、天南星科植物、冷杉属、椴属、八仙花属、紫楠（*Phoebe sheareri*）、罗汉松属、香榧（*Torreya grandis*）、黄杨属、蚊母树（*Distylium racemosum*）、枸骨（*Ilex cornuta*）、杜鹃花属等。

③耐阴植物。介于阳性植物和阴性植物之间的植物。这类植物在光照充足时生长最好，但也能忍耐适度的遮阳，或是在生育期间需要较轻度的遮阳，其耐阴的程度因树种而异。树种中如青岗属、山毛榉（*Fagus longipetiolata*）、云杉（*Picea asperata*）、侧柏（*Platycladus orientalis*）、胡桃（*Juglans regia*）等。

（2）园林植物对光照时间的适应。园林植物个体各部分的生长发育，如茎部的伸长、根系的发育、休眠、发芽、开花结实等，受到每天光照时间长短的控制。依据植物花芽分化与开花对光照时间的反应，可以分为长日照植物、中日照植物、短日照植物三大类。

①长日照植物。这类植物生长发育过程中，每天需要的日照时间长于某一临界点，才能正常完成花芽分化、开花结实。在一定的日照时间范围内，日照越长，开花结实越早；反

之，若光照时间不足，植物则停留在营养生长阶段，不能开花结实。春夏开花的植物大多是长日照植物，如唐菖蒲（*Gladiolus hybridus*）、大岩桐（*Sinningia speciosa*）、凤仙花（*Impatiens balsamina*）、紫苑（*Aster tataricus*）、金鱼草（*Antirrhinum majus*）等。

②中日照植物。这类植物的花芽分化与开花结果对光照长短反应不敏感，其花芽分化与开花结实与否主要取决于体内养分的积累。如原产于温带的植物月季（*Rosa chinensis*）、扶桑（*Hibiscus rosa-sinensis*）、天竺葵（*Pelargonium hortorum*）、美人蕉（*Canna indica*）、百日草（*Zinnia elegans*）等均属于中日照植物。

③短日照植物。这类植物在其生长发育过程中，需要短于某一临界点的光照才能正常完成花芽分化、开花结实。在一定范围内，暗期越长，开花越早，光照时间过长，反而不能开花结实。这类植物多原产于低纬度地区，如秋菊（*Dendranthema morifolium*）、苍耳（*Xanthium sibiricum*）、一品红（*Euphorbia pulcherrima*）、麻类等。

植物完成花芽分化和开花要求一定的日照长度，这种特性主要与其原产地在生长季时自然日照的长度有密切的关系，一般地，长日照植物起源于高纬度地区，而短日照植物起源于低纬度地区。如原产于低纬度地区的园林植物向北迁移，其营养生长期相应延长，树形长得比较高大；反之，原产高纬度地区的植物向南迁移，则营养生长期缩短，树形较矮小。

2. 园林植物对温度的适应性

（1）园林植物对极端温度的适应。

①园林植物对低温的适应。长期生活在低温环境中的植物通过自然选择，在生理与形态方面表现出适应特征。在生理表现方面，通过减少细胞水分，增加细胞中的糖类、脂肪和色素类物质，降低冰点，增强抗寒能力；在形态表现方面，耐寒类植物的芽和叶片常受到油脂类物质的保护，或芽具有鳞片，或植物体表生有蜡粉和密毛，或植株矮小呈匍匐状、垫状或莲座状，增强抗寒能力。

②园林植物对高温的适应。植物对高温的适应也表现在生理和形态两方面。在生理表现方面，植物通过降低细胞含水量，增加糖和盐的浓度以减缓代谢速率和增加原生质的抗凝力，或通过较强的蒸腾作用消耗大量的热以避免高温伤害；在形态表现方面，植物叶表有密茸毛和鳞片，或呈白色、银灰色，或叶革质发亮以反射阳光，有些植物在高温条件下叶片角度偏移或叶片折叠以减少受光面积。

（2）昼夜温差与温周期现象。温周期现象是指植物对温度昼夜变化节律的反应。植物白天在高温强日照条件下充分地进行光合作用积累光合产物，晚上在较低的温度条件下呼吸作用微弱，呼吸消耗少，所以在一定范围内，昼夜温差越大，越有利于植物的生长和产品质量的提高。

（3）季节变温与物候现象。在各气候带，温度都随季节变化而呈现规律性变化，尤以中纬度的低海拔地区最为明显。植物长期适应于一年中温度、水分节律性变化，形成与此相适应的植物发育节律——物候。如许多园林植物在春季随温度稳定上升到一定量点时开始萌芽、现蕾，进入夏季高温时开花结实，并随之果实成熟，秋末低温时落叶，当温度稳定低于一定量点时进入休眠。所以，植物的物候现象是与周边的环境条件尤其是温度条件紧密联系的。

3. 园林植物对水分的适应性 不同地区水资源供应不同，植物长期适应不同的水分条件，从形态与生理特性两方面发生变异，形成了不同的植物类型。根据植物对水分要求的不同，可把园林植物分为水生植物和陆生植物两大类。

（1）水生植物。指所有生活在水中的植物。由于水体光照极弱，氧气稀少，温度较恒定，且大多含有各种无机盐类，所以水生植物的通气组织发达，对氧的利用率高；机械组织不发达，而具有较强的弹性和抗扭曲能力；叶片对水中的无机盐及光照辐射、二氧化碳的利用率高。水生植物有3种类型：沉水植物、浮水植物和挺水植物。

①沉水植物。如海藻、黑藻等，植物沉没水下，根系退化，表皮细胞直接从水体中吸收氧气、二氧化碳、各种营养物质和水分，叶绿体大而多，无性繁殖发达。

②浮水植物。植物叶片漂浮于水面，气孔多位于叶上面，维管束和机械组织不发达，茎疏松多孔，根或漂浮于水中或沉入水底，无性繁殖速度快。如完全漂浮类的浮萍（*Lemna minor*）、凤眼莲（*Eichhornia crassipes*），扎根漂浮类的睡莲（*Nymphaea tetragona*）、王莲（*Victoria regia*）等。

③挺水植物。如荷花（*Nelumbo nucifera*）等，植物叶片挺立出水面，根系较浅，茎多中空。

（2）陆生植物。指生长在陆地上的植物，也分为3种类型：湿生植物、中生植物、旱生植物。

①湿生植物。指适宜于在潮湿的环境中生长，不能忍受长时间的缺水，抗干旱能力最弱的一类陆生植物。其根系不发达，而具有发达的通气组织如气生根、膝状根或板根等。如垂柳（*Salix babylonica*）、落羽杉（*Taxodium distichum*）、马蹄莲（*Zantedeschia aethiopica*）、秋海棠（*Begonia grandis*）等。

②中生植物。指适宜于生长在水分条件适中的生境中的植物。绝大多数园林植物属于此类。它们具有一套完整的保持水分平衡的结构和功能，具有发达的根系和输导组织。如月季（*Rosa chinensis*）、扶桑（*Hibiscus rosa-sinensis*）、茉莉（*Jasminum sambac*）及大多数宿根类花卉。

③旱生植物。指能长期耐受干旱的环境且维持水分平衡和正常生长发育的植物类型。在形态结构上，发达的根系能增加土壤水分的摄入量，叶表面积小，呈鳞片状，或具有厚角质层或茸毛，或蜡粉，可减少水分散失。而多肉多浆类植物则具有发达的贮水组织贮备大量水分以适应干旱条件。在生理方面表现为原生质具有高渗透压，能从干旱土壤中吸收水分，且不易发生反渗透现象，以适应干旱环境。

4. 园林植物对空气污染的适应性 很多园林植物在正常生长时，能同时吸收一定量的大气污染物，吸附尘埃，净化空气。园林植物对大气污染物的吸收与分解作用就是植物对大气污染的抗性。不同种类的植物对空气污染的抗性不同，一般地说，常绿阔叶植物的抗性对比落叶阔叶植物强，落叶阔叶植物比针叶植物强。植物抗性强弱可分为三级。

（1）抗性弱（敏感）。这类植物在一定浓度的某种有害气体污染环境中经过一定时间后会出现一系列中毒症状，且通常表现在叶片上。长时间受害使全株叶片严重破坏，长势衰弱，严重时导致植物死亡。这类植物可以作为大气中某类有毒气体的指示性植物，用于进行大气污染监测。如银杏（*Ginkgo biloba*）、皂荚（*Gleditsia sinensis*）等植物可作为氟化氢的指示植物。

（2）抗性中等。这类植物能较长时间生活在一定浓度的有害气体环境中，受污染后生长恢复较慢，植株表现出慢性伤害症状，如节间缩短、小枝丛生、叶片瘦小、生长量少等。如沙松（*Abies holophylla*）、合欢（*Albizia julibrissin*）等。

（3）抗性强。这类植物能较正常地长期生活在一定浓度的某种有害气体环境中而不受伤害或轻微受害。在短时间高浓度有害气体条件下，叶片受害较轻且容易恢复生长。这类植物可用于一些污染严重的厂矿区绿化，具有较好的净化空气的能力。如大叶相思（*Acacia auriculiformis*）、五角枫（*Acer mono*）、鱼尾葵（*Caryota ochlandra*）等。

三、生物与环境的协同进化

环境影响着生物，生物也对环境进行着能动适应，反作用于环境，改变了的环境又对生物产生生态作用。生物与环境相互影响、相互选择、相互适应、共同发展的过程就形成了生物与环境的协同进化。高等植物的幼苗在集聚状态下更适于生存，植物种群的个体多是成丛生长而很少孤立生存。不同物种间相互构成环境，且种群与其环境高度协调、和谐发展。这些都是协同进化的表现。

人类具有更大的能动性，对所处的环境既有建设性，又有毁灭性。人类对一些原始生物群落经过改造，使其具有再生性与经济价值，是建设性的协同进化，而对自然资源的过度开采，人为地使环境恶化及人口爆炸等，则是毁灭性的。

复习与思考题

1. 何谓生态因子？生态因子分为哪几类？
2. 简述生态因子的规律性变化。
3. 简述生态因子的作用原理与作用规律。
4. 简述5大非生物因子对园林植物的作用，各举例说明之。
5. 举例说明各生物因子是如何作用于园林植物的。
6. 你如何理解园林植物对各生态因子的生态适应性？植物与环境之间是如何协同进化的？

实训项目1-1　植物对水分的生态适应

目的

以小组为单位，通过对某地水生植物种类的调查及形态结构识别，了解植物对水分的生态适应。

工具

钢卷尺、记录夹、铅笔、橡皮、调查表、小刀、放大镜、照相机等。

方法步骤

1. 选取具有水生植物的水域进行调查。
2. 统计水生植物的种类，分别观察形态结构，并分别照相。
3. 完成下列调查表格。

表 1-6 _____公园水生植物调查表

时间：　　　　地点：　　　　调查小组：　　　　指导教师：

物种名称	平均株高	类别	形态特征 （根、茎、叶、花）	结构特点 （根、茎、叶）	生长状况

作业

1. 分析调查表的统计结果。
2. 小组讨论各类水生植物的形态结构特点。

实训项目 1-2　观察光照度对园林植物的影响

目的

指导教师在校园内或周边选择光照充足和有遮阳的两类绿地，然后调查这两类绿地中植物种类，比较种类差异及形态差异。还可以借助光盘等资料让学生了解光周期、光质对植物的影响。

工具

照度计、钢卷尺、围尺、皮尺、测高器、记录夹、铅笔、橡皮、调查表、小刀、放大镜、照相机等。

方法步骤

1. 选定调查地点，确定调查范围和重点调查植物种类。
2. 分别调查记录两类绿地中植物种类。
3. 指导教师确定要测定植物种类。乔木需要测定树高、树干、冠幅，观察枝叶分布、茂密程度等特征；灌木和草本需要测定平均高、盖度等。

作业

1. 制作观察记录表。
2. 小组讨论两类绿地中物种组成和形态差异及形成主要原因。

实训项目 1-3　温度对园林植物的影响

目的

通过查阅我国各热量带的划分情况及其分布的植被类型，理解温度对植物分布的影响。

工具

光盘、网络、电脑、书籍等。

方法步骤

查阅资料,找出我国各热量带所处的大致位置并找出与其对应的主要园林植物种类(5种以上)。

作业

找出不同热量带温度指标,并列举各热量带中园林植物,比较各类型园林植物叶形的差异,分析其原因。

第二章 园林植物种群生态

第一节 植物种群的概念和特征

一、植物种群概念和特点

(一) 种群的概念

种群是指在一定时间内占据特定空间的同种生物个体的集合体。它由同种生物的个体组成，但不等于个体的简单聚合，从个体到种群是一个质的飞跃。正如同生物是由细胞构成的，但细胞的简单相加不会形成生物。通过种内个体间的相互作用，种群成为一个具有独立特征、结构和功能的有机整体。在生态系统中，种群是物种存在的基本形式，也是生物群落和种间关系的基本组成单位。

从进化论的角度看，种群是一个演化单位。从生态学的观点来看，种群又是植物群落的基本单位。因为植物群落实质上就是特定空间中植物种群的组合，自然界中任何一个种群都是与其他物种的种群相互作用、相互联系而共同存在的，种群的边界往往与包括该种群在内的生物群落界限一致。如某山地的杉木种群，某水田的浮萍种群。种群的概念可从抽象和具体上去应用。在探讨种群一般规律的时候，常用其抽象意义。当从具体意义上使用种群这个概念时，其空间范围可以根据观察者的研究需要和方便来确定。如大到全世界广布的芦苇种群，小到一个具体湖泊中的芦苇种群，一片石竹花丛、温室内盆栽的一批小麦也都可以看作种群，不过，它们都属于栽培种群。

生活在某一特定环境中的种群个体不是杂乱无章的，它们是通过种内关系而组成的一个统一体或系统。因此，种群不等于个体的简单累加，而是有自身的特性的。如个体有年龄、性别，而作为一个种群就有年龄结构、性比等特征。

(二) 种群的特征

种群是由生物个体组成的、相互关联的有机整体。因此，种群具有组成种群的每个个体的群体特征。这些特征大都具有统计性质，如种群密度、出生率、死亡率、年龄结构、性比率、基因频率、平均寿命、生殖个体百分数、滞育个体百分数以及种群在空间上和时间上的分布格局等特征。这些特征都是对环境条件能较完整和更多方面利用的一些具体适应方式。一般说来种群有三个基本特征：

1. 数量特征 种群数量又称种群大小，是指一个种群所包含的生物个体的数目。如果用单位面积或单位容积内的生物个体数目来表示种群大小，则称为种群密度。每一个生物都只能在适宜生长空间中生活和生长，因而，在生态学上种群密度不是按种的分布区来计算，而是按照种在分布区内实际所占有的空间来计算，称为生态密度。种群数量大小受种群的出生率和死亡率、迁入率和迁出率两对参数的影响。

2. 空间特征 任何种群都具有一定的分布区域，有时种群的界限非常清楚，但是在大多数情况下，种群边界是生态学家根据研究目的而划分的。种群还具有一定的空间格局，即种群在一定地区的分布方式。

3. 遗传特征 由于种群是同种生物的个体集合群，因而，种群具有一定的遗传组成，是一个基因库。不同种群的基因库不同，不同的地域的相同种群间也存在基因差异。但应该指出，在一定时段内，种群的遗传组成是稳定的、世代传递的。

二、植物种群的分布

种群的空间格局是指种群个体在水平空间的配置状况或在水平空间的分布状况，或者说在水平空间内个体彼此间的关系。由于所处自然环境的多样性，以及种内、种间个体的相互关系，每一种群在一定空间中都会呈现出特有的分布形式。同时，种群的空间格局在一定程度下反映了环境因子对种群个体生存、生长的影响作用。种群的空间分布在园林植物群落配置及植物群落研究中具有重要意义。

种群的分布有3种基本类型（图2-1）：

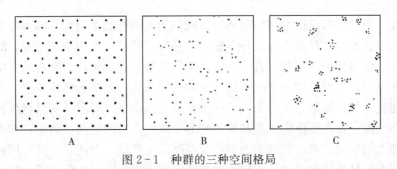

图2-1 种群的三种空间格局
A. 均匀型 B. 随机型 C. 集群型

1. 随机型 种群个体的分布完全和机会符合。随机分布并不普遍，只有在生境条件对很多种的作用都差不多或某一主导因子呈随机分布时，才会引起种群的随机分布，或者在条件比较一致的环境里，也会出现随机分布。在初期散布于新的地区时，也常呈随机分布。即种群内个体在空间的位置不受其他个体分布的影响（互相独立）。

2. 集群型 即种群内个体的分布既不随机，也不均匀，而是形成密集的斑块。成群分布又常有成群随机分布和成群均匀分布两种现象。集群分布型的研究主要适用于植物、定居或不太活动的动物，也适用于测量鼠穴、鸟巢等栖居所的分布，属于一种静态的研究。

集群分布是最常见的分布格局，在自然条件下种群个体常呈集群分布。形成的原因在于：

①从母株上散布的种子通常降落在该植物附近，或者植物依靠匍匐茎、根茎等营养繁殖器官从母株蔓延开去。

②环境差异造成的结果。如森林常有阳性草本植物斑块，微地形起伏引起的植物斑块等。

③种间相互作用。如耐阴草本植物在树木下茂密生长。

3. 均匀型　种群中的个体等距离分布或个体之间保持一定的均匀间距。人工栽培的植物种群分布多为均匀型，自然情况很少有均匀型分布。

三、植物种群的数量特征

1. 种群数量和密度

（1）种群数量。种群数量是一个变量，随时间而变化，在适宜的环境条件下种群数量大，反之则少。种群数量可用以下公式表示：

$$N_{t+1}=N_t+B+I-D-E$$

式中　N_{t+1}——$t+1$ 时种群的数量；
　　　N_t——t 时种群的数量；
　　　B——新出生的个体数；
　　　I——迁入的个体数；
　　　D——死亡的个体数；
　　　E——迁出的个体数。

如果是封闭种群，不存在与外界的个体交换，种群数量的变化仅与出生率和死亡率有关。

（2）密度。每一种群单位空间的个体数（或作为其指标的生物量）称为种群密度，也称为个体密度或栖息密度。种群密度是种群最基本的数量特征。作为单位空间，除面积、容积等物理空间外，也多用一棵植物、枝、叶、粪块等的栖息场所单位。在对每一单位空间的真正密度推测困难时，也可通过一定的方法（例如定时采集、陷阱、网捞等法）利用捕获数以表示其相对密度。此外对某地区的总面积的密度称为粗密度，对实际栖息场所的密度称为经济密度或生态密度。生态密度的实质是反映种群个体所占有的空间、面积，它关系到植物种群对光能与地力的利用效率，直接影响种群及群落的生产量，因此，合理密植在生产实践中是提高单位面积产量的关键之一。不同的种群密度差异很大，同一种群密度在不同条件下也有差异。年龄增长型的种群密度会越来越大；性别比例失调，繁殖率低，种群密度将降低；若出生率大于死亡率，种群密度将增大。

$$密度=\frac{一个样方内某种植物的个体数}{样方面积}$$

相对密度是某一物种的个体数占全部物种个体数的百分比。

$$相对密度=\frac{某个种的个体数}{全部物种的个体数}\times100\%$$

2. 频度　频度是指含有某个种的样方数占全部样方数的百分比。

$$频度=\frac{某种植物出现的样方数}{样方总数}\times100\%$$

相对频度是指该种植物的频度占全部频度之和的百分比。

$$相对频度=\frac{某个种的频度}{全部种的总频度}\times100\%$$

3. 盖度　样方中某种植物茎基截面积之和占样方面积的百分比，称为盖度。

$$盖度=\frac{某种植物茎基截面积之和}{样方面积}\times100\%$$

相对盖度指某种植物的盖度占样方中所有植物的盖度之和的百分比。

$$相对盖度 = \frac{某个种的盖度}{全部种的盖度之和} \times 100\%$$

4. 重要值 算出各种植物的密度、频度和盖度，相对密度、相对频度和相对盖度后，得出每种植物的重要值。把 3 个不同的特征数值求平均值，避免了使用单一指标产生的偏差。

$$重要值 = \frac{相对密度 + 相对频度 + 相对盖度}{3}$$

第二节 植物种群动态

一、植物种群数量动态的描述

种群的数量大小是种群在一定环境条件下，种内、种间相互作用的结果。这种相互作用的矛盾运动受外界条件的影响，并通过种群内在的遗传特性而起作用。影响种群数量的因素主要是出生率与死亡率、迁入率与迁出率 4 个因素。

种群常常会发生迁移扩散现象，尤其是在植物种群中迁移扩散现象相当普遍。种群的迁入或迁出会影响一个地区种群的数量变动。在研究种群迁入和迁出时，需要测定迁移率。种群的迁移率是指一定时间内种群的迁出数量与迁入数量之差占总体的百分率。实践中，要区分种群的迁出与死亡、迁入与出生是很困难的，因此，很难精确地测出某个种群的迁移率。

种群增长的基本模型如下所示：

1. 指数增长模型 种群在生理、生态条件"理想"的环境中，即假定环境中空间、食物等资源是无限的，其种群增长率与种群本身密度无关，种群内的个体都具有同样的生态学特征，这样的种群增长表现为指数式增长。

自然界中，由于环境中食物、空间和其他资源的限制，种群数量的指数式增长只是理论上的数值，它能够反映出物种的潜在增殖能力，又称内禀增长率。实际上，指数增长不可能长期维持下去，否则将导致种群爆炸。但是在短期内，一些具有简单生活史的生物可能表示出指数增长，如细菌、一年生昆虫，甚至某些小啮齿类和一些一年生杂草等。

2. 逻辑斯谛增长模型 种群在有限的资源下增长，随着种群内个体数量的增多，由于不利因素如竞争、疾病、环境胁迫等引起的妨碍生物潜在增殖能力实现的作用力即环境阻力逐渐增大，种群增长曲线将不再是指数增长模型，而是逻辑斯谛增长模型（图 2-2）。换句话说，当种群的个体数量增长到环境所允许的最大值即环境负荷量或最大承载力时，种群的个体数量将不再继续增加，而是在该水平上保持稳定增长。同时，随着种群密度上升，种群增长率逐渐减少，这种趋势符合逻辑斯谛方程，故称之为逻辑斯谛增长模型（图 2-2）。

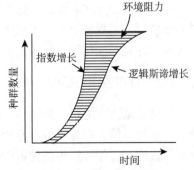

图 2-2 种群增长的指数曲线与逻辑斯谛增长曲线

逻辑斯谛增长模型通常可划分为 5 个时期：

①开始期。也可称为潜伏期，由于种群个体数目很少，密度增长缓慢。
②加速期。随着个体数增加，密度增长逐渐加快。
③转折期。当种群密度达到饱和密度一半时，密度增长最快。
④减速期。个体数超过饱和密度一半后，密度增长逐渐变慢。
⑤饱和期。也可称为平衡期，种群个体数达到饱和，不再增加。

二、影响植物种群动态的因素

种群数量动态变化主要因为出生率和死亡率的关系，以及迁入和迁出关系而变化。出生率和迁入率是使种群增加的因素；死亡率和迁出率是使种群减少的因素。而出生率和死亡率又与种群的性比和年龄结构有关。

（一）出生率与死亡率

出生率描述的是种群出生的情况，是指单位时间内种群新出生的个体数，是种群生殖状况的指标，泛指种群增加新个体的能力。通常用种群中每单位时间每 1 000 个个体的出生数来表示，或者用特定年龄出生率表示。特定年龄出生率就是按不同的年龄或年龄组计算其出生率。这样不仅可以知道整个种群的出生率，而且可以知道不同年龄或年龄组在出生率方面所存在的差异。出生率可分为生理出生率和生态出生率，生理出生率又称最大出生率，是指种群在理想条件下所能达到的最大出生数量；生态出生率又称实际出生率，是指种群在特定的生态条件下的实际出生数量。

死亡率是指单位时间内种群死亡的个体数。与出生率一样，死亡率可以分为生理死亡率和生态死亡率。生理死亡率又称为最低死亡率，是指种群在最适宜条件下的死亡率，即种群中每一个个体都能活到该物种的生理寿命，此时种群的死亡率最低；生态死亡率是指在特定条件下死亡的个体数。

最大出生率和最低死亡率都是理论上的概念，实际很难实现，反映的是种群潜在的能力，具有比较意义。迁入和迁出是对特定种群分布范围而言的。园林上常通过迁入或迁出来改变植物种群密度。

（二）种群的性比

种群中雄性个体和雌性个体数目的比例称为性比。对雌雄异株植物而言，性比影响到种群的繁殖力以至数量变动。如银杏种群中，正常的更新需雄性植株和雌性植株保持一定的比例关系，并且雌株与雄株的树形也不同，雌性幼株树冠宽阔，雄株树冠呈圆锥形。

（三）种群的年龄结构

种群的结构主要指年龄结构。研究种群的年龄结构和性比，可以进一步分析种群的发展动态。年龄结构也称为年龄分布或年龄组成，是指种群中各年龄组的个体在种群中所占的比例和配置情况。年龄结构是种群的一个重要特征，影响出生率和死亡率。一般而言，如果其他条件一致，种群中具有繁殖能力的越多，种群的出生率就越大；如果种群中老龄植物个体比例越大，种群的死亡率就越高。研究园林植物种群的年龄结构对分析预测园林植物种群的发展趋势具有重要价值。种群的年龄结构划分为 3 种基本类型：增长型种群、稳定型种群和衰退型种群（图 2-3）。

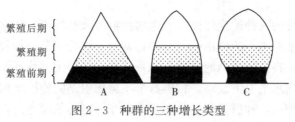

图 2-3　种群的三种增长类型
A. 增长型　B. 稳定型　C. 衰退型

1. 增长型种群　这类种群幼年个体数量多，老年个体数少。幼、中年个体除补充死亡的老年个体外还有剩余。种群的出生率高、死亡率低，因而种群处于增长状态。

2. 稳定型种群　这类种群各个年龄级的个体比例大致相近，即种群中的幼年个体、中年个体和老年个体比率接近。种群的出生率和死亡率基本平衡，种群增长处于相对稳定状态。

3. 衰退型种群　这类种群幼年个体很少，而老年个体数量很多。种群的出生率低、死亡率高，因而种群数量处于负增长状态。

园林植物根据其生长发育情况的差异来划分年龄级，如休眠期（种子或营养繁殖体处于休眠状态的时期）、营养生长期（包括幼苗期、幼年期和成年期 3 个时期）、生殖期、老年期等。林业上常用立木级来探讨种群年龄结构以及种群动态（图 2-4）。

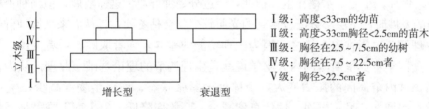

图 2-4　种群年龄结构

不同植物在群落中有不同的种群年龄结构，如果能够了解群落全部种的种群组成及其年龄结构，就可以在一定程度上推测群落的发展趋势。

（四）迁入率和迁出率

种群的迁入、迁出特点一方面影响了种群的数量，维持种群存在；另一方面，可有效地防止近亲繁殖，优化本地种群。

有些种群个体必须通过持久的输出个体，使得迁出率大于迁入率，维持种群生存数量；有些种群则需要不断地输入个体，迁入率大于迁出率才能维持下去。如孢子植物借助风力进行扩散，不断扩大分布区。种子植物借助风力、水流动、动物的携带等进行扩散，使得种群间进行基因交流，防止近亲繁殖，增强种群的生殖力。

种群具有自我调节的能力，来维持生态系统的平衡。虽然种群存在出生、死亡、迁入、迁出，但对于某一时空的种群整体数目是相对稳定的，因为同时也可借助于出生率、年龄结构、性比、分布、密度、食物等一系列因子来调节。

三、植物种群调节

种群的调节是物种的一种适应性反应。生物种群的数量偏离平衡水平上升或下降时，有一种使种群数量返回平衡水平的作用，称为种群调节。种群调节是指种群数量的控制。

据试验研究表明，在一个成熟的自然生态系统中，如果无平均环境条件变化，物种种群数量总是在某一个平均水平上下波动。种群数量不会无限制的连续增加，也不会轻易趋于灭绝，如果无人为因素加入，种群数量变化总是维持在一定的范围之内，这个过程称为自然控制。生态系统中各种群数量成比例的维持在某个特定的水平，称为种群的自然平衡，而处于平衡时的种群密度称为平衡密度。通常，种群数量调节可分为密度调节和非密度调节。

（一）密度调节

种群大小可通过种内、种间、食物三方面调节密度来实现。

1. 种内调节

（1）行为。英国生态学家温·爱德华指出，种群中的个体通常选择一定大小的有利地段作为自己的领域，以保证存活和繁殖。但在栖息地中，这种有利的地段是有限的。随着种群密度的增加，有利的地段都被占满，剩余的从属个体处于不利地段，或者迁移，由于不利地段的保护条件、食物、疾病等侵害，使得种群死亡率大于出生率。这种死亡率大于出生率或迁出率大于迁入率，就会限制种群数量，使数量维持在平衡密度周围。对于植物而言，同样存在这种现象。例如，小麦、水稻在生长初期，经过分蘖种群数量迅速发展，但当种群密度过大而影响本身的发展时，下层小分蘖枝得到的光照较少就会枯萎死亡，从而来维持种群密度。

（2）生理调节。当种内个体之间因为生理功能的差异，强者取胜、弱者淘汰，从而调节种群密度。美国学者克里斯琴的内分泌学说就是生理调节的理论基础。此理论认为，当种群数量上升时，种内个体间的压力变大，个体处于紧张状态，使得生物素减少，生长代谢受阻，个体死亡率增加，另一方面，性信息素减少，胚胎率降低，出生率下降，最后使得种群数量调节控制。

（3）遗传调节。遗传调节是指种群数量可通过自然选择压力和遗传组成的改变而加以调节的过程。在种群中有两种遗传类型 A 和 B，A 型繁殖力低、适合高密度条件，B 型繁殖力高、适合低密度调节。当种群数量处于高峰时，自然选择利于 B 型，使种群数量下降；当种群数量低时适合 A 型，使种群数量上升。

2. 种间调节　种间调节是指不同种群在捕食、寄生和竞争共同资源因子的过程中对种群密度的制约过程。群落中各个物种通过相互之间的各种关系相互联系、相互制约，从而使得各物种数量处于相对平衡。当某一种群数量增加时，使得种群间相互关系紧张，种群数量下降。

（二）非密度调节

非密度调节主要指非生物因子（包括气候因素、污染物、化学因素等）对种群大小的调节。非密度制约的种群调节，可以对种群增长引起正的或负的效应，一般不受种群数量或密度的影响。典型的非密度制约因素是外界的自然因素，如温度、降水量、水肥条件和土壤状况等非生物因素。

第三节 园林植物种群种间关系

一、植物种群的遗传多样性

遗传多样性是指所有生物个体中所包含的各种遗传物质和遗传信息,既包括了同一物种内不同种群的基因变异,也包括了同一种群内的基因差异。遗传多样性对任何物种维持和繁衍生命、适应环境、抵抗不良环境与灾害都是十分必要的,在现代农业育种中,作物与家畜的遗传多样性更具特殊意义。

二、植物种群的生态位分化与进化

(一) 生态位的概念

生态位是生态学中非常重要的概念。近百年来,许多生态学者研究生态位并给出生态位的概念。如美国学者约瑟夫·格林尼尔将生态位定义为"物种的要求及在一特定群落中与其他群落关系的地位"。英国学者查尔斯·埃尔顿定义生态位为"物种在生物群落中的地位与功能作用"。哈钦森发展了生态位的概念,他把生态位看成是一个生物单位(个体、种群或物种)生存条件的总集合体,提出了超体积生态位概念,其含义为:"一个生物的生态位就是一个 n 维的超体积,这个超体积所包含的是该生物生存和生殖所需的全部条件,而且它们还必须彼此相互独立"(图2-5)。

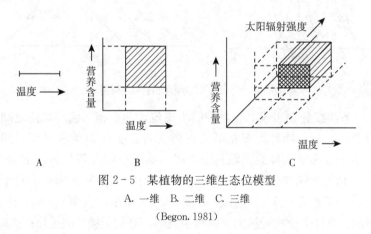

图2-5 某植物的三维生态位模型
A. 一维 B. 二维 C. 三维
(Begon. 1981)

当我们分析单一的环境因子如温度对物种生态位的影响时,这个种只能在一定的温度范围内生存和繁殖,可用单轴线的宽度表示一维生态位,如图2-5A;但我们知道,生物生存离不开其他的生态因子,假如我们同时分析两个环境变量如温度和营养时,生态位成为二维,可用平面图表示二维生态位,如图2-5B;当环境变量增加到三个时,就用三维空间表示生态位,如图2-5C。实际上,每一种生物在环境中能够生存繁衍,必须适应远超过三个生态因子的变化对其产生的影响。而生物对每一种生态因子都有一定的适应范围,就形成了多维生态位,又称为超体积生态位或 n 维生态位。

哈钦森的超体积生态位被广泛接受,并在许多领域得到利用和扩展。他还进一步把生态位分为基础生态位和实际生态位。所谓基础生态位是指在生物群落中，能够为某一物种所栖息的、理论上的最大最适宜的空间。但实际上，由于竞争者和捕食者等因素存在，每一个物种所遇到的环境条件并不像基础生态位的环境条件那么理想。因而一个物种实际上占有的生态位空间为实际生态位。他强调了由于竞争的作用使物种只能占据基础生态位的一部分，竞争的种类愈多，占有的实际生态位愈小。

著名生态学家奥德姆综括前人有关生态位的概念，把生态位定义为"一个生物在群落和生态系统中的位置和状况，而这种位置和状况则决定了该生物的形态适应、生理反应和特有行为"。他强调生物的生态位不仅决定于该生物生活在什么地方，而且决定于它在干什么。就是说生态位不仅决定于生物种在哪里生活，而且也决定于它们如何生活以及它们如何受到其他生物的约束。

（二）物种间的生态位关系

一般情况下，不同的生物物种在群落或生态系统中共存，各自占据着不同的生态位；但由于环境条件的影响，当两个生物利用同一资源或共同占有其他环境条件时，它们的生态位就会出现重叠与分化现象。不同生物在某一生态位维度上的分布可以用资源利用曲线来表示，该曲线通常呈正态分布（图2-6）。

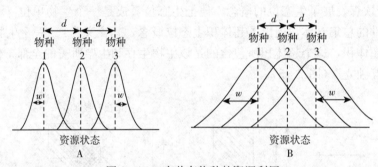

图2-6　3个共存物种的资源利用

由图可见，3条曲线分别表示3个物种的生态位，两个相邻曲线峰值之间的距离用 d 表示，称为平均分离度；每一物种散布在最适点周围的宽度 w 称为变异度，用以表示种间的变异情况。比较两个或多个物种的资源利用曲线，就能全面分析生态位的重叠和分离情形：如果两个物种资源利用曲线完全分开（即生态位不重叠），则物种间不会有竞争；如果各物种的生态位狭窄，相互重叠较少，$d>w$，如图2-6A所示，表明物种之间的竞争小，而其种内竞争会很激烈，这样会使物种扩大资源利用范围，有利于物种的进化；如果物种的生态位宽，物种间相互重叠增加，$d<w$，如图2-6B所示，表明种间竞争激烈。随着生态位重叠越多，种间竞争越激烈，这样将导致竞争力弱的物种灭亡，或者通过生态位分化得以共存。

将竞争排斥原理与生态位概念应用到自然生物群落上，则：

①如果两个物种在同一个生物群落中占据了相同的生态位，其中一个种最终要灭亡。换句话说，在同一生境中，不存在两个生态位完全相同的物种。在自然生物群落中如此，在园林生物群落中也如此。也就是说，在同一生境中，只有生态位差异较大的物种，竞争才较缓和。这就提示我们，在园林植物配置时，一定要考虑不同生态位植物的配置。

②在同一生境中，不同或相似物种必然进行某种空间、时间、营养或年龄等生态位的分

化和分离。因而在一个稳定的生物群落中,各种群在群落中必然具有各自的生态位,种群间能避免直接的竞争,从而保证群落的稳定。

③群落乃是一个相互起作用的、生态位分化的种群系统,这些种群在它们对群落的空间、时间、资源等利用方面,以及相互作用的可能类型,都趋向于互相补充而不是直接竞争。因此,由多个物种组成的生物群落,就要比单一种的生物群落更能有效地利用环境资源,维持长期较高的生产力,并具有更大的稳定性。

三、植物种群种间关系

种间关系是构成生物群落的基础,是群集在一起的生物物种经过长期的相互适应及自然选择,所形成的直接或间接的相互关系。种间关系的形式很多:有的是相互之间有利的关系,称为正相互作用;有的是相互之间对抗的关系,称为负相互作用;也有的相互之间既无利也无害的关系,称为中性作用。种间关系可以归纳为9种基本形式(表2-1)。

表2-1 两个种群间相互作用关系的基本类型

相互作用类型	物种		相互作用的一般特征
	甲	乙	
中立	0	0	两个物种间彼此不受影响
竞争:直接干涉型	—	—	两个种群直接相互抑制
竞争:资源利用型	—	—	资源缺乏时种群双方受抑制
偏害	—	0	种群甲受抑制,种群乙不受影响
寄生	+	—	种群甲寄生于种群乙,种群乙受抑制
捕食	+	—	种群甲捕食种群乙,种群乙受抑制
偏利	+	0	对种群甲有利,种群乙不受影响
原始合作	+	+	对两个种群都有利,但不发生依赖关系
互利共生	+	+	两个物种相互依赖,互为有利,必不可少

注:"0"表示没有意义的相互关系;"+"表示对生长存活或其他种群有益;"—"表示种群生长或其他种群特征受抑制。

1. 种间竞争 指两个或更多个具有相似要求的物种,共同利用同一短缺资源(食物、空间等)时,所产生的相互抑制作用。种间竞争有两种类型:一种是干扰性竞争,即物种之间借助于行为相互排斥,使一方得不到资源,通常是对领域的直接竞争;另一种是利用性竞争,即物种间不发生直接的相互作用,通过竞争相似的有限资源而发生间接抑制。种间竞争的结果常是不对称的,竞争排斥原理(Gause,1934)认为,竞争的结果会有两种情况:一个物种完全排除掉另一个物种;或者是两个竞争种间会产生生态要求的分化,使其中的一个物种利用不同的资源,结果两个物种之间形成平衡而共存。

2. 种间捕食 指一物种摄取另一物种活体的全部或部分,获得营养以维持自身生命活动的现象。前者称为捕食者,后者称为猎物或被捕食者。广义的捕食关系包括4种类型:

①典型的捕食。是一种动物捕杀其他动物而食之,即狭义的捕食关系。

②类寄生。常发生在昆虫界,成虫自由生活,雌虫一般把卵产在寄主的体表或体内,待

卵孵化为幼虫后则取食寄主的组织，幼虫成长后便在寄主体内或体表化蛹，并伴随寄主的死亡。

③植食。是动物取食绿色植物，且只消费其个体的一部分。

④同种相残。是捕食的一种特殊形式，捕食者和猎物均属于同一物种。

捕食是一种重要的生态学现象。捕食可以对猎物种群的数量和质量起至关重要的调节作用，如果猎物的种群是有害动物，则捕食现象可以用于生物防治；捕食者—猎物关系在进化过程中所形成的"负作用"减弱的倾向，即协同进化，促进了种群发展，进而促进整个生物界的进化。

3. 种间寄生 指一种生物寄居于另一种生物的体内或体表，从中获取其体液、组织或已消化物质营养而生存，并对其产生危害而不会引起死亡的行为。以寄生方式生存的生物称为寄生物，被寄生的生物称为寄主或宿主。寄生可分为体外寄生和体内寄生两种类型。寄生在寄主体表的称为体外寄生；寄生在寄主体内的称为体内寄生。

4. 互利共生 对两个种群都有利的种间关系，彼此紧密相关，缺少一方另一方不能生存，称为共生或专性共生。共生现象在自然界中普遍存在，有植物与真菌共生、昆虫与真菌共生、植物与昆虫共生等。如菌根，是真菌菌丝与许多高等植物根的共生体；地衣，是单细胞藻类与真菌的共生体，单细胞藻类进行光合作用，菌丝吸收水分和无机盐，彼此交换养料、相互补充，共同适应更恶劣的环境。

5. 种间偏害共生 指两个物种共生在一起时，其中一个物种对另一物种起抑制作用，而对自身却无影响的共生关系。自然界中常见的抗生现象属于偏害范畴，抗生现象是指一个物种通过分泌化学物质抑制另一个物种的生长和生存。在细菌、真菌、某些高等植物和动物中都有发生。如胡桃分泌一种称为胡桃醌的物质，它能抑制其他植物生长。

6. 种间偏利共生 指两个种群共同生活在一起，对一方有利，而对另一方无利也无害的共生关系。前者为附生生物，后者为宿主。最典型的是宿主植物为附生植物提供栖息场所的现象，如树皮上生长的苔藓和地衣；某些动物或植物为其他动物提供隐蔽场所和残食或排泄物的现象，如豆蟹栖息附生在某些海产蛤贝的外套腔内、小型动物以植物为庇护场所等都是偏利作用的表现。

7. 原始协作 为共生的另一种类型，是指两个种群双方都获利，这种关系是松散的，解除关系后双方仍能独立生存。原始协作存在于动物之间、动物与植物之间。如海葵和寄居蟹，海葵利用寄居蟹作为运输工具，使它能更有效地获得食物，而寄居蟹利用海葵有毒的刺细胞做保护；虫媒植物和传粉昆虫，虫媒植物一般都具有鲜艳的花朵，具有蜜腺，以此吸引各种昆虫为其传粉，而昆虫则在传粉的过程中获得食物。

第四节 园林植物种群特点及其构建

一、园林植物种群特点

广义地讲，凡生长（存在）于各类型园林中的植物统称为园林植物。园林植物包括各种园林树木、草本、花卉等陆生和水生植物。园林植物中，既有园林边界内原有的各种植物，又有人类移入的各种植物，还有园林建成后入侵的各种植物。狭义地讲，凡适合于各种风景名胜区、休闲疗养胜地和城乡各类型园林绿地应用的植物统称为园林植物。不管园林植物的概念如何阐述，园林植物是园林生态系统的功能主体。从生物学的角度看，园林植物利用光能合成有机物质，为园林生态系统的良性运转提供物质、能量基础，保证园林以有生命的形式为人类服务；从生态学的角度看，园林植物作为系统的主体，不仅要与园林中的其他生物和谐相处，且要与园林地理、地貌、山石、水体协调一致，更重要的是它还必须突出一个"美"字，保证园林以令人赏心悦目的形态和神态为人类服务。

二、园林植物种群的构建

园林植物种群构建在园林工程建设过程中是考虑的重点，而种群建植及配置是园林工程成败的关键。园林植物在构建过程中要遵循自身的生长规律及对环境条件的要求，因地制宜、合理科学的构建，使得喜阴喜阳各据其所。各种园林植物种群共生共存，最后达到在有限的空间范围内满足人们对环境、健康、美学的渴望与追求的目的。同时也要达到社会效益、经济效益、生态效益的相辅相成。

（一）园林植物分类

常用的分类方法是按植物学特性进行分类，具体可划分为以下6类：

① 乔木类。树高5 m以上，有明显发达的主干，分枝点高。其中小乔木树高5～8 m，如梅花、红叶李、碧桃等；中乔木树高8～20 m，如圆柏、樱花、木瓜、枇杷等；大乔木树高20 m以上，如银杏、悬铃木、毛白杨等。

② 灌木类。树体矮小，无明显主干。其中小灌木高不足1 m，如金丝桃、紫叶小檗等；中灌木高1.5 m，如南天竹、小叶女贞、麻叶绣球、贴梗海棠等；大灌木高2 m以上，如蚊母树、珊瑚树、紫玉兰、榆叶梅等。

③ 藤本类。茎匍匐不能直立，需借助吸盘、吸附根、卷须、蔓条及干茎本身的缠绕性部分攀附他物向上生长的蔓性植物。如紫藤、木香、凌霄、五叶地锦、爬山虎、金银花等。

④ 竹类。属禾本科竹亚科，根据地下茎和地上生长情况又可分为三类。单轴散生型，如毛竹、紫竹、斑竹等；合轴丛生型，如凤尾竹、佛肚竹等；复轴混生型，如茶秆竹、苦竹、箬竹等。

⑤ 草本植物。包括一年生、二年生草本植物和多年生草本植物。既包含各种草本花卉，又包括各种草本地被植物。草本花卉类：如百日草、凤仙花、金鱼草、菊花、芍药、小苍兰、仙客来、唐菖蒲、马蹄莲、大岩桐、美人蕉、吊兰、君子兰、荷花、睡莲等；草本地被植物类：如结缕草、野牛草、狗牙根草、地毯草、钝叶草、假俭草、黑麦草、早熟禾、剪股颖、麦冬、鸭跖草、酢浆草等。

⑥ 仙人掌及多浆植物。主要是仙人掌类，还有景天科、番杏科类植物等。

另外，按照观赏特性不同又可划分为以下5类：

① 观形类。由于不同树种有不同的主干、分枝和树冠的生长发育规律，因而树形有明显差异，可以作为观赏点。以乔木为例，主干直立，有中央领导干的乔木可形成塔形、圆锥形、倒卵圆形、圆柱形等，如雪松、水杉、广玉兰、黑杨等；中央领导干不明显，或主干直立但至一定高度即分枝的乔木可形成卵圆形、圆头形、平顶伞形、垂枝形等，如悬铃木、元

宝枫、合欢、龙爪槐等。

② 观枝干类。树木主干、枝条的形状，树皮的结构、色泽，也是千姿百态、各具特色的。如有的主干直立，有的弯曲；有的树枝挺拔，有的细软、倒挂；有的树皮纹理粗糙、斑驳脱落，有的纹理细腻、紧贴枝体；有的树皮呈黑褐色，有的树皮呈粉绿或灰白色。如毛白杨、白皮松、梧桐、竹子等。

③ 观叶类。树木叶片的大小、形状、颜色、质地和着生在枝上的疏密度等各有不同，显示出不同的景观，给人以不同的感受。如鹅掌楸、银杏、枫香、黄栌、红叶李、紫叶小檗等。

④ 观花类。植物花的绽放，是植物生活史中最辉煌的时刻，也是园林景观中最引人入胜的观赏点。可作为观花的植物类型非常多，如桃、梅、玫瑰、石榴、牡丹、桂花、紫藤等。

⑤ 观果类。许多树种具有美观的果实或种子，给人以丰足、富裕、满意的感觉。如紫杉属植物鲜红的杯状假种皮及野鸦椿蒴果开裂后宿存枝头的红色果皮，给寂寥的秋冬之际带来明亮欢乐。可作为观果的植物类型非常多，如木瓜、罗汉松、紫珠、栾树、火棘、南天竹等。

（二）构建时应遵循原则

1. 园林植物与环境相适应　园林植物在自然界中经过长期的进化后，有乔木、灌木、草本、藤本等形态特征之分，还有喜阴、喜阳、耐酸碱、耐旱涝等生理特性的差异。如，在水边应栽种垂柳，垂下的枝条、嫩绿的叶色、修长的叶形与水中的倒影交相辉映，形成美景。再如，香樟、桃叶珊瑚耐阴性强等。一方面，园林植物要适应生存环境，才能保证景观特性的发挥；另一方面，在一定环境条件下，应选择相应的园林植物，使其在该环境条件下能正常生长发育；最后，在种群构建时，园林植物与环境之间相互协调改变。

2. 园林植物间的相互协调　种群间的协调性关系到园林植物是否能够生长旺盛并发挥生态效应。植物间化感作用、空间配置、时间结构可使其生长相互促进、相互协调，共同达到较好的景观效果。

3. 园林植物视觉效应和意境效应并举　园林植物形态各异，观赏的部位丰富多彩，本身就具有形态美的特点，而在设计构建时又具备绘画艺术和造园艺术的原则。在视觉效应上达到尽善尽美，给人以一副美丽动人的画面。同时，我国历史悠久，文化底蕴深厚，有些诗句将自己的感情寓意于植物，或是赞美、抱负、理想，或愤怒、哀怨，使植物的形态与感情达到"天人合一"的意境美，遍遍读句，品味良久，回味无穷。如，松、竹、梅著称"岁寒三友"，寓意为共同品格之人。再如，梅、兰、竹、菊又称为"四君子"等。

园林植物种群构建既具有科学性，又具有艺术性，合理的构建是园林工程成败的关键。

复习与思考题

1. 何为植物种群？种群的特点有哪些？
2. 简述常见的种群增长模型有哪几种并加以说明。
3. 何为种间关系？其有哪些主要形式与类型？

4. 什么是生态位？为什么说生态位理论在园林生态实践中有十分重要的实践意义？

实训项目 2-1　植物不同种群的生态位调查

目的

1. 加深对生态位概念的理解。
2. 掌握生态位的宽和生态重叠的调查及数据计算方法。
3. 了解物种与生境的关系。

工具

测绳、皮尺、植物标本袋、枝剪、记号牌、粉笔、计数器、计算器。

方法步骤

1. 选择土壤的厚度、水分、养分有明显变化的山坡 100 m，确定 10 m×100 m 的资源序列取样带。
2. 100 m 坡长每 10 m 划分一个资源序列单位，每个资源序列单位为 10 m×10 m。
3. 在每个 10 m×10 m 的样方中调查物种的株数，记录，调查过程中用粉笔标记。
4. 用每个样方中每一物种的株数除以全部样方中的该种的总株数，得到每个物种占该种所有个体总数的比例。
5. 按照公式计算生态位宽度。完成调查后根据以下公式进行计算：

生态位宽度。

$$B_i = \frac{1}{\sum_{j=1}^{r}(P_{ij})^2}$$

式中　B_i——物种 i 的生态位宽度；

P_{ij}——物种 i 在第 j 资源序列下的个体数占该种所有个体数的比例；

r——资源序列的单位总数。

作业

1. 整理调查表 2-2，并根据公式计算各物种的生态位宽度。

表 2-2　种群生态位记录表

组别：　　　调查人：　　　时间：

物种	资源状态			
	1	2	…	r
1	N_{11}	N_{12}	…	N_{1r}
2	N_{21}	N_{22}	…	N_{2r}
…	…	…	…	…
s	N_{s1}	N_{s2}	…	N_{sr}

2. 分析各种群的生态位宽度，并结合生物学特性解释不同种群生态位宽度差异的原因。

第三章 园林植物群落

第一节 园林植物群落的物种多样性和结构特征

一、园林植物群落的物种多样性

物种多样性是指多种多样的生物类型及种类,强调物种的变异性。物种多样性代表着物种演化的主要范围和对特定环境的生态适应性,是进化机制的最主要产物,所以物种被认为是最适合研究生物多样性的生命层次,也是相对研究最多的层次。

物种多样性对生态系统的稳定和功能的行使有着促进作用。许多研究表明物种多样性能促进退化生态系统的恢复和重建,防止外来种的入侵。不同的物种在生态恢复中所发挥的作用是不一样的,有驱动种和乘客种之分,应重视物种的作用。许多人工林恰恰忽略了天然林对异质性的要求,所种植的是单一物种、同年龄结构,还常常成行成列等间距排列。这样的树林难以形成高低错落、层次丰富的生态结构,也不可能构建有规模、有层次的群落,其生态稳定性也是没有保障的。

物种的多样性是植物群落多样性的基础。在城市园林营造过程中增加植物多样性,能加快园林的形成过程,及时改善城市环境,同时还能提高园林的抗干扰能力和稳定性,增加城市生态系统的环境效应与园林的观赏价值。生物多样性在生态园林中的另一个表现是群落与系统的多样性。城市功能的区划,要求不同城市区域的绿地生态系统的组成与结构有所不同,以适应不同的生态功能需求。与此同时,不同的立地条件对生态园林的植物群落提出了多样性的要求。天然的生态系统具有物种组成上、空间结构上、年龄结构上以及资源利用上的多样性,这就是生态系统的异质性。这些异质性为多种动、植物的生存提供了各种机会和条件,也利于提高整个群落与系统的生物多样性水平。

植物群落是生态园林的主体结构,也是生态园林发挥其生态作用的基础,通过合理地调节和改变城市园林中植物群落的组成、结构与分布格局,就能形成结构与功能相统一的良性生态系统——生态园林。许多研究表明,不同绿地类型单位面积物种多样性大小依次为公园绿地>居住区绿地>文教区绿地>交通绿地。在构建城市园林系统时,应注重规模化的效果,尽量构建面积大的生物多样性高的复层群落结构,提高单位绿地面积的生物多样性指数,绿地群落以针阔混交林、常绿阔叶林和常绿针叶型为主。

据了解我国有高等植物 3 万余种,一般认为其中的 15% 左右,也就是 4 000 多种植物可用作园林绿化植物。目前我国常用的园林植物只有 400 来种,大多数城市常用的绿化植物只有 100 种左右,与自然界成千上万的植物种类相比,种类实在太少,许多的野生及外来植物种类正等待着我们去进行引种、驯化和栽培。从全球角度来看,已被描述的物种约有 170 万个,而实际存在的物种还要多。另外一些估计数字要高得多,如英国学者 T. L EMin

(1982) 推算世界昆虫就达 30 多万种之多；按英国生态学家 R. M. May (1992) 的估计，仅世界真菌种类可达 160 万种（现在仅记载 6.9 万种）。我国是生物多样性较高的国家，居世界第八位，北半球第一位。物种多样性给人们提供了食物、医药、工业原料等资源，世上 90% 的食物源于 20 个物种，75% 的粮食来自水稻、小麦、玉米等 7 个物种。目前，大部分物种的用途不明，它们中许多是人类粮食、医药等宝贵的后备资源。

二、园林植物群落的结构特征

园林植物群落的结构特征是指生物在环境中的分布及其与周围环境之间相互作用形成的各物种在时间和空间上的分布状态，即群落的垂直结构、水平结构、时间结构以及与其相关的环境梯度和边缘效应问题。

1. 垂直结构 群落的垂直结构主要指群落成层现象，即群落中各生物间为充分利用营养和空间而形成的一种垂直方向上的群落层次。

陆地植物包括地上成层和地下成层。地上成层主要取决于光照、温度和湿度等条件，如发育成熟的森林中，上层乔木可以充分利用阳光，而林冠下则为那些能有效利用弱光并适应下层温度较低和湿度较大的环境条件的灌木、草本甚至苔藓等；地下成层主要取决于土壤的理化性质，特别是水分和养分状况使根系在土壤中达到的深度不同而形成的，最大的根系生物量集中在表层，土层越深，根量越少；对于水生群落则是由于对不同深度的环境条件（主要是光照条件）形成适应而在水面以下分层排列。

成层现象是生物群落与环境条件长期相互适应的结果，群落分层结构的程度能够指示生态环境的优劣。一般情况下，生物群落所处的环境条件越丰富，群落层次越多，垂直结构越复杂；反之，群落的层次越少，垂直结构越简单。群落分层结构越复杂，对环境条件利用得越充分，生产能力也越高。

园林生态系统的垂直结构指园林生物在一定的区域范围内垂直空间上的组合与分布。在垂直方向上，环境因子因地理高程、水体深度、土层厚度不同而使生物群落形成层次，形成适应不同环境条件的各类层次的立体结构。通常表现为以下 6 种配置状况：

（1）单层结构。仅由一个层次构成，或草本，或木本，如草坪、行道树等。

（2）灌草结构。由草本和灌木两个层次构成，如道路中间的绿化带配置。

（3）乔草结构。由乔木和草本两个层次构成，如简单的绿地配置。

（4）乔灌结构。由乔木和灌木两个层次构成，如小型休闲森林等的配置。

（5）乔灌草结构。由乔木、灌木、草本三个层次构成，如公园、植物园、树木园中的某些配置。

（6）多层复合结构。除乔木灌木和草本以外，还包括各种附生、寄生、藤本等植物配置，如复杂的森林或一些特殊营造的植物群落等。

2. 水平结构 群落的水平结构是指群落在水平方向上的种群配置状况。群落水平结构的主要特征即为群落的镶嵌性。大多数情况下，陆地植物群落中各个物种的分布不均匀，常呈现局部高密度的斑块相间排列，这种现象称为镶嵌性。具有这种特征的群落称为镶嵌群落。每一个斑块就是一个小群落，它们彼此组合，形成了群落镶嵌性。

（1）镶嵌性形成的原因。其形成原因主要有三个方面：

①植物的生物学特性。如种子的扩散分布习性，风播植物、动物传播植物、水播植物可能散布的很广泛，而种子较重或无性繁殖的植物，往往在母株周围呈群聚状分布。

②环境异质性。由于成土母质、土壤质地和结构、水分条件的异质性，常导致动、植物在同一群落中镶嵌分布的现象。如松嫩平原盐碱化羊草草地，在过度放牧的情况下，由于碱斑分布的不均匀性，往往导致羊草群落与盐生群落呈现镶嵌分布的植物景观。

③种间相互作用。植食动物明显地依赖于它所取食的植物的分布，还有竞争、化感作用、互利共生、偏利共生等正、负种间关系，这些因素都有可能导致群落中的植被在水平方向上出现复杂的镶嵌性。

(2) 水平结构类型。因各地自然条件、社会经济条件和人文环境条件的差异，在水平方向上表现有自然式结构、规划式结构和混合式结构3种类型。

①自然式结构。植物在地面上的分布表现为随机分布、集群分布或镶嵌式分布，没有人工影响的痕迹。各种植物种类、类型及其数量分布没有固定的形式，表面上参差不齐，没有一定规律，但本质上是植物与自然完美统一的过程。各种自然保护区、郊野公园、森林公园的生态系统多是自然式结构。

②规则式结构。园林植物在水平方向上的分布按一定的造园要求安排，具有明显的规律性，如圆形、方形、菱形等规则的几何形状，或对称式、均匀式等规律性排列。一般小型公园植物景观多采取规则式结构。

③混合式结构。园林植物在水平方向上的分布既有自然式结构，又有规则式结构，两者有机地结合。在造园实践中，绝大多数园林采取混合式结构。因为混合式结构既有效地利用当地自然环境条件和植物资源，又按照人类的意愿，考虑当地自然条件、社会经济条件和人文环境条件提供的可能，引进外来植物构建符合当地生态要求的园林系统，最大限度地为居民和游人创造宜人的景观。

3. 时间结构　群落的时间结构是指受许多具有明显的时间节律（如昼夜节律、季节节律等）的影响，群落的结构随着时间的推移而发生明显变化的特征。时间结构包括两个方面：一是由自然的时间节律变化而引起的群落结构在时间上的周期性变化。如一年中春夏交替，寒来暑往，一日中日升日落，昼夜更迭，自然界的这种年周期和日周期变化，直接影响群落中生物的生理、生态发育，并与这种自然周期变化规律相适应，构成群落的周期性波动，进而引起群落中物种组成和数量上的升降变化。在我国四季分明的温带或寒温带地区，植物有落叶现象、草被枯黄等，使群落面貌一年四季迥然不同，形成随着气候季节性交替呈现不同外貌的现象，被称为季相。二是在长期历史发展过程中，群落由一种类型转变为另一种类型的顺序变化，即群落的演替。

园林生态系统的时间结构主要表现为两种形式：

(1) 季相变化。指园林生物群落的结构和外貌随季节的更迭依次出现的改变。植物的物候期现象是园林植物群落季相变化的基础。在不同的季节，会有不同的植物景观出现，人们春季品花、夏季赏叶、秋季看果、冬季观枝干等。随着人类对园林人工环境的控制及园林新技术的开发应用，园林生态系统的季相变化将更加丰富多彩。

(2) 长期变化。指园林生态系统随着时间的推移而产生的结构变化。这是在大的时间尺度上园林生态系统表现出来的时间结构。如园林植物的生长，特别是高大乔木生长所表现出来的外部形态变化等。此外，人类的干预也能导致园林生态系统的长期变化，如通过园林的长期规划所形成的预定结构表现,它是在人工管理和人为培育过程中实现的。

4. 群落交错区和边缘效应 群落交错区又称生态交错区或生态过渡带,是指在两个群落之间或多个群落之间的过渡区域。群落交错区实际上是一个过渡地带,例如,在森林带和草原之间的森林草原地带,软海底与硬海底的两个海洋群落之间也存在过渡带,两个不同森林类型之间或两个草本群落之间也都存在交错区,并随着人类活动对自然环境影响范围的扩大,交错区的种类及数量在不断地增加。因此,这种过渡带有的宽、有的窄,有的是逐渐过渡、有的是变化突然。群落的边缘有的是持久性的、有的在不断变化。

由于群落交错区的环境条件比较复杂,其植物种类也往往更加丰富多样,从而也能更多地为动物提供营巢、隐蔽和摄食的条件,因而在群落交错区中往往包含两个重叠群落的一些生物种类,以及交错区本身所特有的生物种类。这种在群落交错区中生物种类增加和某些生物种类密度加大的现象,称为边缘效应。

但是,并不是所有的交错区都有边缘效应。边缘效应的形成需要一定的条件,如两个相邻生物群落的渗透大致相似,两类环境或两种生物群落所造成的过渡地带相对稳定,相邻生物群落各自具有一定的均一面积或群落内只有较小面积的分割,具有两个群落交错的生物类群等。群落边缘效应的形成需要较长的时间,是与群落协同进化的产物。

5. 群落的外貌与季相

(1) 群落的外貌。群落的外貌是认识植物群落的基础,也是区分不同植被类型的主要标志,如森林、草原和荒漠等,就是根据外貌区别开来的。就森林而言,针叶林、夏绿阔叶林、常绿阔叶林和热带雨林等,也是根据外貌区别出来的。群落的外貌决定于群落优势种的生活型和层片结构。

(2) 群落的季相。群落外貌常随时间的推移而发生周期性的变化,这是群落结构的另一重要特征。随着气候季节性交替,群落呈现不同外貌的现象就是季相。温带地区四季分明,群落的季相变化十分显著,如在温带草原群落中,一年可有四或五个季相。早春气温回升,植物开始发芽、生长,草原出现春季返青季相;盛夏初秋,水热充沛,植物繁茂生长,呈现百花盛开、色彩丰富、华丽的夏季季相;秋末植物开始干枯休眠,呈红黄相间的秋季季相;冬季季相则是一片枯黄。草原群落中动物的季节性变化也十分明显。如大多数典型的草原鸟类,在冬季都向南方迁移;高鼻羚羊等有蹄类在此时也向南方迁移,到雪被较少、食物比较充足的地区去越冬;黄鼠、大跳鼠、仓鼠等典型的草原啮齿类动物冬季则进入冬眠。有些种类在炎热的夏季进入夏眠。此外,动物贮藏食物的现象也很普遍,如生活在蒙古草原上的达乌尔鼠兔,冬季在洞口附近积藏着成堆的干草。所有这一切都是草原动物季节性活动的显著特征,也是它们对环境的良好适应。群落的季相广泛应用于资源监测、产量预报、病虫害预测等。

6. 岛屿效应

(1) 岛屿的物种数与面积的关系。岛屿由于与大陆隔离,生物种迁入和迁出的强度低于周围连续的大陆。许多研究证实,岛屿中的物种数目与岛的面积有密切关系。岛屿面积越大,岛屿中的物种数越多,岛的面积与岛屿上物种数的关系可以用简单方程式描述为:

$$S=cA^z$$

或用对数表示为

$$\lg S=\lg c+z\lg A$$

式中　　S——物种数目；
　　　　A——岛屿面积；
　　　　z、c——两个常数。

图 3-1 是 Galapagos 群岛面积与物种数的关系图。这种岛屿面积越大容纳物种数越多的效应称为岛屿效应。岛屿效应是一种普遍现象，主要是生物种迁入和迁出的强度和一定岛屿空间上生物基础生态位的分配有关。D. Lack 还认为，大岛种数较多是含有较多生境的简单反映，即生境多样性导致物种多样性。

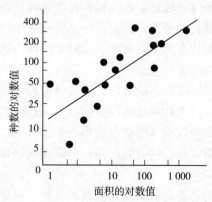

图 3-1　Galapagos 群岛面积与物种数的关系
注：面积单位为 mile² （英里²），1 mile² = 2.589 988×10⁶ m²。

生态学意义上的岛屿主要强调"隔离"和独立性。广义而指，湖泊受陆地包围，也就是陆"海"中的岛；城市绿地被建筑从铺装地面包围，形成城市中的绿岛；一类植被土壤中的另一类植被和土壤斑块、封闭林冠中由于倒木（因雷击、砍伐、枯死等原因使森林内部少数树木倒下）形成的林窗（缺口），都可被视为"岛"。由于"岛"的边界明确，具有相对封闭性和独立性，许多生物学家常把"岛"作为研究进化论和生态学问题的天然实验室和微宇宙。

（2）MacArthur 的平衡说。岛屿上的物种数虽决定于岛屿的面积，但它是物种迁入、迁出和死亡平衡的结果，是一种动态平衡，不断地有物种死亡，也不断地由同种或别种的迁入补偿死亡的物种。岛屿上物种的平衡关系以迁入率曲线为例说明，当岛上无留居种时，任何迁入个体都是新的，因而迁入率高；随着留居种数增多，种的迁入率就下降；当种源库（大陆上的种）所有的种在岛上都有时，迁入率为 0。死亡率则相反，留居种数越多，死亡率越高。迁入率取决于岛与大陆距离的远近和岛的大小，近而大的岛迁入率高，远而小的岛迁入率低。同样，死亡率也受岛大小影响。

迁入率曲线与死亡率曲线交点上的种数，即为该岛上预测的物种数。根据 MacArthur 的平衡说，可说明下列 4 点：

①岛屿上的物种数不随时间而变化。
②这是种动态平衡，即死亡种不断地被新迁入的种所代替。
③大岛比小岛能"供养"更多的种。
④随岛距大陆的距离由近到远，平衡点的种数逐渐降低。

第二节　园林植物群落的动态

一、园林植物群落变化类型

动态变化是生物群落普遍存在的现象，生物群落和其他任何生命系统一样，始终处于动态变化之中。群落动态内涵十分广泛，根据变化持续时间划分，群落变化类型如表 3-1 所示。

表 3-1　群落变化类型

持续时间	变化类型举例
天	蒸腾作用、光合作用等植物生理过程，动物的昼夜活动节律
年	植物生长及动物活动的季节动态
几年	植物生产力及动、植物种群的波动
十年到百年	群落演替
百年到千年	长期气候变化引起的生物地带界线的移动
万年到亿年	地史尺度的群落演化

由表 3-1 可见，群落的动态变化时间尺度可大可小。尺度大的，可考察古生物学与古气候学水平的群落演化；尺度小的，可考察一天中群落的变化情况。下面重点讨论群落年际间变化情况和群落演替。

生物群落的年变化是指生物群落在不同年度之间所发生的明显的变动。这种变动是群落本身内部的变化，不影响整个群落的性质，不会出现群落的更替现象，一般又称为群落波动。群落波动是短期而可逆的，逐年的变化方向不确定，常围绕着一个平均数波动；群落区系成分相对稳定，不发生新种的替代现象。波动中，群落在生产力、各成分的数量比例、群落的外貌与结构等方面发生相应的改变。

引起群落波动的原因主要有以下 3 种：

①环境条件（主要是气候条件）的波动变化。如多雨年与少雨年、突发性灾变、地面水文年度变化等。

②生物本身的活动周期，如种子产量的波动（即大、小年）、动物种群的周期性变化及病虫害暴发等。

③人为活动的影响，如放牧强度的改变等。

各种群落都有其特定的波动类型，其波动特点也不相同。一般情况，木本植物占优势的群落较草原植物稳定；常绿木本群落较夏绿木本群落稳定；在一个群落内部，许多定性特征（如种类组成、种间关系、分层现象等）较定量特征（如密度、盖度、生物量等）稳定；成熟的群落比发育中的群落稳定。

有些波动变化是相当大的，如果不知道它可以恢复到原来面貌，往往误认为是演替，如森林草原区域低湿地上的无芒雀麦、冰草草甸在湿润年份常由其伴生成分看麦娘占优势，成为看麦娘草甸，但湿润年份过后又恢复到无芒雀麦与冰草占优势。这种变化可在 1～3 年内实现，是一种摆动性的波动。而有些波动仅在各组分的数量比例上或生物量上发生一些变化，外貌上变化不明显。

需要指出的是，虽然群落波动具有可逆性，但这种可逆是不完全的。一个生物群落经过波动之后的复原，通常不是完全地恢复到原来的状态，而只是向平衡状态靠近。群落中各种生物的生命活动产物有一个积累过程，土壤就是这种产物的一个主要积累场所。这种量上的积累到一定程度就会发生质的变化，从而引起群落的演替，使群落基本性质发生改变。

二、园林植物群落的形成与发育

群落是各种生物种群在特定地区或自然生境里的集合体，是生物生存、发展、演替和进行生物生产的基本单元。在长期的发展过程中，群居在一起的生物一方面受着环境的影响，同时又作为一个整体影响并改造着环境。在群落内部通过各种生物种群间的相互作用，使群落成为具有一定结构、功能、外貌和演替特征的有机整体。一个群落中生物的种类和数量很多，根据物种的特性，群落可以分为植物群落、动物群落和微生物群落三大类群。其中植物群落是基本的群落，它影响着动物群落和微生物群落的种群数量和分布，也影响着生态系统的稳定与变化。对于群落来说具有以下基本特征：

1. 具有一定的种类组成 每个群落都由一定的植物、动物和微生物种群组成。不同的种群类型构成不同的群落类型，因此，种类组成是区别不同群落的首要特征。一个群落中物种的丰富度和物种个体数目的多少，是衡量群落多样性的基础。

2. 群落中不同物种之间相互联系 生物群落并非是各种群的简单集合，一个群落的形成必须经过生物对环境的适应以及生物种群之间的相互适应、相互竞争，形成一个相互联系、相互依存的有机集合体。这种相互关系随着群落的发展而不断地发展和完善。

3. 群落与其居住环境紧密联系 任何一个群落在形成过程中，其生物对环境具有双重作用：适应和改造。并伴随着群落发育成熟，群落的内部环境也发育成熟。群落内部的环境条件如光照、温度、湿度和土壤等都不同于群落外部。不同的群落，其群落环境存在明显的差异。

4. 具有一定的结构和相对一致的外貌 每一个生物群落都具有自己的外貌和一系列的结构特征，表现在空间上的成层性（包括地上和地下），物种之间的营养结构、生态结构以及时间上的季相变化等。但这种结构常常是松散的，不像一个有机体结构那样清晰，因而有人称之为松散结构。群落类型不同，其结构特点也不相同。

5. 具有一定的动态特征 生物群落同其他生命系统一样，具有其发生、发展、成熟（即顶极阶段）和衰亡的过程。表现出了动态的特征。其动态形式包括季节动态、年际动态、演替与演化等。

6. 具有一定的分布范围 任何一个生物群落都分布在特定地段或特定生境中，不同群落其生境和分布范围不同。无论从全球范围看还是从区域角度讲，不同生物群落都按一定的规律分布。

7. 群落的边界特征 在自然条件下，有些群落具有明显的边界，可以清楚地加以区分。常见于环境梯度变化较陡，或者环境梯度突然中断的情形下，如地势变化较陡的山地的垂直带、陆地环境和水生环境的交界处等。而另外一些群落不具有明显边界，而处于连续变化中。常见于环境梯度连续缓慢变化的情形下,如大范围的变化有森林和草原的过渡带、草原和荒漠的过渡带等;小范围的变化如沿一缓坡而渐次出现的群落替代等。但在多数情况下,不同群落之间都存在过渡带,被称为群落交错区,并形成明显的边缘效应。

三、园林植物群落的演替

1. 群落演替的概念　生物群落同生物个体一样,有其发生、发展、成熟、衰老、消亡的发展变化过程。在这一发展变化过程中,群落由低级到高级、由简单到复杂逐级被替代,最后形成一个更适合当时、当地环境条件的、相对稳定的群落,这种自然演变现象称为群落演替。其中,从最早定居的先锋植物开始,直到出现一个稳定的群落(可能经由地衣、苔藓、草本植物、灌木直到森林),这一系列的演替过程称为一个演替系列;演替系列中的每一个明显的步骤称为演替阶段或演替时期;在一个演替系列中所包含的各个群落称为演替系列群落;在一个地点最早出现的演替系列群落称为先锋群落。群落演替可以按照不同的原则划分为不同的类型(表3-2)。

表3-2　群落演替类型

划分原则	延续时间	起始条件	基质性质	主导因素	群落代谢特征	演替方向
演替类型	世纪演替 长期演替 快速演替	原生演替 次生演替	水生演替 旱生演替	内因演替 外因演替	自养型演替 异养型演替	进展演替 逆行演替 循环演替

2. 群落演替的原因　生物群落与外界环境中的各种生态因子之间、群落内生物因素之间经常处于相互矛盾的状态中,这种矛盾导致适于这个环境的生物在群落中生存下来,不适应的死亡或迁出,因而使群落不断地进行演替。弄清演替过程中每一步发生的原因,可以更有效地预测和控制演替的方向和速度。但到目前为止,对于群落演替的机制了解还不够明确,归结起来,影响群落演替的因素主要有以下几种:

(1) 植物繁殖体的迁移、散布和动物的活动性。植物繁殖体的迁移和散布普遍而经常地发生着,因此,任何一块地段都有可能接受这些扩散来的繁殖体。当植物繁殖体到达一个新环境时,植物的定居过程就开始了。植物的定居包括发芽、生长和繁殖三个方面。我们经常可以观察到的这样的情况:植物繁殖体虽到达了新的地点但不能发芽,或发芽了但不能生长,或虽然生长但不能繁殖后代。只有当一个种的个体在新的地点上能繁殖时,定居才算成功。任何一块裸地上生物群落的形成和发展,或是任何一个旧的群落为新的群落所取代,都必然包含有植物的定居过程。因此,植物繁殖体的迁移和散布是群落演替的先决条件。

对动物来说,植物群落成为它们取食、营巢、繁殖的场所。当然,不同动物对这种场所的需求是不同的。当植物群落环境变得不适宜它们生存的时候,它们便迁移出去另找新的合适生境;与此同时,又会有一些动物从别的群落迁来找新栖居地。因此,每当植物群落的性质发生变化的时候,居住在其中的动物区系也在做适当的调整,使得整个生物群落内部的动物和植物又以新的联系方式统一起来。

(2) 群落内部环境的变化。这种变化是由群落本身的生命活动造成的,与外界环境条件的改变没有直接的关系。换句话说，是群落内物种生命活动的结果，为自己创造了不良的居住环境，使原来的群落解体，为其他植物的生存提供了有利条件，从而引起演替。

由于群落中植物种群特别是优势种的发育而导致群落内光照、温度、水分及土壤养分状况的改变，可为群落演替创造条件。如在云杉采伐后的林间空旷地段，首先出现的是喜光的草本植物。但当喜光的阔叶树种定居下来，并在草本层以上形成郁闭树冠后，喜光草本便被耐阴草本所取代。以后当云杉伸出群落上层并郁闭时，原来发育很好的喜光阔叶树种便不能生存。这样，随着群落内光照由强到弱及温度变化由不稳定到稳定，依次发生了喜光草本植物阶段、阔叶树种阶段和云杉阶段的更替过程，也就是演替的过程。

（3）种内和种间关系的改变。组成一个群落的物种在其种群内部以及物种之间都存在特定的相互关系。这种关系随着外部环境条件和群落内环境的改变而不断地进行调整。当密度增加时，不但种群内部的关系紧张化了，而且竞争能力强的种群得以充分发展，而竞争能力弱的种群则逐步缩小自己的地盘，甚至被排挤到群落之外。这种情形常见于尚未发育成熟的群落。

处于成熟、稳定状态的群落在接受外界条件刺激的情况下也可能发生种间数量关系重新调整的现象，使群落特性或多或少地改变。

（4）外界环境条件的变化。虽然决定群落演替的根本原因存在于群落内部，但群落之外的环境条件诸如气候、地貌、土壤和火等常可成为引起演替的重要条件。气候决定着群落的外貌和群落的分布，也影响到群落的结构和生产力，气候的变化，无论是长期的还是短暂的，都会成为演替的诱发因素。地表形态（地貌）的改变会使水分、热量等生态因子重新分配，反过来又影响到群落本身。大规模的地壳运动（如冰川、地震、火山活动等）可使地球表面的生物部分或完全毁灭，从而使演替从头开始。小范围的地形形态变化（如滑坡、江水冲刷）也可改造一个生物群落。土壤的理化特性与置身于其中的植物、土壤动物和微生物的生活有密切关系，土壤性质的改变势必导致群落内部物种关系的重新调整。火也是一个重要的诱发演替的因子，火烧可以造成大面积的次生裸地，演替可以从裸地上重新开始；火也是群落发育的一种刺激因素，它可使耐火的种类更旺盛地发育，而使不耐火的种类受到抑制。当然，影响演替的外部环境条件并不限于上述几种，凡是与群落发育有关的直接或间接生态因子都可成为演替的外部因素。

（5）人类的活动。人对生物群落演替的影响远远超过其他所有的自然因子，因为人类生产活动通常是有意识、有目的地进行的，可以对自然环境中的生态关系起促进、抑制、改造和重建的作用。放火烧山、砍伐森林、开垦土地等，都可使生物群落改变面貌。人还可以经营、抚育森林，管理草原，治理沙漠，使群落演替按照不同于自然的道路进行。人甚至还可以建立人工群落，将演替的方向和速度置于人为控制之下。

3. 群落演替的过程 演替过程是指演替沿着某一起点开始，经过一系列的演替阶段，最终到达演替的终点。现通过旱生演替序列的描述介绍群落演替的过程（从裸露岩石表面开始演替到森林）。

岩石表面的特点是生存环境极端严酷，没有植物生长的基质——土壤，而且太阳辐射强烈，温度变化幅度大，非常干燥，绝大多数植物不能在其表面生长。但是如果当地的气候条件适合于森林生长的话，在裸岩表面经过漫长艰难的演替迟早会形成森林。从裸露岩石到森林形成大致要经过以下几个演替阶段：

（1）地衣植物阶段。地衣能够忍受极端严酷的自然条件，是极少能在裸露岩石上生存的植物之一。最先定居的地衣属于壳状地衣,将其极薄的一层植物体紧贴在岩石表面,通过自身分泌的代谢酸和死后产生的腐殖酸的作用,再加之岩石的物理和化学风化,岩石表面逐渐积累形成极薄的一层含微量腐殖质的土壤,由于条件的改善叶状地衣取代了壳状地衣,叶状地衣遮挡的地方,出现了枝状地衣;枝状地衣凭借较多的枝状体和较强的生产能力创造了良好的环境,最后反而不适宜其自身的生存,为较高等的植物类群创造了生存条件。

地衣植物阶段是裸露岩石到森林群落演替系列的先锋植物群落。这一阶段在整个系列过程中需要的时间最长,但不同地区所经历的演替时间也不尽相同,如在热带地区只需 3~5 年,在寒带的冷地带则需 25~30 年。一般随着环境条件的改善,所需的演替时间变短。

(2) 苔藓植物阶段。在地衣群落发展的后期,便出现了苔藓植物。由于苔藓长的比地衣高大,占据主要空间,使地衣得不到充足的阳光而死亡,最后,该地区完全被苔藓植物群落所代替。苔藓植物能够更好地适应极端干旱的环境,在干旱时期停止生长,进入休眠,在气候温和、水分充足时大量生长,使岩石进一步分解。苔藓死后会留下更多的腐殖质,随着土层的加厚和有机物含量的增加,为后来植物的生长创造条件。同时,土壤中形成一个由细菌和真菌组成的丰富的微生物区系。

(3) 草本植物阶段。当土壤发育到一定程度,草本植物开始进入并逐渐占据优势。首先是一些蕨类及被子植物中的一年生或二年生的植物个别侵入,以后逐渐增加,最终草本植物取代了苔藓植物。随着土壤状况和小气候条件的改善,草本植物也逐渐从低草(0.3 m 以下)向中草(0.6 m 左右)和高草(1 m 以上)演变,最终多年生草本植物占主导地位。在森林分布区,会继续向木本植物群落方向演替。

在草本植物阶段,土壤中真菌、细菌和小动物活动增强;小型哺乳动物、蜗牛和各种昆虫开始迁入,并可以找到适宜的生态位。

(4) 灌木阶段。草本植物阶段的后期,会出现一些喜光灌木,与草本植物共生,以后灌木逐渐占据优势,形成了灌木群落。高大灌木对环境的改造作用更大,使环境变得更加适宜植物群落发展。

在灌木演替阶段,各种微生物和动物大量增加,但其区系成分发生了改变,如昆虫数量减少,而以食浆果的鸟类及以灌丛作为掩蔽所和营巢地的鸟类的种类和数量增多。

(5) 森林阶段。灌木群落所形成的潮湿、遮阳的环境,为各种乔木种子的萌发创造了有利的条件,于是树木就会逐渐生长起来,最终将超过灌木变为群落的优势种。由于树木的树冠的遮阳作用,一些喜光的灌木在群落中消失,一些耐阴的灌木可继续生长,喜光的草本植物无法生存,苔藓植物又重新生长起来。随着乔木树种的种类变换和数量的增多,一个结构复杂、对生存环境非常适应的森林群落逐渐形成并稳定保持下去,这就是该地区的顶级群落。

在森林阶段,各种动物和微生物便大量出现,最终使森林成为一个复杂的包含各种动物、植物和微生物的生命集合体。

复习与思考题

1. 何谓植物群落?试说明植物群落的基本特征。
2. 如何区分群落波动与演替?举例说明群落波动产生的原因。
3. 简述植物群落演替的原因与过程。

实训项目 3-1　园林植物群落的季相观察

目的
1. 观察园林植物不同季节表现的不同面貌。
2. 观察园林植物花、叶、果、枝干的不同形态。
3. 赏析讨论色彩、光影、空间构成的不同园林景观特征。

工具
笔、笔记本或纸、卷尺、照相机等。

方法步骤
在课程季节（春夏、夏秋、秋冬）选择季相特征明显的园林植物群落。将学生分成5~6组，分别选择园林景观的一角，观察园林植物，并做记录。
1. 园林群落所处地理位置及概况。
2. 园林群落布局特点、种植及设施安排。
3. 园林植物种类配置、空间安排。
4. 园林植物季相变化的景观特征。
（1）色彩的变化。色彩的变化主要体现在叶、花、果方面。
①叶色变化。叶是植物最大的主体，植物从春季发芽到冬季落叶，整个季相变化已成园林景观最具动态美的风景。
②花色变化。与叶相比，花在植物配置中如点睛之笔，园林植物的时令花的更迭交替，使得园林景观花期较长，在园林景观中，植物配置时往往采用观赏季节不同的花卉进行组合，形成四季皆有花开的景象。
③果与其他部分的色彩变化。春华秋实，大部分园林植物果实的成熟期都为秋季，在整个果实发育到成熟的过程中，其色彩与形态的变化往往极具观赏性。
（2）光影的变化。光和影两者如影随形，明代造园家计成设计的影园就是取名为其景观的三大特色，柳影、水影、山影。影由季节光线的角度和强弱以及被投影物体所决定。
（3）空间的变化。中国古典园林多通过地形、建筑、植物来构建园林空间。园林植物配置多模拟自然植物群落，形成乔木、灌木、地被几个层次。

作业
经过观察后完成下表：

表3-3　叶色季节变化特征

季节	叶色特点	代表树种

表 3-4　花色季节变化特征

季节	花色特点	代表树种

表 3-5　园林植物空间变化特征

层次	主要特点	代表树种

实训项目 3-2　比较不同园林植物群落中植物多样性

目的
1. 加深对物种多样性概念的理解。
2. 掌握物种多样性的 Simpson 指数、Shannon-Weiner 指数和物种均匀度的计算。
3. 了解植物群落中植物多样性与园林生态的稳定性关系。

工具
笔、笔记本或纸、卷尺、照相机等。

方法步骤
1. 选择两个或几个园林植物群落，设置一定数量的样方，测定样方面积及数量据群落特点而定。将学生分成 5~6 组，分组测量各样广内园林群落中植物的种类（s）、每个种的高度、乔木树种的株数、灌木和草本的盖度，并做记录。

2. 使用测定得到的指标计算每个样方内每个植物的重要值，根据以下群落物种多样性指数计算公式进行计算：

（1）Simpson 多样性指数。

$$SP = 1 - \sum_{i=1}^{s} P_i^2$$

式中　SP——Simpson 指数；
　　　P_i——第 i 个物种的重要值；
　　　s——物种数目。

（2）Shannon-Weiner 多样性指数。

$$H = -\sum_{i=1}^{s} P_i \ln P_i$$

式中　H——Shannon - Weiner多样性指数；

　　　P_i——第i个物种的重要值；

　　　s——物种数目。

(3) 均匀度。指群落中各个物种多度分布的均匀度。植物多度是指单位面积内某个植物种的全部个体数，群落中所有物种多度分布都是均匀一致时，则群落物种均匀度为最大值1，否则小于1。均匀度反应群落物种多样性，便于不同群落间的比较。可表示为：

$$E = \frac{H}{\ln s}$$

作业

1. 填表并比较调查到的不同园林植物群落的物种多样性。

表 3-6　园林植物群落样方基本信息表

样方编号		群落类型		样方面积	
调查地点		具体位置			
纬度		经度		海拔	
垂直结构	层高（m）	盖度（%）	优势种		
乔木层					
亚乔木层					
灌木层					
草本层					
调查人					
记录人					
指导教师		调查日期			

表 3-7　乔木层调查表

样方号：　　　调查人员：　　　调查日期：　　　调查地点：

树种	胸径/基径（cm）	树高（m）	健康状况	备注

注：胸径指树干基部起1.3 m高处的直径；基径指树干基部直径。

表 3-8　灌木层调查表

样方号：　　　调查人员：　　　调查日期：　　　调查地点：

物种	基径（cm）	平均高（cm）	株数	盖度	备注

表 3-9 草本层调查表

样方号：　　　　调查人员：　　　　调查日期：　　　　调查地点：

物种	盖度（%）	平均高（cm）	多度	备注

注：多度按德氏多度等级记载，极多为 soc，很多为 cop3，多为 cop2，尚多为 cop1，不多为 sp，稀少为 sol。

2. 分析讨论园林植物各群落类型中植物物种多样性的差异及原因。

第四章 园林生态系统

第一节 生态系统

一、生态系统的组成要素与作用

1. 生态系统的概念 生态系统的概念最早是英国植物生态学家坦斯列于 1935 年提出的。他认为:"生态系统不仅包括生物复合体,而且还包括了人们称为环境的各种自然因素的复合体",他强调生物与其所处的环境是不可分割的有机整体,强调一定地域内各生物组分之间、生物组分和非生物组分之间在功能上的统一,把生物组分和非生物组分当作一个统一的自然实体,这样的自然实体就是生态系统。

生态系统的理论提出之后,为生态学研究提供了重要的科学依据,引起世界范围的生态研究热,使生态系统的研究成为现代生态学发展最快的领域,生态系统的定义也随着研究的深入而得到不断的发展和完善。目前比较公认的定义是:生态系统是指在一定的时间和空间范围内,由生物群落与其环境组成的一个整体,该整体具有一定的大小,各组成要素间借助物种流动、能量转移、物质循环、信息传递和价值流通而相互联系、相互依存、相互制约,并形成具有自我组织、自我调节功能的复合体。

生态系统是生态学上的功能单位,其范围非常广泛,具有大小和类型变化,根据研究的目的和具体对象不同可划分为不同类型,如生物圈是地球上最大的生态系统,它包括了地球一切的生物及其生存条件。通常根据生态系统空间环境性质及其所处的地理区域不同,从宏观上进一步划分为陆地生态系统和水域生态系统,并可依次类推,划分出不同层次的许多生态系统。

2. 生态系统组成要素与作用 生态系统由生物组分和非生物组分组成,即生命系统和环境系统。在生态系统中,各要素之间紧密联系缺一不可。一般而言,生态系统由生产者、消费者、分解者和非生物环境四种基本要素组成(图 4-1)。

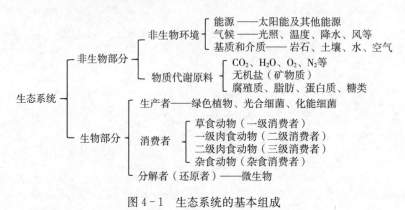

图 4-1 生态系统的基本组成

（1）生产者。生产者是指能利用以太阳能为主的各种能源，将简单的无机化合物合成复杂的有机物的所有自养生物，包括绿色植物及一些光能和化能合成细菌，其中以绿色植物为主。绿色植物通过光合作用把水和二氧化碳等无机物合成糖类、蛋白质和脂肪等有机物，并把太阳辐射能转化为化学能，贮藏在有机物的化学键中，同时释放出氧气。这个过程不仅为生产者自身的生长发育提供所必需的营养物质和能量；也为整个生物圈内包括人类在内的所有异养型生物直接或间接地提供进行生命活动所必需的营养物质和能量；同时又为生态系统中其他生物提供栖息场所，并在一定程度上决定生活在该生态系统中的生物物种和类群。绿色植物以多种方式强有力地改善生态环境，它的种类构成及生长状况决定生态系统的组成、结构和功能状态，是生态系统的核心。

（2）消费者。消费者是指不能直接利用无机物制造有机物，直接或间接地依赖于生产者所合成的有机物而获得营养物质和能量的异养生物，主要是各种动物。消费者包括的范围比较广，根据其营养方式的不同又可分为多种类型。消费者在生态系统中起着重要的作用，不仅对初级生产物起着加工再生产的作用，而且其中许多消费者对生态系统中其他生物种群数量和质量起着调控的作用。

（3）分解者。分解者又称还原者，属于异养生物，包括细菌、真菌、放线菌及土壤原生动物和一些小型无脊椎动物等，其中主要以细菌和真菌为主。分解者体型微小、数量惊人、分布范围广，几乎在生物圈的各个部分都有分布。它们能将动、植物残体的复杂有机物逐步分解为简单的化合物和无机元素，最终归还给环境，供生产者再利用。正是由于分解者的分解作用，使生态系统的物质循环不断进行，避免地球表面动、植物尸体堆积如山。

（4）非生物组织。非生物组织又称生命支持系统，由许多环境要素组成，主要分为以下3部分：

①气候或其他的物理条件。光照、温度、湿度、风、霜、雨等。
②无机元素或化合物。氧气、二氧化碳、水、各种矿物元素和各种无机盐类等。
③有机物。蛋白质、糖类、脂类和腐殖质等。

非生物组分的功能主要是为生物组分的生存和发展提供物质支撑。

二、生态系统的基本特征

生态系统属于系统，因此具有系统的共性。生态系统是以生物为主体的系统，因而又具有以下区别于一般系统的基本特征：

1. 一定的空间特征 生态系统通常与特定的空间范围相联系，并以生物为主体。不同空间的生态条件存在着差异，并栖息着与之相适应的生物类群。生物在长期进化过程中对各自生存空间环境的长期适应和相互作用的结果，使生态系统的结构和功能等方面具有特定的空间特征。

2. 一定的时间特征 生态系统中的生物组分具有生长、发育、繁殖和衰亡的时间特征，因而生态系统可分为幼期、成长期和成熟期。在不同时期，生态系统的结构和功能都会发生变化，从而使生态系统具有从简单到复杂、从低级到高级的演变发展规律。

3. 具有自我调控的功能 自我调控能力是指生态系统受到外来干扰而使稳定状态改变时，系统靠自身内部的机制再返回稳定状态的能力。生态系统自我调控功能主要表现在三方面：即同种生物种群密度的调控、异种生物种群之间的数量调控、生物与环境之间相互适应的调控。生态系统调控功能主要靠反馈（即正反馈和负反馈）调节机制来完成，并受生态系统的结构及生物种类和数量的影响。

值得指出的是：生态系统的自我调控功能只能在一定范围内、一定条件下起作用，如果干扰过大，超过一定限度，即生态阈值，生态系统的调控功能就会失去作用。

4. 具有动态的、生命的特征 生态系统具有生命存在，并与外界环境不断进行物质交换和能量传递。生态系统主要靠三大类群生物（生产者、大型消费者、小型分解者）协调能量转化与物质循环过程的完成，这种联结使得系统内生物之间、生物与环境之间处于一种动态平衡关系。

三、生态系统的结构与功能

（一）生态系统的结构

1. 物种结构 物种结构指生态系统中各物种的种类与其数量方面的分布特征。由于自然界中物种的种类和数量千差万别，对其研究非常复杂。因此，在实际工作中，主要以生物群落中的优势种类、生态功能上的主要种类和类群为主，进行种类组成的数量特征的研究。

2. 空间结构 空间结构也称空间配置，包括水平结构和垂直结构。

（1）水平结构。水平结构是指生物群落在水平方向上的配置情况。可以分为随机分布型、均匀分布型和聚集分布型（或成群分布型）。

（2）垂直结构。垂直结构也称分层现象，是指生态系统的各生物组分在垂直方向上的分布状况。

3. 时间结构 时间结构是指生态系统的结构和外貌随着时间变动而反映出的动态变化。如植物群落的季相变化及动物的冬眠和季节迁移现象等，都赋予了生态系统时间结构的特征。

4. 营养结构 营养结构是指生态系统中生物组分与非生物组分之间以营养为纽带的依存关系。每一个生态系统都有其特殊的、复杂的营养结构，它是能量流动和物质循环的基础，可以分为两种类型（图4-2）。

环境中的营养物质不断地被绿色植物吸收、转化为植物体的有机质，通过消费者取食，这些有机质逐级传递，最终被还原者分解，转化为无机物归还到环境中，这是以物质循环为基础的营养结构模式；从另一角度看，太阳能不断地被绿色植物吸收，并贮存在植物体内，通过消费者取食，能量传递给草食动物、肉食动物、还原者，最终以热的形式散失到环境中，形成以能量流动为基础的营养结构模式。

（二）生态系统的基本功能

1. 能量流动 能量是一切生命活动的基础，所有生物的生命活动都伴随着能量的转化，能量作为生态系统发展和运行的动力，它的运动与转化贯穿于生态系统的生物组分与非生物组分相互作用的全过程。

2. 物质循环 物质循环又称生物地球化学循环，是指生态系统从大气圈、水圈和土壤圈等环境中获得营养物质，通过绿色植物吸收，进入生态系统，被其他生物重复利用，最后，以可被生产者吸收的形式再归还于环境中的过程。因此，物质循环的特点是物质的循环利用。

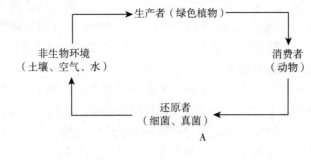

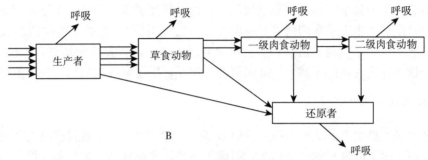

图 4-2 生态系统的营养结构
A. 以物质循环为基础　B. 以能量流动为基础

3. 信息传递　指生态系统中各生物组分之间及生物组分与非生物环境之间的信息交流与反馈。信息传递的特点：信息传递是双向运行的，既有从输入到输出的信息传递，又有从输出到输入的信息反馈，因此，生态系统在一定范围内具有自动调节机制。

4. 物种流动　指物种的种群在生态系统内或系统之间时空变化的状态。是生态系统的一个重要过程，它扩大和加强了不同生态系统间的交流和联系，提高了生态系统的服务功能。自然界中众多的物种在不同生境中发展，通过流动汇集成一个个生物群落，赋予生态系统以新的面貌。物种流动扩展了生物的分布区域，扩大了新资源的利用，改变了营养结构，促进了种群间基因物质的交流。

5. 生物生产　生态系统不断运转，生物有机体在能量代谢过程中，将能量、物质重新组合，形成新产品（糖类、脂肪和蛋白质）的过程，称为生态系统的生物生产。生态系统的生物生产常分为个体、种群和群落等不同层次，也可分为植物性生产和动物性生产两大类。

6. 资源分解　生态系统中的动、植物和微生物死亡后，它们的残体、尸体成为其他生物有机体的物质资源，将这些资源分解为简单有机物和矿物质的过程即为生态系统的资源分解。生态系统的资源分解是一个极为复杂的过程，包括降解、碎化和溶解等。通过生物摄食和排出，并有一系列酶参与到各个分解的环节中。资源分解的意义在于维持系统的生产和分解的平衡。

四、生态系统平衡

（一）生态系统平衡的概念

生态系统平衡是指在一定时间和相对稳定的条件下，生态系统的结构与功能处于相对稳定状态，其物质和能量的输入、输出接近相等，在外来干扰下能自我调控（或人为控制），并恢复到原初的稳定状态。生态系统和生物有机体一样，具有从幼期到成熟的发育进化过程，始终处于动态变化之中，即使群落发育到顶极阶段，演替仍在继续进行，只是持续时间更久、形式更加复杂而已，因此生态平衡是动态平衡。

生态平衡是一种相对平衡，因为任何生态系统都不是孤立的，都会与外界发生直接或间接的联系，会经常遭到外界的干扰。生态系统对外界的干扰和压力具有一定的弹性，但其自我调节能力是有限度的，如果外界干扰或压力在其所能忍受的范围之内，当这种干扰或压力去除后，它可以通过自我调节能力而恢复；如果外界干扰或压力超过了它所能承受的极限，其自我调节能力就遭到了破坏，生态系统就会衰退，甚至崩溃。通常把生态系统所能承受干扰或压力的极限称为生态平衡阈值（自我调控能力的极限值）。生态平衡阈值的大小取决于生态系统的成熟性。系统越成熟，表示它的种类组成越多，营养结构越复杂，稳定性越大，对外界的干扰或冲击的抵抗也越大，即阈值高；相反，生态系统越简单，其阈值越低。

（二）影响生态平衡的因素

生态平衡是通过生态系统的自我调控能力来维持的，当外界干扰程度超过其内部自我调节能力的范围，就不能恢复到原初状态，引起生态平衡失调甚至发生生态危机。

引起生态平衡失调的因素很多，主要分两大类：自然因素和人为因素。由自然因素引起的生态平衡破坏称为第一环境问题，包括火山喷发、地震、海啸、泥石流、雷击和火灾等。这些因素都可能在短时间内彻底毁灭整个生态系统，并且是突发的、局部的和低频率的；由人为因素引起的生态平衡破坏称为第二环境问题，包括对自然资源的不合理开发利用、引进或消灭某一生物种群、建造某些大型工程以及现代工农业生产中排放某些有毒物质和喷洒大量农药对环境的污染等。这些人为因素都能破坏生态系统的结构和功能，引起生态平衡失调。人为因素引起的生态平衡破坏，其影响是长期的，危害性较大。因为，研究各种人为因素对生态平衡所造成的影响，是生态学的重要任务之一。

（三）生态系统的恢复和重建

生态系统是一个动态的系统，具有演替和进化两个过程。在外界因素的干扰和系统内部自我调控机制的作用下，随着时间的推移，生态系统会有3种基本演替趋势（图4-3）。

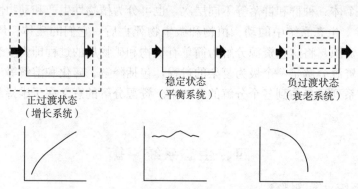

图4-3　生态系统随时间而改变的3种系统状态
(E. P. Odum. 1972)

1. 正过渡状态 正过渡状态又称增长系统，是指生态系统的物质输入量超过输出量，生物量不断地积累，使生态系统呈现增大状态。

2. 稳定状态 稳定状态又称平衡系统，是指生态系统的物质输入量与输出量相等，生物量没有净增长，生态系统处于稳定状态。

3. 负过渡状态 负过渡状态又称衰老系统，是指生态系统的物质输入量小于输出量，以至于消耗生态系统的库存量，使生态系统生物量下降、生产力衰退、环境变劣，甚至生态失调。

在自然状态下，生态系统总是向着生物种类多样化、结构复杂化、功能完善化的方向演替，最终形成顶极生态系统，即平衡系统。同时，处于平衡状态的生态系统，也可能在人类干扰或自然因素干扰下，或者两者叠加作用下，其结构和功能发生"位移"。位移的结果打破了原有的生态系统平衡，形成一种偏正常演替轨道的状态，使固有的功能遭到破坏或丧失，稳定性和生产力降低，抗干扰能力和平衡能力减弱，生态系统退化或受损。对于退化或受损的生态系统可恢复或重建。所谓"恢复"，是指生态系统原貌或其原有功能的再现；"重建"，是指在不可能或不需要再现生态系统原貌的情况下营造一个不完全雷同于过去状态的甚至是全新的生态系统。目前，恢复被赋予新的生态学内涵，包含重建、改建、改造、再植等内容，称为生态恢复。生态恢复就是恢复生态系统合理的结构、高效的功能和协调的关系。

受损生态系统的生态恢复和重建一般可遵循以下两种模式（图 4-4）。

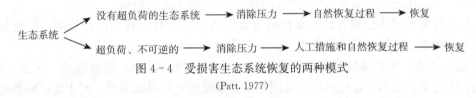

图 4-4 受损害生态系统恢复的两种模式
(Patt. 1977)

生态系统受损害，在没有超负荷、可逆的情况下，干扰和压力被解除后，可依靠系统本身的自组织能力在自然过程中恢复。另一种是超负荷的、不可逆的情况下，完全依靠系统的自然恢复能力作为生态恢复的动力，则很难取得较理想的效果，必须通过人为的正向干扰，施加以技术、能量的投入，促进生态系统迅速恢复。

第二节 园林生态系统的组成与特点

在自然界的生态系统中，园林生态系统是典型的人工生态系统。它是人类为满足社会物质和文化生活的需求，在一定的边界内和一定的自然生态条件和自然资源基础上，通过人工造园，利用园林生物与园林生物之间、园林生物与园林环境之间物质交换、能量转化和信息传递建立起来的功能整体。简而言之，园林生态系统是在一定的园林空间内全部的生物与非生物环境相互作用形成的统一体。作为典型的人工生态系统，园林生态系统不仅受自然条件和自然资源的制约，更受人类活动的影响；不仅受自然生态规律的支配，更与人类社会经济、文化发展紧密相关。

在园林生态系统中，园林生物与其环境之间不断地进行物质循环、能量流动和信息传递，因而其相互关系是辩证的、运动的、不断发展的。园林环境是园林生物存在、发展和发挥功能的物质基础；园林生物是园林生态系统作为功能整体的核心，是园林生态系统发挥各种效益的主体。

一、园林生态系统的组成

园林生态系统由园林生物和园林环境两部分组成，下面分别给予介绍。

（一）园林生物

园林生物指生存于园林边界内的所有植物、动物和微生物。它们的存在和结构状况决定园林生态系统的功能和作用。

1. 园林植物 广义地讲，凡生长（存在）于各类型园林中的植物统称为园林植物。园林植物包括各种园林树木、草本、花卉等陆生和水生植物。园林植物中，既有园林边界内原有的各种植物，又有人类移入的各种植物，还有园林建成后侵入的各种植物。狭义地讲，凡适合于风景名胜区、休闲疗养胜地和城乡各类型园林绿地应用的植物统称为园林植物。不论园林植物的概念如何阐述，园林植物都是园林生态系统的功能主体。从生物学的角度看，园林植物利用光能合成有机物质，为园林生态系统的良性运转提供物质、能量基础，保证园林以鲜活的面貌为人类服务；从生态学的角度看，园林植物作为系统的主体，不仅要与园林中的其他生物和谐相处，而且要与园林地貌、山石、水体协调一致，更重要的是它还必须突出一个"美"字，保证园林以令人赏心悦目的形态和神态为人类服务。

园林植物有不同的分类方法，常用的分类方法是按植物学特性进行分类，可划分为乔木、灌木、藤本、竹类和草本等5类。

2. 园林动物 园林动物是指在园林边界内生存的所有动物，包括鸟类、昆虫、兽类、两栖类、爬行类、鱼类等。园林动物是园林生态系统的重要组成成分，对于增添园林的观赏点，增加游人的观赏乐趣，维护园林生态平衡，改善园林生态环境有着重要的意义。

鸟类是园林动物中最常见的种类之一。人们常将鸟语花香作为园林的最高境界。几只黄鹂枝头高歌，几只白鹭池边戏水，这是多么美妙的画面！突显生态平衡，人与自然和谐共处。应该说城市公园或风景名胜区都是各种鸟类的适宜栖居地，特别是植物种类丰富、生境多样的园林，鸟的种类亦丰富多样。如北京圆明园有鸟159种，优势种有大山雀（*Parus major*）、红尾伯劳（*Lanius cristatus*）、灰喜鹊（*Cyanopica cyana*）、斑啄木鸟（*Dendrocopos major*）等。更有园林以观鸟为特色，如广东新会的"小鸟天堂"，是全国最大的天然赏鸟乐园。380多年前，这里原是一个水中泥墩，一棵榕树经长期繁衍，成为覆盖面积达1 hm^2 的"独木林"，泥墩也成为绿岛。岛上的榕树长期栖息着数万只小鸟，尤以白鹭（*Egretta garzetta*）和灰鹭（*Ardea cinerea*）最多。这里最让人们心驰神往的是白鹭朝出晚归，灰鹭暮出晨归，一早一晚，相互交替，盘旋飞翔，嘎嘎而鸣，蔚为奇观，形成"独木成林古榕树""万鸟出巢""万鸟归巢"三大自然奇观。这一自然景象出现在人口稠密区，生生不息，已延续了300多年，形成了人与自然和谐相处、共同发展的典范，实属罕见。小鸟天堂已成为著名的国际级生态旅游景点。

然而，对大部分园林景区，由于所在区域人口密集，植物种类和数量贫乏，食物资源不足，加上人为捕捉或侵害，鸟类的生存环境恶化，已出现了鸟类绝迹的趋势。广州曾是画眉

(*Garrulax conorus*)、孔雀（*Pavo*）、翡翠（*Halcyon pileata*）、鹦鹉（*Psittaciformes*）、锦鸟、花燕、灵鹅等几十种珍禽的故乡。

昆虫是园林动物中常见种类之一，有植物必有昆虫。园林昆虫有两大类：一类是害虫，如鳞翅目（Lepidoptera）的蝶类、蛾类，多是人工植物群落中乔灌木、花卉的害虫；另一类是益虫，如鞘翅目（Coleoptera）的某些瓢虫，有"园林植物卫士"之称，专门取食蚜虫（*Aphidoidea*）、虱类等，又如蜜蜂，在园林中起着传花授粉的作用。总体而言，园林昆虫在园林生态系统中不占主要地位，对园林的景观形态亦无大的影响。但从生态学的角度看，保护园林昆虫，对维护园林生态系统的生态平衡有重要的意义。

兽类是园林动物的种类之一。由于人类活动的影响，除大型自然保护景区外，城市园林环境和一般旅游景区中大中型兽类早已绝迹，小型兽类偶有出现。常见的有蝙蝠（*Vespertilionidae*）、黄鼬（*Mustela sibirica*）、刺猬（*Erinaceus europaeu*）、蛇（*Serpentes*）、蜥蜴（*Lacertidae*）、野兔（*Lepus*）、松鼠（*Sciurus vulgaris*）、花鼠（*Eutamias sibiricus*）等。在园林面积小、植物层次简单的区域，兽类的种类和数量较少；而园林面积较大、植物层次丰富的区域，园林动物就较多。据调查，北京颐和园和圆明园约有12种园林动物，而香山公园则达到18种之多。

鱼类是园林动物的种类之一。对于中国园林来说，有园必有水，有水则必有鱼。而且多为观赏鱼类，人工放养。鱼类在园林水系统中起着重要的生态平衡作用，它们通过取食可净化水系统；鱼的活动，平添园林景观，增加游人乐趣，特别是有大型水域的园林，可供游人垂钓，另是一番情趣。

3. 园林微生物 园林微生物指在园林环境中生存的各种细菌、真菌、放线菌、藻类等。园林微生物通常包括园林环境空气微生物、水体微生物和土壤微生物等。园林环境中的微生物种类，特别是一些有害的细菌、病毒等，数量和种类较少，因为园林植物能分泌各种杀菌素消灭细菌。园林土壤微生物的减少主要由人为影响引起。如风景区内各种植物的枯枝落叶被及时清扫干净，大大限制了园林环境中微生物的发展。因此城市园林必须投入较多的人力和物力行使分解者的功能，以维持正常的园林生物之间、生物与环境之间的能量传递和物质交换。

（二）园林环境

园林环境通常包括园林自然环境、园林半自然环境和园林人工环境三部分。

1. 园林自然环境 园林自然环境包含自然气候、自然物质和原生地理地貌三部分。

（1）自然气候。即光照、温度、湿度、降水等，为园林植物提供生存基础。

（2）自然物质。自然物质是指维持植物生长发育等方面需求的物质，如自然土壤、水分、氧、二氧化碳、各种无机盐类以及非生命的有机物质等。

（3）原生地理地貌。即造园时选定区域的地理地貌，亦称小生境。原生地理地貌对园林的整体规划有决定性的作用，对植物布局和其后的生存发展有重要影响。如我国北方，一座小山阳面的植物和阴面的植物生长条件有很大的差异，必须布置不同类型的植物，且需兼顾景观效果。

2. 园林半自然环境 园林半自然环境是经过人工打造的，仍以自然属性为主的环境。如人工湖、人工堆积的小山，直接影响园林景观布局，它改变了原生地理地貌，增加了原区域不曾有的小气候和地理异质性。通过选择合适的植物种类，可造就相对于本地植物类型不同的植物景观。如承德避暑山庄就是典型的半自然环境为主体的园林。

3. 园林人工环境　园林人工环境是指人工创建的、受人类强烈干扰的园林环境。该环境下的植物须通过人工保障措施才能正常生长发育，如温室、大棚及各种室内园林环境等都属于园林人工环境。在园林人工环境中所产生的土壤条件、光照条件、温度条件等构成园林人工环境的组成部分。

二、园林生态系统区别于自然生态系统的特点

园林生态系统来自于自然生态系统，因而无论是生物组分还是环境组分都与自然生态系统有很多相似的特征。然而，园林生态系统又是人类对自然生态系统长期改造和调节控制的产物，因此又明显区别于一般自然生态系统。主要区别表现为以下几个方面：

（1）园林生态系统的植物种类构成不同于自然生态系统。自然生态系统的植物种类构成是在一定环境条件下，经过植物种群之间、植物与环境之间长期相互适应形成的自然植物群落，具有特定环境下的生态优势种群和丰富的生物多样性。园林生态系统中的植物种类是经过人类引种、选择、驯化、栽培的，其构成的群落是在人类干预下形成的。由于植物群落不同，系统内的生物种群亦不尽相同。特别是由于人类有目的地控制园林中对景观无利用价值和对园林生物有害的生物，使园林生态系统中的生物种类减少，物种多样性降低，生态系统稳定性也远低于自然生态系统。

（2）园林生态系统的稳定机制不同于自然生态系统。自然生态系统物种多样性十分丰富，生物之间、生物与环境之间相互联系、相互制约，建立了复杂的食物链与食物网，形成了自我调节的稳定机制，保证了自然生态系统相对稳定发展。园林生态系统生物种类减少，食物链结构变短，其稳定机制受强烈的人工影响。由于人工保障的结果，园林生物对环境条件的依赖性增加，抗逆能力减弱，自然调节稳定机制被削弱，系统的自我稳定性下降。因此，园林生态系统中需要人为的合理调节与控制才能维持其结构与功能的相对稳定性。例如，经常进行施肥、喷药、灌水、整形修剪等辅助能量的投入，以增加系统的稳定性。

（3）园林生态系统的开放程度高于自然生态系统。自然生态系统的生产是一种自给自足的生产，生产者所生产的有机物，几乎全部保留在系统之内，许多营养元素在系统内部循环和平衡。而园林生态系统为了满足人类物质和文化生活发展的需要，建立清洁卫生的环境，就要不断地修剪树木、修剪草坪、清扫落叶残枝，输出一定量的有机物。从系统的输入机制看，除了太阳能以外，需要向系统输入化肥、农药、机械、电力、灌水等物质和能量。这就表明园林生态系统的开放程度远远超过自然生态系统。

（4）园林生态系统的环境条件不同于自然生态系统。园林生态环境的生物经过人类改良和培育，同时人类也在对园林的自然生态环境进行调控和改造，以便为园林生物生长发育创造更为稳定和适应的环境条件。例如，人类通过整改园林田地、施用肥料、灌溉排水、中耕除草、病虫防治、建造温棚等措施，调节园林生物生长发育的光、温、水、气、热、营养物质、有害生物等环境条件，使园林生态环境显著不同于自然生态环境。

（5）园林生态系统运行的"目的"不同于自然生态环境。假如把生态系统的自然发展演变所达到的稳定称作自然生态系统的"目的"，则自然生态系统的"目的"是使生物现存量

最大，充分利用环境中的能量和物质，维持结构和功能的平衡与稳定。园林生态系统的"目的"则完全服从人类在社会生活和生态环境方面的需求。即为居民提供良好的休憩、游赏环境，使人们在回归自然的过程中身心放松、精神愉悦、精力充沛。

第三节 园林生态系统的结构

园林生态系统的结构由三个要素组成：即构成系统的组分；组分在时间、空间中的位置；组分间能量、物质、信息的流动途径和传递关系。下面分别从园林生态系统的组分结构、空间结构、时间结构和营养结构四个方面予以介绍。

一、园林生态系统的组分结构

园林生态系统的组分结构由园林生物和园林环境两部分构成。第二节已对园林生物和园林环境做了详尽的介绍。从园林生物的物种结构看，园林生态系统中各种生物种类以及它们之间的数量组合关系多种多样，不同的园林生态系统，其生物种类和数量有较大的差别。小型园林只有十几个到几十个生物种类构成，大型园林则由成百上千的园林植物、园林动物和园林微生物所构成。

从园林环境结构看，园林生态系统的环境结构主要指自然环境和人工环境。自然环境包含光照、温度、湿度、降水、气压、雷电、自然土壤、水分、氧、二氧化碳、各种无机盐类以及非生命的有机物质等；人工环境指人工创建的、受人类干预的园林环境，如温室、人工化土壤、人工光照条件及温度条件等。此外，为了增加园林生态系统的人文环境，树立以人为本的理念，提高园林生态系统的景观效果，加强园林生态系统的管理，人为建造的山、石、路、池、塘、亭、管、线、灯等，也应视为园林生态系统的人工环境。

二、园林生态系统的空间结构

园林生态系统的空间结构指系统中各种生物的空间配置状况，通常分为水平结构和垂直结构。

（一）水平结构

园林生态系统的水平结构指园林生物在园林边界内地面上的组合与分布。狭义地讲，主要指园林植物在水平空间上的组合和分布。园林生态系统的水平结构直接关系园林景观的观赏价值和园林生态系统的物质交换、能量转移和信息传递。因各地自然条件、社会经济条件和人文条件的差异，在水平方向上表现有自然式结构、规划式结构和混合式结构3种类型。

1. 自然式结构 园林植物在地面上的分布表现为随机分布、集群分布或镶嵌式分布，没有人工影响的痕迹。各种植物种类、类型及数量分布没有固定的形式，表面上参差不齐，没有一定规律，但本质上是植物与自然完美统一的过程。各种自然保护区、郊野公园、森林公园的生态系统多是自然式结构。

2. 规则式结构　园林植物在水平方向上的分布按一定的造园要求安排，具有明显的规律性，如圆形、方形、菱形等规则的几何形状，或对称式、均匀式等规律性排列。一般小型公园植物景观多采取规则式结构。

3. 混合式结构　园林植物在水平方向上的分布既有自然式结构，又有规则式结构，两者有机地结合。在造园实践中，绝大多数园林采取混合式结构。因为混合式结构既有效地利用当地自然环境条件和植物资源，又按照人类的意愿，考虑当地自然条件、社会经济条件和人文环境条件提供的可能，引进外来植物构建符合当地生态要求的园林系统，最大限度地为居民和游人创造宜人的景观。

（二）垂直结构

根据园林植物所占的空间，通常把园林生态系统的垂直结构划分为单层型、灌草型、乔草型、乔灌草及多层复合型。

三、园林生态系统的时间结构

园林生物生长发育所需要的自然资源和社会资源都是随时间的推移而变化的。例如，无机环境因子随着地球的自转和公转有着明显的时间变化规律，形成光、温、水、气、热等因子的季节变化；周围的生物环境因子受其他环境因子的影响，也表现出不同的时相，即不同的物种有其特有的物候期和生长发育周期性的变化。在社会资源中，社会所提供的园林种苗等生物的种类及数量、劳动力、电力、灌溉、肥料等的供应亦有不同。因此，园林生态系统表现时序节律。园林生态系统随着时间推移而表现出不同结构，就是园林生态系统的时间结构。

园林生态系统的时间结构主要表现为季相变化和长期变化等形式。

四、园林生态系统的营养结构

园林生态系统的营养结构是指园林生态系统中的各种生物在完成其生活史的过程中通过取食形成的特殊营养关系，即通过食物链把生物与非生物、生产者与消费者、消费者与分解者连成一个有序整体。园林生态系统是典型的人工生态系统，其营养结构也由于人为干预而趋于简单。例如，地面的枯枝落叶、植物残体被及时清理，导致园林微生物群落衰减，进而影响土壤肥力，迫使人类投入更多物质和能量以维持系统的正常运转。园林生态系统的营养结构有如下特点：

（1）食物链上各营养级的生物成员在一定程度上受人类需求的影响。在造园时，人们按照对改善生态环境、提供休闲娱乐及生物多样性的保护等有目地安排园林的主体植物，系统中的其他植物则是从自然生态系统所继承下来的。与此相衔接，食物链上的动物或微生物必然受到人类的干预。此外，为了保证园林植物的健康成长，人类不得不采取措施控制园林生态系统中的病、虫、鼠、草等有害生物，避免其对园林生物存活及生长发育造成有害的影响。同时，鸟类等有益生物，则受到人类的保护，从而得到加强。园林生态系统的这种生物存在状况决定了其食物链上各营养级的生物成员在一定程度上受人类需求的影响。

（2）食物链上的各生物成员的生长发育受到人为控制。自然生态系统食物链上的生物主要是适应自然规律，进行适者生存的进化。而园林生态系统中各营养级的生物成员，则在适应自然规律的同时还受人类干预完成其生活史，实现系统的各种功能，表现各种形态和生理特性。特别是园林的主体植物，其生长发育过程受到人为控制和管理，从种子苗木选育、营养生长到生殖生长都受到人类的干预。从而使食物链上的其他生物成员的生长发育也直接或间接地受到人为控制。

（3）园林生态系统的营养结构简单，食物链简短而且种类较少。自然生态系统的生物种类较多，其食物网较复杂，从而使系统内的物质、能量转换效率高，系统的稳定性好。园林生态系统由于受到人为干预，系统内的生物种类大大减少，使营养结构简单，食物链简短，系统的抗干扰能力较差，稳定性亦差，在很大程度上依赖于人为的干预和控制。为了提高园林生态系统的稳定性和抗逆性，人类不得不增加投入和管理，如灌水、施肥、使用化学农药和植物生长调节剂等以维持系统的稳定和正常运行。

为了减少园林生态系统的投入和管理，维持其良好的运转，增加园林生物种类的多样性和层次的复杂性，营造园林生态环境的自然氛围，为当今向往自然的人们，特别是城市居民提供享受自然的空间，更好地满足人类身心健康的需求。

第四节 园林生态系统的功能

园林生态系统通过由生物与生物、生物与环境构成的有序结构，把环境中的能量、物质、信息分别进行转换、交换和传递，在这种转换、交换和传递过程中形成了生生不息的系统活力、强大有序的系统功能和独具特色的系统服务。园林生态系统的功能从能量流动、物质循环、信息传递和系统服务四个方面予以阐述。

一、园林生态系统的能量流动

生态系统中的绿色植物通过光合作用，将太阳能转化为自身的化学能。固定在植物有机体内的化学能再沿着食物链，从一个营养级传到另一个营养级，实现了能量在生态系统内的流动转化，维持着生态系统的稳定和发展。园林生态系统中的能量流动，除了遵循生态系统能量流动的一般规律外，由于大量人工辅助能的投入，可以极大地强化能量的转化速率和生物体对能量贮存的能力。

（一）园林生态系统的能量来源

1. 生态系统能量的基本形态 在生态系统中，能量主要由日光能、生物化学能和热能3种表现形式。

（1）日光能。日光能是由太阳放射出来的广谱电磁波所组成。进入地球大气层的电磁波，大部分转化为热能，温暖了地球环境，其中只有一小部分被植物所截获，参与到生态系统的能量转化和流动过程中。

（2）生物化学能。生物化学能是贮存在有机化合物中的一种潜在能量。它既可能是日光能通过光合作用转化固定在植物体中的化学能，也可能是由食物链转化到动物体和微生物体中的化学能。动、植物体被埋葬在地壳中经过长期的地质作用所形成的化石能源也是一种生物化学能。当生物进行生命活动时或化石能源开采以后用于各种生产和生活时，生物化学潜能就被用于做功转化为动能和热能。

（3）热能。热能是一种广泛见于做功过程中的能量转化形式。如太阳辐射能到达物体表面做功后转化为热能，生物化学潜能在生物生命活动时做功转化为热能，最终将所有能量都转化为热能逸散到环境中去。

2. 园林生态系统的能量来源 园林生态系统的能量来源：

①太阳辐射能是园林生态系统的主要能量来源。

②辅助能。为园林生态系统接收的太阳辐射能以外的其他形式的能，包括自然辅助能与人工辅助能。自然辅助能，指风、降水、蒸发、流水等产生的能；人工辅助能是指人们在从事园林生产和园林管理活动中投入的各种形式的能，包括生物辅助能和工业辅助能两类。生物辅助能指来自于生物有机物的能，如劳力、种苗、有机肥等，也称有机能；工业辅助能又称为无机能或化石能，如化肥、农药、生长调节剂、机具等。辅助能不能直接被园林植物转化为化学潜能，但能促进园林植物转化太阳辐射能，对园林生态系统中生物的生存、生长和发育有很大的支持作用。

（二）能量流动遵循的基本规律

园林生态系统的能量转化遵循热力学定律和耗散结构理论。

1. 热力学第一定律——能量守恒定律 热力学第一定律认为：能量可以在不同的介质中被传递，在不同的形式间被转化，但能量既不能被创造，也不能被消灭，即能量在转化过程中是守恒的。

在园林生态系统中，能量的转化也遵从能量守恒定律。例如，太阳能是一种辐射能，通过植物的光合作用可以转换为化学能贮存在植物有机体内；草食动物通过取食植物有机体而将植物体内的化学能转移到动物体内，经动物消化后这些化学能又转化为动物活动的动能等。在能量转换的这些过程中，能量既不会被创造，也不会被消灭，只是能量的存在形式发生了变化。

了解热力学第一定律，不仅有利于把握园林生态系统中的能量转化过程，掌握同一转化过程中各种不同形态能量之间的数量关系，还可以根据热力学第一定律对园林生态系统进行定量分析，为园林生态系统能量流动的调节和控制提供可靠依据。

2. 热力学第二定律——能量效率和能流方向定律 热力学第二定律是描述能量的传递方向和转换效率的规律。在自然界的所有自发过程中，能量的传递均有一定方向，而且能量的每一次转化，总有一部分能量从浓缩的、较有序的形态，变为稀释的、不能利用的形态，即能量在转化过程中存在着衰变现象。因而，热力学第二定律也称为能量衰变定律或熵定律。

在园林生态系统中，能量流动是单一方向的，能量以光能的状态进入园林生态系统后，就不能再以光的形式存在，而是以热的形式不断地逸散于环境之中。就是说每一次能量转化都要产生热能，这些热能逸散到系统之外的自然界不复利用，通常被认为是无效能。例如上文提到的：太阳能经过光合作用，一部分作为支持植物生长发育的能被呼吸消耗，另一部分转化为植物体内的化学潜能；动物取食植物后，植物的化学潜能一部分转化为动物体内的化学潜能，一部分转化为动物运动的动能被消耗，还有一部分贮藏在动物的排泄物中进入下一级转化——微生物分解。能量每转化一级，就会消耗掉一部分。正是这能量的转化和消耗，推动了生态系统的生命运动。

由热力学第二定律可知，为了保持园林生态系统的稳定与发展，就必须不断地输入能量和物质，以维持系统的生命运动，同时也要注意改善系统的结构和功能，提高能量的转化效率。

3. 耗散结构理论 按照热力学第二定律，随着能量的逐级传递、衰变，一个封闭系统最终要走向无序、走向解体。但在自然界，很多现象表明开放的系统是不断从无序走向有序、从低有序状态走向高有序状态。这种现象用热力学第二定律是无法解释的。著名的系统论专家普里高津提出耗散结构理论——非平衡自组织理论，解决了与这种现象有关的理论问题。耗散结构理论表明：一个远离平衡态的开放系统，通过与外界环境进行物质、能量的不断交换，就能克服混乱状态，维持稳定状态并且还有可能不断提高系统的有序性，减少系统的熵。开放系统的外界条件变化达到一定限度时，将发生非平衡相变，由原来的无序的混乱状态转变为一种在时间、空间或功能上有序的新状态，这种新的有序状态需要不断与外界交换物质和能量才能维持系统稳定性。

园林生态系统是一个开放的远离平衡态的系统，符合普里高津提出的耗散结构理论。园林植物通过不断地光合作用引入负熵值，造成并保持一种系统内部高度有序的低熵状态。同时由呼吸作用和异化作用不断把正熵值转换出环境，排除无序。园林生态系统是一个人工系统，人类在园林系统的运行中投入辅助能支持其稳定和可持续发展，保证系统始终以高度有序的状态运行。

我们学习热力学定律和耗散结构理论，就是要把握系统中能量流动的基本规律，并利用这种规律构建和维持园林生态系统的高有序状态，推动园林生态系统的持续稳定发展。

（三）园林生态系统能量流动的方式、路径和效率

1. 能量流动的方式 生态系统中能量的流动，是借助于食物链和食物网来实现的。因此，食物链和食物网便是生态系统中能量流动的渠道。

（1）食物链。在生态系统中，作为生产者——植物所固定的能量，通过一系列取食和被取食的关系在系统中传递，各种生物按其取食关系排列的链状顺序称为食物链。

食物链上能量和物质被暂时贮存和停留的位置，即每一种生物所处的位置，称为营养级。例如，作为生产者的绿色植物和所有自养生物都位于食物链的起点，共同构成第一营养级；所有以生产者为食的动物都属于第二营养级，即草食动物营养级；第三营养级包括所有以草食动物为食的肉食动物。以此类推，还可以有第四营养级和第五营养级。

食物链在生态系统中是普遍存在的，按食物链上生物种的取食方式可将食物链归纳为3种类型：

①捕食食物链。这种食物链起始于植物，经过草食动物，再到肉食动物。这是一条以活的有机体为能量来源的食物链类型，如园林生态系统中比较常见的园林树木→园林害虫→啄木鸟等。

②腐食食物链。亦称残屑食物链。指以死亡有机体或生物排泄物为能量来源，在微生物或原生动物参与下，经腐烂、分解将其还原为无机物并从中取得能量的食物链类型。如园林

中的有机物首先被腐食性小动物分解为有机质颗粒，再被真菌和放线菌等分解为简单有机物，最后被细菌分解为无机物质供植物吸收利用。

③寄生食物链。是以活的动、植物有机体为能量来源，以寄生方式生存的食物链。如黄鼠→跳蚤→细菌→噬菌体等动、植物体上的寄生都属于这一类型。

(2) 食物网。生态系统中的食物营养关系式很复杂的。由于一种生物常常以多种食物为食，而同一种食物又常常为多种消费者取食，于是食物链交错起来，多种食物链相连，形成食物网。

食物网使生态系统中各种生物组合，直接或间接地联系在一起，生物种类越多，食性越复杂，形成的生态系统也越复杂。一个具有复杂食物网的生态系统，其能量流动的渠道畅通，生态位互补，整个系统表现稳定性强，生态功能也强。

2. 能量流动的路径 生态系统的能量流动始于初级生产者（绿色植物）对太阳辐射能的捕获，通过光合作用将日光能转化为贮存在植物有机体中的化学潜能，这些被暂时贮存起来的化学潜能由于后来的去向不同而形成了生态系统能流的不同路径。

(1) 第一条路径。植物有机体被一级消费者（草食动物）取食消化，一级消费者又被称为二级消费者的肉食动物取食消化，能量沿食物链各营养级流动，每一营养级都将上一级转化而来的部分能量固定在本营养级的生物有机体中，但最终随着生物体的衰老死亡，经微生物分解将全部能量散逸归还于非生物环境。

(2) 第二条路径。在各个营养级中都有一部分死亡的生物有机体以及排泄物或残留体进入到腐食食物链，在分解者的作用下，这些复杂的有机化合物被还原为简单的二氧化碳、水和其他物质。有机物中的能量以热量的形式散发于非生物环境。

(3) 第三条路径。无论哪一级生物有机体，在其生命代谢过程中都要进行呼吸作用。在这个过程里生物有机体中存储的化学潜能做功，维持了生命的代谢，并驱动了生态系统中的能量流动和信息传递，生物化学潜能也转化为热能，散发于非生物环境中。

以上三条路径是所有生态系统能量流动的共同路径。对于园林生态系统而言，能量流动的路径有其特殊性。从能量来源上讲，除了太阳辐射能之外，还有大量的辅助能量投入。人工辅助能虽不能直接转化为生物有机体内的化学潜能，但它们能够强化、扩大、提高植物捕获太阳能的效率和转化率，间接地促进了生态系统的能量流动与转化。从能量的输出看，由于人类管理，从园林生态系统转移走了大量的植物、动物残体，人为地消除残、枯腐植物或修剪无观赏价值的植物等，形成了较大的输出能流。这是园林生态系统区别于自然生态系统的一条能流路径，也称为第四条能流路径。

3. 能量流动的效率 由上文可知，能量在园林生态系统中的流动是单一方向的，能量在园林生态系统中流动的过程是一个能量不断递减的过程。这两条结论不仅适用于园林生态系统，也适用于其他类型的生态系统，由此还可以得出第三条结论：能量在生态系统的流动过程中，质量是逐渐提高的。就是说，从太阳能输入生态系统起，能量每通过一个能级（营养级），就有一部分能量以热能耗散，另一部分则从低质量能态转化成高质量能态贮存到下一级有机体中。如同样质量的植物与同样质量的动物相比，含能量是不同的，简单地说，1 kg肉和 1 kg菜或 1 kg小麦相比，肉的含能量高于菜或小麦。这就涉及能量流动的效率，是一个非常复杂的问题，我们这里不做详细论述。

一般而言，能量流动的效率用生态效率表示。生态效率是指各种能流参数中的任何一个参数在营养级之间或营养级内部的比值。营养级之间的生态效率常用摄食效率、同化效率、生产效率、利用效率等来表示。营养级内部的生态效率常用组织生长效率、生态生长效率、同化效率等来表示。美国生态学家林德曼曾对生态系统的生态效率进行过一次经典的研究，提出著名的林德曼效率。20 世纪 30 年代末，林德曼在研究湖泊生态系统时发现营养级之间的能量转化效率平均大致为 1/10，其余 9/10 由于消费者采食时的选择浪费以及呼吸排泄等被消耗了。这个发现被后人称之为林德曼效率或称 1/10 定律。在林德曼之后，许多生态学工作者进行了这方面的研究，结果表明，林德曼效率的幅度大致在 10%～20%，以水生系统为最高。

能量流动的效率可以形象地用生态金字塔来表示。生态金字塔是生态系统中由于能量沿着食物链传递过程中的衰减现象，使得每一个营养级被净同化的部分都要大大地少于前一营养级。因此，当营养级由低到高，其个体数目、生物现存量和所含能量一般呈现出基部宽、顶部尖的金字塔形。用数量来表示的称为数量金字塔，用生物量来表示的称为生物量金字塔，用能量来表示称为能量金字塔（图 4-5）。

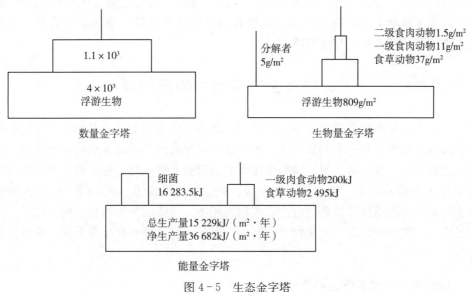

图 4-5　生态金字塔

生态金字塔理论对提高能量利用与转化效率、调控营养结构、保持生态系统的稳定性具有重要的指导意义。食物链长的塔层次多，则能量消耗多贮存少，系统不稳定。食物链短的塔层次少基部宽，则能量消耗少贮存多，系统稳定。对于园林生态系统，要保持其稳定和发展，要求各种动物及微生物的存在要有一个适宜的比例，要对园林病虫害及有害动物及时进行防治。

（四）园林生态系统能量流动的特点

园林生态系统由于受到人类不同程度的干预，是一种人工或半人工的生态系统。其能量流动过程不同于自然生态系统，具体表现为以下特点：

（1）园林生态系统能量来源于两个方面。一方面来自于太阳辐射能；另一方面，还有大量的辅助能投入。大量的人工能投入是园林生态系统能流的最大特点。

不同的区域，由于地形、地势、海拔、纬度、坡向等因素的影响，使各地的太阳辐射能表现出一定的差异，这包括光质、光强度和光照时间的不同；另外，由于不同地区的社会、经济、技术条件的不同，向园林生态系统投入各种辅助能的数量和质量也有所不同。因此，园林生态系统的能量流动表现出明显的地域性差异。

（2）园林生态系统能流途径不同于自然生态系统。园林生态系统中的园林动物和园林微生物作用相对弱，园林植物贮存的能量不以为各种消费者提供能量为主要目的，而是以净化环境等各种生态效益，供人们观赏、休闲等社会效益为目的。

（3）园林生态系统表现为开放系统，必须施加人工投入，才能维持系统的正常运转。园林生态系统的植物、动物、微生物在能量转化过程中所固定的能量，由于人为的管理作用，必然不断地被输出系统之外；与此同时，为维持系统的正常运转，又需要有大量的能量投入来补充，使系统的能量输入和输出保持动态的平衡。

从生态系统原理和园林生态系统的特点看，人为干预园林生态系统是必不可少的，但应尽量增加园林植物的种类及数量，为各种园林动物与园林微生物提供生存空间，以充分发挥园林动物与园林微生物在整个生态系统中的作用。这样，既可以减少园林管理者的能量投入，又可以促进园林生态系统自身调控机制和自然属性的发挥，增加系统的自然气息和活力，使人类更能接近自然、享受自然。

二、园林生态系统的物质循环

物质在生态系统中起着双重作用，既是用以维持生命活动的物质基础，又是贮存化学能的载体。园林生态系统是一个物质实体，包含着许多生命所必需的无机物和有机物，这些必需物质主要包括碳、氢、氧、氮、磷等生命必需的营养元素；钙、镁、钾、钠、硫等生命活动需要量较大的营养元素；铜、锌、硼、锰、钼、钴、铁、铝、氟、碘、硅等各种微量元素。在生态系统的物质转移流动过程中，生物的死体、残体以及排泄物返回环境后，经微生物分解成简单物质后可以重新被生物吸收利用。因此，物质能够在生态系统中被反复利用而进行循环。

（一）物质循环的基本概念和类型

地球上的各种化学元素和营养物质在自然动力和生命动力的作用下，在不同层次的生态系统内，乃至整个生物圈，沿着特定的途径从环境到生物体，再从生物体到环境，不断地进行流动和循环，就构成了物质循环，即生物地球化学循环。

物质循环包括地质大循环和生物小循环。根据物质在循环时所经历的路径不同，从整个生物圈的观点出发，物质循环可分为水循环、气体型循环和沉积型循环。

1. 地质大循环和生物小循环

（1）地质大循环。指物质或元素经生物体的吸收作用，从环境进入生物有机体内，生物有机体再以死体、残体或排泄物形式将物质或元素返回环境，进入大气、水、岩石、土壤和生物五大自然圈层的循环。地质大循环时间长、范围广，是闭合式循环。

（2）生物小循环。指环境中的元素经生物体吸收，在生态系统中被多层次利用，然后经过分解者的作用，再为生产者吸收、利用。生物小循环的时间短、范围小，是开放式的循环。

2. 水循环、气体型循环和沉积型循环

(1) 水循环。水循环是物质循环的核心。我们知道水是地球上最丰富的无机化合物，也是生物组织中含量最多的一种化合物。水具有可溶性、可动性和比热高等理化性质，因而它是地球上一切物质循环和生命活动的介质。没有水循环，生态系统就无法启动，生命就会死亡。

水循环的主要作用表现在三个方面：

①水是所有营养物质的介质。营养物质的循环和水循环不可分割地联系在一起。地球上水的运动，还把陆地生态系统和水域生态系统连接起来，从而使局部生态系统与整个生物圈发生联系。

②水是物质的最好溶剂之一。世界上的绝大多数物质都溶于水，可随水迁移。据统计，地球陆地上每年大约有 $3.6 \times 10^{13} m^3$ 的水流入海洋。这些水中每年携带着 $3.6 \times 10^9 t$ 的溶解物质进入海洋。

③水是地质变化的动因之一。其他物质的循环常是结合水循环进行的。

(2) 气体型循环。气体型循环的贮存库在大气圈或水圈中，元素或化合物可以转化为气体形式，通过大气进行扩散，弥漫在陆地或海洋上空，在较短的时间内又可被植物所利用，循环速度比较快。如碳、氮、氧、水蒸气等。由于有巨大的大气贮存库，对于外界干扰可相当快地进行自我调节。因此，从全球意义上看，这类循环是比较完全的循环。

(3) 沉积型循环。沉积型循环是指大多数矿质元素的循环。其贮存库在地壳里，经过自然风化和人类的开采，从陆地岩石中释放出来，为植物所吸收，参与生命物质的形成，并沿食物链转移，然后以动、植物残体或排泄物被微生物分解，将物质元素返回环境。除一部分保留在土壤中供植物吸收利用外，其余部分以溶液或沉积物状态随流水进入江河，汇入海洋，经过沉降、淀积和成岩作用变成岩石。当岩石被抬升并遭风化作用时，该循环才算完成。这类循环是缓慢的、非全球性的，并且容易受到干扰，是一种不完全的循环。

(二) 园林生态系统的物质循环

园林生态系统的物质循环主要包含园林植物个体内的养分再分配、园林生态系统内部的物质循环和园林生态系统与外界环境之间的物质循环。

1. 园林植物个体内养分的再分配 园林植物的根吸收土壤中的水分和矿质元素，叶吸收空气中的二氧化碳等营养物质满足自身的生长发育需求，并将贮藏在植物体内的养分转移到需要的部位。植物在其体内转移养分的种类及其数量，取决于环境中的养分状况以及植物吸收的状况。一般在养分比较缺乏的区域，植物体内的养分再分配较为明显，通过养分在植物体的再分配，以维持植物正常的生长发育。这也是植物保存养分的重要途径。

植物体内养分的再分配在一定程度上缓解了养分的不足。这些植物在不良的环境条件下形成了贮存养分的特化组织器官，但这不能从根本上解决养分的亏缺。因此，在园林生态系统中，要维护园林植物的正常生长发育，特别是在贫瘠的土壤环境，要通过人为补施水分、矿质元素等物质以满足植物生长的需要。

2. 园林生态系统内部的物质循环 园林生态系统内部的物质循环是指在园林生态系统内，各种化学元素和化合物沿着特定的途径从环境到生物体，再从生物体到环境，不断地进行反复循环利用的过程。

园林植物在生长发育过程中，无论其地上部分还是地下部分，都要进行新陈代谢。如地下部分的代谢产物（死亡根细胞、表皮、根的排泄物等）直接进入土壤中，为土壤微生物分解，变成简单物质后可为植物生长再吸收利用，即进入下一轮循环。

园林动物在生长发育过程中，其排泄物或其死体直接留在系统内，为微生物分解，或为雨水冲刷进入土壤，变成简单物质后可为植物生长再吸收利用，即进入下一轮循环。

由于园林生态系统是人工生态系统，因而其系统内的物质循环扮演着次要的角色。人们为了保证园林的洁净，将枯枝落叶及动、植物死体清除出系统外，客观上削弱了园林生态系统内部的物质循环。

3. 园林生态系统与外界环境之间的物质循环 园林生态系统是人工生态系统，要维持系统的正常运行，满足人类对园林的观赏和游憩需求，就必须从系统外输入大量的物质以保证园林植物的生长发育并保持植物个体或群落的样貌。与此同时，园林植物的残体、剪枝、落叶又被清除出园林系统。一进一出，构成园林生态系统与外界环境之间的物质循环。

三、园林生态系统的信息传递

信息传递也是园林生态系统的功能之一。园林生态系统是一种人工控制的生态系统，人类利用生物与生物、生物与环境之间的信息调节，使系统更协调、更和谐；同时，也可利用现代科学技术控制园林生态系统中的生物生长发育、改善环境状况，使系统向人类需要的方向发展。

（一）信息与信息过程

信息是指能引起生物的生理变化和行为的信号。而信号则是指能引起生物感知的各种因素。能引起生物感知的因素很多，可归纳为物理因素和化学因素两大类。这两类因素都可以通过生物的感觉器官感知。所以说信息是一种物质，是一种能引起客观反映的物质实体。动物的眼睛、耳朵、毛发、皮肤等都能感知，并通过神经系统做出反应，引导动物产生移动、捕食、斗殴、残杀、逃脱、迁移、性交等行为。部分植物如含羞草、捕虫草等也有类似的感觉机能，从而调节生物本身的行为。

每一个信息过程都有三个基本环节：信息的产生，或信息的发生源，称为信源；信息传递的媒介，称为信道；信息的接受，或信息的受体，称为信宿。多个信息过程交织相连就形成了系统的信息网。当信息在信息网中不断地被转换和传递时，就形成了系统的信息流。

自然生态系统中的生物体通过产生和接收形、声、色、光、气、电、磁等信号，并以气体、水体、土体为媒介，频繁地转换和传递信息，形成了自然生态系统的信息网。园林生态系统保留了自然生态系统的这种信息网的特点，并且还增加了知识形态的信息。如园林技术这类信息通过广播、电视、电讯、出版、邮电、计算机等方式，建立了有效的人工信息网，使科学技术这一生产力在园林生态系统中发挥更大的作用。

（二）生态系统中的信息种类

生态系统中的信息有物理信息、化学信息、营养信息和行为信息四种。由不同的生物或同一生物的不同器官发出，再由不同的生物或同一生物的不同器官接收。生物的信息传递、接收和感应特征是长期进化的结果。

1. 物理信息　物理信息是以物理因素引起生物之间感应作用的一种信息，也是生态系统中范围最广、作用最大的一类信息。它包含光信息、声信息、电信息、磁信息等。

（1）光信息。少数像萤火虫之类生物可产生光信息以外，大多数生物都不能产生光信息，只能借助于反射其他发光体发出的光才能引起生物的感知。光信息以物理刺激的方式作用于信息的受体即信宿生物，通过生物的感觉器官而传入大脑产生感觉等生理活动。

大多数动物对光信息的感知，都是通过眼来实现的。通过感知物体或其他生物的形色、移动、速度等因素，从而做出相应的反应。植物对光信息的感应，形成了喜光植物与耐阴植物、长日照植物与短日照植物等不同类群，并且表现出光周期现象。

（2）声信息。声信息在许多动物的交往中起着非常重要的作用。声音具有传播远、方向衍射等特点。声带是大多数动物的发声器官。但动物的发声器官并不相同，如蚱蜢用后腿摩擦发声，鱼用气泡发声，海豚用鼻道发声，蝉用腹下薄膜发声。某些植物的根系也能发声。

哺乳类动物的声波接收器官是耳朵，蚱蜢是腹部，蟑螂用尾部接收声波，雄蚊触角上的刚毛对雌蚊的扇动声特别敏感。有些动物无感声系统，而是靠自己发射的声波接受反射波来定位，根据发出和接受的时间差来确定物体的相对位置，如蝙蝠和海豚都有特殊的声定位系统。

不同生物发出声波的频率和振幅不同，不同生物对声波的感知也不同。所以不同的生物具有不同的声波发射和感知系统，从而形成种群内声的识别与交往等功能，并使每一生物种群都具有一套独立的声信息交往系统，以迅速反映生活中的各种状态，如觅食、用餐、喜怒哀乐、打架防卫、性行为等。例如，雄牛蛙与雌牛蛙具有不同的叫声，且雌牛蛙主要是在交配期才发出特殊的声音，雄牛蛙则通过感知这种特殊声波而与之交配。生物学家发现鸡蛋内的胚胎在出壳前3d就开始用声信号同母鸡进行对话；小老鼠在出生2周内，用超声波与母老鼠联系。

声波在生物体传播时，对生物体本身发生的某种作用和影响，称为声波的生物效应。声波的生物效应机制，目前认为是声波的机械作用和生化作用，例如，声波振幅能使植物种子的表皮松软乃至破裂，以提高吸水率，促进新陈代谢，提高种子发芽率。声波的生化作用是利用声波能量提高酶的活性，可以加速植物的光合作用，促进细胞分裂，从而加速植物生长。

（3）电信息。自然界中有许多放电现象，生物中存在较多的生物放电现象。动物对电很敏感，特别是鱼类、两栖类皮肤有很强的导电力，其组织内部的电感器灵敏度更高。整个鱼群的生物电场还能很好地与地球磁场相互作用，使鱼群能正确选择洄游路线。有些鱼还能觉察海浪电信号的变化，预感风暴的来临，及时潜入海底。

植物同动物一样，其组织与细胞存在着电现象。因为活细胞的膜都存在着静电位，任何外部刺激，包括电刺激都会引起动作电位产生，形成电位差，引起电荷的传播。植物细胞就是电刺激的接收器。

（4）磁信息。生物生活在太阳和地球的磁场内，必然要受到磁力的影响。生物对磁有不同的感受能力，通常称之为生物的第六感觉。在广阔的天空中候鸟成群结队南北长途往返飞行都能准确到达目的地，特别是信鸽千里传书而不误。在无际的原野上，工蜂无数次将花蜜运回蜂巢。在这些行为中动物凭着自身带的电磁场，与地球磁场相互作用确定方向和方位。

植物对磁场也有反映。据研究，在磁异常地区播种向日葵及一年生牧草，其产量比正常地区低。

2. 化学信息 生态系统的各个层次都有生物代谢产生的化学物质参与传递信息、协调各种功能，这种传递信息的化学物质通常称为信息素。信息素虽然量不多，却涉及从个体到群体的一系列活动。化学信息是生态系统中信息流的重要组成部分。在个体内，通过激素或神经体液系统协调各器官的活动。在种群内部，通过种内信息素协调个体之间的活动，以调节动物的发育、繁殖和行为，并可提供某些信息贮存在记忆中。某些生物对自身毒物或自我抑制物，以及动物密集时积累的废物，具有驱避或抑制作用，使种群数量不致过分拥挤。在群落内部，通过种间信息素调节种群之间的活动。中间信息素在群落中的重要作用，主要是一些次生代谢物，如生物碱、萜类、黄酮类、非蛋白质的有毒氨基酸，以及各种苷类、芳香族化合物等。

次生代谢物在植物与草食动物之间的传递，主要表现为威慑作用和吸引作用。某些植物含有一些特殊的物质，可以使动物拒食。例如，鸟类和爬行类常避开强心苷、生物碱、单宁和某些萜类的植物；昆虫拒食含倍半萜内酯的菊科、百合科植物；铃兰含有铃兰氨酸，动物吃了会干扰脯氨酸的合成和利用，导致死亡，因此许多动物拒食铃兰。植物散发出的气味和花的颜色，对昆虫其他动物具有吸引作用。许多动物对吸引具有识别和选择能力，如鸟类喜欢鲜艳的猩红色，蛾子喜欢红、紫、白色，从而使动物与植物之间构成一定的生态关系。

次生代谢物在动物中的信息传递很多，如性吸引、族聚、诱食、警戒、跟踪、防卫等。成年雌昆虫借释放性激素吸引雄虫交配，蚂蚁通过分泌物留下化学痕迹以便后来者跟上，臭鼬通过分泌硫化物等难闻气味以御敌，伊蚁分泌伊蚁二醛和伊蚁内酯以攻击其他动物。许多哺乳动物以排尿来标记其行踪和活动区域，乃至取得交配权。

少量的污染物即可能破坏生物的化学信息系统。例如，洄游性鱼类靠河水中天然化学物来识别返回家乡河流的路线。有人研究，因石油污染而扰乱了鲑鱼洄游路线中的化学信息系统，结果发现鲑鱼不能回家乡河流中去产卵，从而造成当地渔业损失。

3. 营养信息 营养信息是由于外界营养物质数量和质量上的变化，通过生物感知，引起生物的生理代谢变化，并传递给其他个体或后代，以适应新的环境。通常，食物链上某一营养级上的生物数量减少，则其下一个营养级的生物将在感知到这一信息后进行调整，如降低繁殖率，加剧种内竞争，重新使食物营养关系趋向于一种新的平衡。例如，蝗虫和旅鼠数量过高时，因食物资源减少，会发生大规模的迁移，以适应环境的变化。

植物对土壤养分的感知也很敏感。植物根系有朝着养分丰富的方向发展的趋势。

自然生态系统的食物网，都是通过系统内诸多生物种群对营养信息的感知，并形成相应的调节机制，从而维持系统的稳定持续发展。例如，鹌鹑和田鼠都取食草本植物，当鹌鹑数量较多时，猫头鹰大量捕食鹌鹑，田鼠很少受害；当鹌鹑数量较少时，猫头鹰转而大量捕食鼠类。这样，捕食者通过感知环境中食物资源的变化情况，使猎物种群也能获得相对稳定。

4. 行为信息 同类生物相遇时，常常会出现有趣的行为信息传递。例如，当出现敌情时，草原上的雄鸟急速起飞，扇动两翅，给雌鸟发出警报；一群蜜蜂中若出现了两个蜂皇，则整个蜂群就会自动分为大致相等的两群；雄白鼠嗅到陌生雄鼠尿液时，机械运动立即加强；若用陌生雄鼠尿液涂上两只本来十分和谐的雌鼠中的一只，两者立即变得势不两立，激烈的攻击行为油然而生。其他如定向返巢、远距离迁飞、冬眠、斗殴、觉醒等，都是受行为信息的支配。

行为信息也是借助于光、声、化学物质等信息而传递的。日本、美国和加拿大的科学家，协作研究鲑鱼在北太平洋中的洄游，发现彼此混杂得很厉害，到接近产卵时才彼此分开。不管是亚洲的还是北美洲的，都分得清清楚楚，并各自回到家乡河流产卵，其原因是每条鲑鱼在它幼年时就熟悉了原产地河流的植物和各种化学物质，并保留在其脑中，直至性成熟时，再依靠这些信息洄游到原地产卵繁殖。

(三) 信息在园林生态系统中的应用

1. 光信息在园林生态系统中的应用 研究发现，植物的形态建成受光信息控制。有人实验，在黑暗中生长的马铃薯或豌豆幼苗，每昼夜只需曝光 5~10 min，便可使幼苗的形态转为正常。这显然不是光能量作用的结果，而是光信息作用的直接验证。

光信息对植物种子的萌发有促进和抑制双重作用：对需光种子而言，如烟草和莴苣种子，在其萌发时必须受光刺激才能发芽；对嫌光种子而言，如瓜类、番茄等的种子，受光刺激则其种子不发芽。研究还发现，光信息对植物开花有影响。在诱导暗期中，红光和远红光的信息交互作用下，短日照植物开花决定于最后的光信息：如果最后的光信息是远红光，则开花；如果最后的光信息是红光，则不开花。

许多植物都有较明显的光周期现象，并依此而分化出短日照植物和长日照植物及中性植物等类群。利用光信息可调节和控制生物的生长发育，这在花卉生产上应用较多，利用光周期现象控制植物开花时间。不同昆虫对各种波长的光反应不同，可以利用昆虫的趋光性诱杀园林害虫。

2. 化学信息在园林生态系统中的应用 在自然生态系统中，有一种异株克生现象，即一种植物的生长，抑制另一种或多种植物生长发育。这是由于该种植物产生的次生代谢物质作用的结果。如黄瓜的某些品系在散发化学物质的信息作用下，可以阻止 87% 左右的杂草生长，维持其菜田生态系统中的优势。有些植物散发出单萜的香味，在它周围 2 m 范围内，能抑制许多不同类型植物的生长。研究表明：植物产生的已知结构的次生代谢物质的总数达 3 万种，通过这些次生代谢物质的信息作用，可引起其他植株生长的改变，可使其对水、矿物质的吸收能力大大减退。因而化学信息强烈地改变着生态系统的结构和组成。

在园林生态系统中，人们常利用昆虫的性外激素诱捕昆虫，通过所诱捕的虫数，可以短期预报害虫的发生时期、虫口密度及危害范围。人们也通过在园林中释放人工合成的性引诱剂，使雄虫无法辨认雌虫的方位，或者使它的气味感受器变得不适应或疲劳，不再对雌虫有反应，从而干扰害虫的正常交尾活动，有效地控制害虫的虫口密度。

3. 营养信息在园林生态系统中的应用 在自然界，人们都知道植物有趋水性、趋肥性、趋光性，实际上这都是营养信息作用的表现。在园林管理实践中，人们常用激素控制植物的生长发育，如用矮壮素控制植物徒长，用乙烯利控制植物开花，用脱落酸疏枝疏叶，采取深松表土的方法促使植物扎深根，喷施叶面肥促使植物健壮生长，这些都是应用营养信息作用于园林生态系统的范例。

四、园林生态系统的服务功能

(一) 生态系统的服务功能

生态系统的服务功能是指生态系统及其生态过程所形成及所维持的人类赖以生存的自然环境条件与效用。它给人类社会、经济和文化生活提供了许许多多必不可少的物质资源和良好的生存条件。

生态系统服务一般是指生命支持功能（如净化、循环、再生等），而不包括生态系统功能和生态系统提供的产品。但服务与功能和产品三者是紧密相关的。生态系统功能是构建生物有机体生理功能的过程，是为人类提供各种产品和服务的基础。因而广义地讲，生态系统提供的产品和服务统称为生态系统服务。

生态系统的服务功能是客观存在的，是在系统的生态过程中实现的，是生态系统的属性。生态系统中植物群落和动物群落，自养生物和异养生物的协同关系，以太阳能为主要推动力的能量流动，以水为核心的物质循环，以及信息流通、生物生产、资源分解等地球上各种生态系统的运行和发展，都在客观上为人类提供了生态系统服务的功能。

生态系统是我们获得自然资源的源泉，也是人类赖以生存的环境条件。它不仅为人类提供了食品、医药及其他生产生活原料，还创造与维持了地球生态支持系统，形成了人类生存所必需的环境条件。生态系统服务功能的内涵包括有机质的合成与生产、大气组成的调节、气候的调节、水资源的贮存和保持与调节、土壤肥力的更新与维持、营养物质贮存与循环、环境净化与有害有毒物质的降解、生物多样性的产生与维持、植物花粉的传播与种子的扩散、有害生物的控制、基因资源的保持、提供娱乐和文化等多方面。

(二) 园林生态系统的服务功能

1. 净化空气和调节气候 园林生态系统对大气环境的净化作用主要表现为维持碳氧平衡、吸收有害气体、滞尘效应、减菌效应、负离子效应等方面。

园林植物在生长过程中，通过叶面蒸腾，把水蒸气释放到大气中，增加了空气湿度、云量和降雨。

园林植物的生命过程还可以平衡温度，使局部小气候不至于出现极端类型。

园林植物群落可以降低小区域范围内的风速，形成相对稳定的空气环境，或在无风的天气下，形成局部微风，能缓解空气污染，改善空气质量。

2. 生物多样性的维护 生物多样性是生态系统生产和生态系统服务的基础和源泉。园林生态系统可以营建各种类型的绿地组合，不仅丰富了园林空间的类型，而且增加了生物多样性。园林生态系统中的各种植物类型的引进，一方面可以增加系统的物种多样性，另一方面又可保存丰富的遗传信息，避免自然生态系统因环境变动，特别是人为的干扰而导致物种的灭绝，起到了类似迁地保护的作用。

3. 维持土壤自然特性的功能 土壤是一个国家财富的重要组成部分。在人类历史上，肥沃的土壤养育了早期文明，有的古代文明因土壤生产力的丧失而衰落。今天，世界约有20%的土地因人类活动的影响而退化。

通过合理地营建园林生态系统，可使土壤的自然特性得以保持，并能进一步促进土壤的发育，保持并改善土壤的养分、水分、微生物等状况，从而维持土壤的功能，保持生物界的活力。

4. 减缓自然灾害 良好、结构复杂的园林生态系统，可以减轻各种自然灾害对环境的冲击及灾害的深度蔓延，如干旱、洪涝、沙尘暴、水土流失、台风等。各种园林树木对以空气为介质传播的生物流行性疾病、放射性物质、电磁辐射等有明显的抑制作用。

5. 休闲娱乐功能 园林生态系统可以满足人们日常的休闲娱乐、锻炼身体、观赏美景、领略自然风光的需求。能减轻压抑，使心理和生理病态得到康复和愈合。洁净的空气、和谐的草木万物，有助于人的身心健康，使人的性格和理性智慧得以充分地发展。

6. 精神文化的源泉及教育功能 各地独有的自然生态环境及人为环境塑造了当地人们的特定行为习俗和性格特征，同时决定了当地人们的生产生活方式，孕育了各具特色的地方文化。园林生态系统在给人们休闲娱乐的同时，还可以使人学习到自然科学及文化知识，增加人们的知识素养。让人在对自然环境的欣赏、观摩、探索中，得到许多只可意会而难以言传的启迪和智慧。

多种多样的园林生态系统的生物群落中充满自然美的艺术和无限的科学规律，是人们学习的大课堂，为人们提供了丰富的学习内容；园林生态系统丰富的景观要素及生物的多样性，为环境教育和公众教育提供了机会和场所。

复习与思考题

1. 试述生态系统的概念、特征及其结构。
2. 试述生态系统的基本功能及其在园林生态实践中的生态学意义。
3. 试述影响生态平衡的因素。如何进行生态系统的恢复和重建？
4. 请用自己的语言叙述园林生态系统的概念，并说明园林生态系统由哪些部分组成。
5. 你认为园林中的入侵植物是园林植物吗？请说明理由。
6. 园林生态系统与自然生态系统有什么区别？能否举例说明？
7. 如何理解园林生态系统的水平结构和垂直结构？
8. 什么是食物链、食物网和营养级？生态金字塔是如何形成的？
9. 园林生态系统的能量流动有哪些特点？
10. 园林生态系统的物质循环有哪几类？
11. 举例说明信息在园林生态系统中的应用。
12. 简述园林生态系统的服务功能。

实训项目4-1 园林生态系统物种组成

目的

通过对某园林绿地的调查，了解该地块园林物种的组成、特征，加深对园林生态系统物种组成的认识。

工具

测绳、皮尺、白色粉笔、标本袋、标签若干。

方法步骤

1. 选择物种丰富均匀和物种较少及个体差异较大的两种不同类型植物群落，记载群落类型、生境特点。
2. 在群落的代表地段设置 20 m×30 m 的样地，分样带逐一调查群落物种的种类（按出现顺序）及其个体数目。
3. 统计群落中物种的种类和数量。

作业

制作观察记录表。

实训项目 4-2　园林生态系统空间结构

目的

掌握植物群落基本结构特征及其调查方法。

工具

测绳、皮尺、花杆、测高器、钢卷尺、计算器、手持罗盘。

方法步骤

1. 选择典型代表植物群落，用测绳设置 20 m×30 m 的调查样地。
2. 确定群落的乔木层、灌木层、草本层和苔藓地衣层，记名计数调查乔木层的树种种类和株数。
3. 样线法测定乔木层的总郁闭度及不同树种的郁闭度。即沿样地对角线分两次设定样线，调查某一树种树冠垂直投影所覆盖的样线长度（Ln'）及所有乔木树种树冠垂直投影所覆盖的样线长度（L'），分别计算各树种郁闭度和乔木层总郁闭度。
4. 在样地四角（距样地边界 2 m 以上）及样地中心梅花形布设 5 个 2 m×2 m 的小样方，分别调查每个小样方中灌木层、草本层、苔藓层各植物种的株数、盖度（目测估计）及各层的总盖度。根据 5 个小样方中灌木、草本和苔藓种类所出现的小样方数，分别计算各种植物的频度。
5. 在样地内机械（均匀）布设 30 个 2 m×2 m 的小样方，在每个小样方中按高度分层标准，逐一调查各乔木树种是否出现，是否有生长不良和死亡植株出现。不管株数多少，凡在该小样方中出现即标记，生长良好记"↑"，生长不良记"→"，死亡记"↓"，未出现该树种时不做任何记号。注意该树种是否在该层出现是指乔木的树梢是否处在该层的高度范围中。
6. 统计各树种在小样方中出现（包括"↑""→"和"↓"的所有小样方）的次数（不管在哪一层均为出现，三层中都没有小样方才不计），计算树种频度。

作业

1. 制作观察记录表。
2. 根据数据分析确定群落中各层的优势种，并分析群落的建群种。

实训项目 4-3　园林生态系统分类

目的

了解园林生态系统类型的环境特点、种类成分与结构特征。

形式

以录像、图片、幻灯片等直观性展示方式为主，可根据讲课进度穿插进行，也可在每次实验课前选择某一特定专题逐步进行。

内容

《雨林》《西双版纳植被考察》《红树林》《皖南植被考查》《黄石公园》《长白山珍奇》《小兴安岭生态实习》《巴拿马生态》《沙漠植物》《神秘三角洲》《北极冰原》《大堡礁》等录像片以及公园、植物园、各种防护林、类似草本植被的各种绿化带、草坪、类似沼泽和水生植被的湿地等园林生态系统类型的图片、幻灯片展示。

作业

分析各园林生态系统类型的特点。

第五章 园林景观生态

第一节 园林景观生态概述

一、景　　观

景观的特征与表象是丰富的，人们对景观的感知和认识也是多样的。因此，对于景观，不同学科有着不同的理解，甚至在同一学科中（如地理学）也长期存在着不同解释。由于景观概念的不确定性，经常导致它与"风景""土地""环境"等词意的混淆。

（一）景观定义

景观的定义有多种表述，但大都是反映内陆地形、地貌或景色的（诸如草原、森林、山脉、湖泊等），或是反映某一地理区域的综合地形特征。

在生态学中，景观的定义可概括为狭义和广义两种。狭义景观是指在几十千米至几百千米范围内，由不同类型生态系统所组成的、具有重复性格局的异质性地理单元。而反映气候、地理、生物、经济、社会和文化综合特征的景观复合体相应地称为区域。狭义景观和区域即人们通常所指的宏观景观；广义景观则包括出现在从微观到宏观不同尺度上的，具有异质性或镶嵌性的空间单元。广义景观概念强调空间异质性，景观的绝对空间尺度随研究对象、方法和目的而变化。它体现了生态学系统中多尺度和等级结构的特征。

在欧洲，"景观"一词最早出现在希伯来文的《圣经》（旧约全书）中，用来描绘具有所罗门王国教堂、城堡和宫殿的耶路撒冷城美丽的景色。后来在15世纪中叶西欧艺术家们的风景油画中，景观成为透视中所见地球表面景色的代称。这时，景观的含义同汉语中的"风景""景致""景象"等一致，等同于英语中的"scenery"，都是视觉美学意义上的概念。中国从东晋开始，山水风景画就已从人物画的背景中脱颖而出，使山水风景很快成为艺术家们的研究对象，景观作为风景的同义语也因此一直为文学家、艺术家沿用至今。这种针对美学风景的景观理解，既是景观最朴素的含义，也是后来科学概念的来源。从这种一般理解中可以看出，景观没有明确的空间界限，主要突出一种综合直观的视觉感受。

（二）景观的分类、特点及其与土地和环境的区别

1. 景观的分类

（1）按照景观的性质划分。分为开放景观（包括乡村自然、半自然景观、农业和半农业景观）、建筑景观（包括乡村景观、城郊景观和城市工业景观）和文化景观。

（2）按照景观塑造过程中的人类影响强度划分。分为自然景观、经营景观和人工景观。

2. 景观的特点

（1）自然景观的特点。它们的原始性和多样性，因此对于自然景观应以保护其科学价值和生态平衡为中心，资源（包括旅游资源）的开发利用必须十分谨慎，并以严格的生态保护措施为前提。

（2）经营景观的特点。由于其经济价值和生态价值而成为我们重要的研究对象，通常具有如下特性和研究重点：可再生资源的生产性、景观变化的持续性、人类生存环境的稳定性。

（3）人工景观的特点。规范化的空间布局；显著的经济性和很高的能量效率；高度特化的功能和巨大的转化效率；景观的文化特性和视觉多样性追求。

3. 景观与土地、环境的联系与区别

（1）联系。均有"地域综合体"的含义。

（2）区别。

①景观。土地的具体一部分，是土地的外延从属，更代表了一种较为精细的尺度涵义；强调美学价值、生态价值和社会效益；具有异质性；存在形式为实体。概括其特点可为以下七性：空间异质性、地域性、可辨识性、可重复性、功能一致性、尺度性和多功能性。

②土地。侧重于社会经济属性，主要关注土地的肥力、产权关系、经济价值；均质性地块单元。

③环境。环绕于人类周围的客观事物的整体，包括自然因素和社会因素；存在形式有实体和非实体形式。景观则指构成我们周围环境的实体部分，既不是环境中所有要素的全部，也不是它们简单相加而组成的整体，而是它们综合作用的产物。

二、景观生态学

（一）景观生态学的概念

景观生态学的概念是德国植物学家 Troll 1939 年在利用航片解译研究东非土地利用时提出来的，用来表示对支配一个区域单位的自然—生物综合体的相互关系的分析。

景观生态学是地理学、生态学以及系统论、控制论等多学科交叉、渗透而形成的一门综合学科。它主要来源于地理学上的景观和生物学中的生态，把地理学对地理现象的空间相互作用的横向研究和生态学对生态系统机能相互作用的纵向研究结合为一体，以景观为对象，通过物质流、能量流、信息流和物种流在地球表层的迁移与交换，研究景观的空间结构、功能及各部分之间的相互关系，研究景观的动态变化及景观优化利用和保护的原理与途径。

可简单地表述为研究景观的结构、功能和变化的学科。其核心主题包括：景观空间格局（从自然到城市），景观格局与生态关系，人类活动对格局、过程与变化的影响，尺度和干扰对景观的作用。

（二）景观生态学的研究范畴

景观生态学的研究对象和内容可概括为三个基本方面：

1. 景观结构　即景观组成单元的类型、多样性及其空间关系。

2. 景观功能　即景观结构与生态学过程的相互作用，或景观结构单元之间的相互作用。这些作用主要体现在能量、物质和生物有机体在景观镶嵌体中的运动过程中。

3. 景观动态　指景观在结构和功能方面随时间的变化。具体地讲，景观动态包括景观结构单元的组成成分、多样性、形状和空间格局的变化，以及由此导致的能量、物质和生物在分布与运动方面的差异。

（三）景观生态学的主要特点

①强调异质性，重视尺度性和综合性。
②景观综合、空间结构、宏观动态、区域建设、应用实践。
③景观生态学强调景观空间异质性的维持和发展，生态系统之间的相互作用，景观格局与生态过程的关系以及人类对景观及其组分的影响。

（四）景观生态学的应用领域

景观生态学广泛应用于各行各业：国土整治、资源开发、自然保护、环境治理、区域规划、城市风景园林设计、自然保护区设计等。景观生态学在现代规划设计方面大有可为：其主要是通过景观生态分析、景观生态评价、景观生态设计和景观生态规划等工作，对自然资源管理、保护及开发利用等方面起着越来越大的作用。对景观专业来说，学习景观生态学对我们做景观设计和规划是一种必不可少的指导思想。

三、园林景观生态

园林景观生态主要从生态学角度，将所有园林景观单元视为一个系统，研究园林植物与环境、园林植物种群之间的关系；研究园林景观中的物种流、能量流、物质流和信息流；研究园林景观要素结构和空间格局的动态变化过程以及城市园林景观生态的生产功能、生态功能、美学功能和文化功能。这对于高素质的园林景观设计者是非常重要的。

园林景观生态学的应用主要是园林专业的学生通过景观生态分析、景观生态评价、景观生态设计和景观生态规划等工作，在城市园林景观设计、小区园林设计和城市绿地规划中发挥指导作用。

对于园林专业的学生来说，不管在多大范围和尺度进行园林景观设计，必须胸有成"竹"，这里的"竹"包含了丰富的内容，它不仅指设计者在园林设计、造景和审美方面的能力，还应具备园林景观生态方面的基本知识和技能，才能设计出有生态品位的好作品。而后者往往被忽略。

第二节　景观形成的因素

景观是一个生态系统，各组分之间相互作用、相互影响，是具有自然和文化特征，以及明显空间范围和边界的地域空间实体，是特定的自然地理条件及其生态学过程、地域文化特征等多种因素共同作用的结果。了解景观的形成因素和原理对研究和观察园林景观是很有好处的。景观形成的因素主要包括以下几方面：

一、地质地貌因素

地貌是指地球表面多种多样的外貌或形态，由地表内营力和外营力相互作用所致，是景观的基本构成要素。

（一）地貌营力

地貌营力包括内营力和外营力，是地貌形成和发展的动力。不同的营力导致的不同的地貌形成和变化过程。内营力指地球内能产生的作用力。主要表现为地壳运动、岩浆活动和地震等。其力量十分巨大，对地貌的影响力最为深刻。外营力是指风化作用、流水作用、冰川作用、风力作用等形式表现出来的对地貌形成的作用。在内营力形成的基础上发挥作用。

1. 地质构造运动 指在地壳运动过程中，地壳中的岩石受到地质内营力所产生的挤压作用而发生变形，从而形成褶皱、断裂、节理等各种结构。

2. 火山作用 由于地壳内营力所产生的压力导致岩浆上升并喷出地表所引起的作用过程。由于喷发方式不同，可形成火山锥、火山口等不同类型的火山地貌。

3. 岩石性质 由于各种岩石的理化性质有很大差异，在地质历史上经历过不同程度的构造变形，在承受外营力作用的过程中，产生了各种各样的岩石地貌。

（二）主要岩石类型及其地貌特征

地壳运动对地貌起着决定性作用，而地壳主要由不同成因、不同化学成分以及不同矿物成分的岩石组成。主要包括花岗岩类、沙砾岩和石灰岩及变质岩类。

1. 花岗岩类 花岗岩类是侵入岩中分布广泛、出露较多的岩石。由花岗岩形成的石柱、石峰、石林、峰林等景观，大多属于直立柱状高峰，大则峭壁千仞，小则形成花岗岩石林景观。

2. 沙砾岩和石灰岩 沙砾岩和石灰岩均属于沉积岩。这类岩石构成了湖南张家界的峰林、广西桂林、广东丹霞山、福建武夷山等地的地貌特征。其中，丹霞地貌主要以晚白垩纪、早第三纪的沙砾岩为基础，岩石坚硬，垂直节理发育，岩层厚度大，在差异风化、侵蚀、溶蚀和重力作用下，多形成顶部平坦、崖壁陡峭的城堡状、塔状、峰林状等奇险、绚丽、热烈的景观。

3. 变质岩类 地壳在发展过程中，由于地壳的运动等造成物理化学条件的改变使原来已经生成的各种岩石的成分、结构、构造发生了一系列变化，由此形成的岩石称为变质岩。由变质岩组成的名山中，高峻雄伟的山峰均由质地坚硬、抗风化能力强的石英岩、混合岩组成；而片理结构发育的片岩沿片理遭受风化剥蚀，多形成起伏和平缓的低山丘陵，成为高山的陪衬。

（三）我国主要地貌类型及其景观特征

我国陆地地貌类型主要有以下 9 类（中国科学院地理研究所，1983）：

1. 火山与熔岩地貌
(1) 火山地貌。火山是地下深处的岩浆喷出地面后堆积而成的山体。

(2) 熔岩地貌。熔岩从裂隙溢出地面后，沿地面流动，形成各种熔岩地貌，主要有熔岩丘、熔岩垄岗和熔岩盖等。

2. 喀斯特地貌　喀斯特地貌是地下水和地表水对可溶性岩石溶蚀与沉淀、侵蚀与沉淀以及重力坍塌、塌陷、堆积等作用，并在地表形成独特的岩溶地貌景观或在深部形成各种溶洞、通道、空洞等岩溶地貌。

(1) 地表喀斯特地貌。有溶沟、溶斗、落水洞、溶蚀洼地、大型溶蚀盆地等10余种。

(2) 地下喀斯特地貌。主要有溶洞和地下河。

3. 冰川地貌　冰川具有巨大的侵蚀力量，是塑造地表地形的强大外营力之一，凡是经过冰川作用过的地区，都能形成一系列冰川地貌。如冰蚀地貌（冰斗、槽谷、角峰、刃脊、卷毛岩、冰蚀三角面）、冰碛地貌（冰碛丘陵）、冰水堆积（如冰水扇、冰水河谷沉积平原等）地貌和冰面地貌（冰瀑、冰裂隙、冰面河、冰蘑菇等）。

4. 冻土地貌　在极地高纬度地区以及高原的地下，当地温终年处于0℃以下，被冻结外岩层称为冻土。包括如下几类：

(1) 石海。石海是在平坦的山顶或缓坡上堆积的由于融冻风化作用而崩解的大块石砾。

(2) 多边形土。多边形土也称构造土，是冻土地面松散沉积物因冻裂和冻融分选而形成的，具有一定几何形态的各种微地貌和沉积结构。

(3) 冻胀丘和冰丘。冻胀丘是活动层内的地下水在冬季汇聚并冻结膨胀时所隆起的小丘。冰丘是因冻胀作用使土层局部隆起而产生的丘状地貌。

(4) 热融地貌与融冻泥流阶地。热融地貌是因热融作用而使地下冰融化所产生的地貌现象。由于局部热融作用使土层受重力作用而沉陷，形成沉陷漏斗。泥流阶地是融冻泥流在向下移动过程中，遇到障碍或坡度变缓时产生的台阶状地貌。

5. 流水地貌　流水是形成陆地地貌的主要外营力之一。由于流水作用所塑造的各种地貌统称为流水地貌。包括坡面流水地貌、沟谷流水地貌、河流地貌和河口区地貌等。

6. 风成地貌和黄土地貌　干旱区强烈的物理风化作用，使地表广泛发育沙质风化物；植被稀少地表处于干燥状态，使这些沙粒容易被风力扬尘、搬运和易地堆积。

(1) 风蚀地貌。地表岩石遭受长期风蚀作用而形成的特殊地貌，主要有风崚石、石窝、风蚀柱、风蚀蘑菇等。

(2) 风积地貌。各种沙丘地貌，根据风向不同，分为横向沙丘和纵向沙丘及多风向形成的沙丘。

(3) 荒漠地貌。指气候干旱、地表缺水、植物稀少以及岩石裸露或沙砾覆盖地面的自然地理景观。可分为岩漠、砾漠、沙漠、泥漠四类。

(4) 黄土地貌。由黄土堆积层经过流水侵蚀作用而成的地貌，以我国黄土高原地区最为典型。

7. 海岸地貌　由波浪、潮汐、沿岸流与陆地相互作用形成的海岸地貌，主要有海蚀地貌和海积地貌两大类。

(1) 海蚀地貌。岩石海岸在波浪的长期侵蚀下可以形成海蚀地貌形态，包括海蚀崖、海蚀穴、海蚀拱桥等，有的很有观赏价值。

(2) 海积地貌。海岸带的松散物质，如碎屑物、河流冲击物、海洋生物等在波浪的反复作用下被进一步研磨和分选，形成细颗粒的泥沙沉积物。

8. 湖泊地貌　由于湖浪对湖岸的长期作用，在湖岸带形成各种侵蚀地貌和堆积地貌，它们与海岸的堆积地貌和侵蚀地貌极其相似，只是规模小点而已。如湖蚀穴、湖蚀柱、湖蚀平台等。

9. 坡地重力地貌　坡地上的风化碎屑或不稳定的岩体、土体在重力作用下，以单个落石、碎屑流或整块土体、岩体沿坡向下运动的过程。

二、气候因素

气候是景观分异的重要因素。首先，从岩石的风化过程到地形地貌的形成都要受到气候的控制；其次，气候影响土壤过程，影响土壤水分和养分的贮存、运输和转化过程。

（一）气候类型

气候分类方法很多。柯本气候分类法是以气温和降水两个气候要素为基础，将气候分为热带多雨气候、干燥气候、温暖湿润气候、雪林气候、极地气候。

（二）气候与景观特征

1. 赤道与热带景观

（1）赤道景观。赤道地区终年高温，降雨充沛。在高温高湿的影响下，化学反应速度快，土壤底部基岩变化剧烈，整个景观几乎由森林基质组成，只有植被和河流两者之间的对比度明显。

（2）热带雨林和季雨林景观。在赤道向南北回归线之间，气温依然较高，但降雨明显少于赤道，空气较为干燥，离赤道越远，干燥度越大，降雨集中在雨季。森林成片段分布。

（3）热带荒漠景观。荒漠地区降水量低，植被零星分布，荒漠上的嵌块体大都比较粗糙，出现大面积裸地。绿洲是荒漠中较为重要的景观。

2. 温带气候区景观　温带地区的降水集中在夏季，沿海附近盛行海洋性气候，而内地则为年气温变化明显的大陆性气候。

3. 寒带气候区景观　由于极地冷气团的影响，形成严寒的冬天。在平原区，冻融作用使土壤变得疏松；高山地区形成冰川广阔的山谷，并留下阶梯式不规则剖面。

三、土壤因素

地表土壤是岩石经过若干万年风化而来，其空间分布呈现一定的规律性。不同条件下分布着不同类型的土壤；特定的土壤总是有它特定的地理空间分布。而且，土壤的发育和变化等动态过程是景观变化的一个重要驱动力。

（一）土壤的地域分布规律

1. 土壤的地带性分布规律　土壤地带性分布是由于生物及气候条件差异所致，表现为土壤分布的水平地带性和土壤分布的垂直地带性。

（1）水平地带性分布。这种分布包括纬度地带性和经度地带性两分布规律。

① 纬度地带性分布。指地带性土类由于热量差异大致沿经线（东西）延伸平行于纬线而呈带状分布的规律。这种分布在欧亚大陆的西部表现最为明显。我国的土壤分布规律基本符合纬度地带性，即东部沿海地区从温带至热带森林土壤分布呈现规律的更替。

②经度地带性分布。指地带性土类由于水分差异大致沿纬度（南北）延伸，按经度方向由沿海向陆地变化的规律。

（2）土壤分布的垂直地带性。指随着山体海拔的升高，热量递减，降水在一定高度内递增，超出一定高度后降低，引起植被等成土因素按海拔高度呈现有规律的变化，土壤类型也相应呈垂直分布带现象。

2. 土壤的地域性分布规律　土壤的地域性（地方性）分布是指同一土壤地带范围内的一个地区，由于中小地形及人为耕作影响，成土母质、水文地质等所引起的不同土壤组合的分布规律。包括土壤的中域分异、土壤的微域分异和土壤化学元素的地域分异。

（1）土壤的中域分异。指在中地形条件下，地带性土类和非地带性土类按不同地形部位呈现有规律组合的现象。一般有枝形、扇形和盆形3种组合形式。以枝形土壤组合为例，这种组合广泛出现在高原与山地丘陵区，由于河谷发育，随水系的树枝状延伸，形成树枝状土壤组合，由地带性土壤、水成土和半成土组成。

（2）土壤的微域分异。指在小地形影响下，短距离内土种、变种，甚至土类和亚类既重复出现又依次更替的现象。如在黑钙土地带的高地上，相应地见到淋溶黑钙土、黑钙土和碳酸盐黑钙土。

（3）土壤化学元素的地域分异。指由于各成土因素（气候、生物、地形、时间等）的综合作用、元素的地球化学过程（元素的淋溶、迁移、沉积和积累）使土壤元素组成出现差异的现象。

（二）土壤的景观意义

1. 土壤肥力与景观生产力　景观生产力水平是一种景观生态系统的输入与输出水平，其高低可从土壤肥力、生物生产量、生物多样性三者来衡量。其中，土壤肥力是景观生产力的基质要素。

2. 土壤异质性与景观异质性　土壤异质性不仅影响土壤侵蚀特性从而影响地貌过程，还影响植被景观，也会影响土壤生物群落从而影响景观多样性。

3. 土壤退化与景观变化　土壤质量与景观变化密切相关。土壤质量的变化引起土壤生物和能量循环发生变化，最终导致景观发生变化。土壤在数量和质量两方面的退化，会发生一系列的连锁反应，其表现是直接影响植物的生理、生长，从而导致植物外貌、季相发生改变，导致种群和群落的衰退，最终造成景观发生变化。

四、植被因素

（一）植被类型

作为自然景观重要的组成部分，植被是基础性的景观元素，其发育和变化是景观形成和变化的重要影响因素。植被受各种环境因子的影响，同时又反作用于自然环境。按照植物在景观中的不同作用和地位，分为如下几类：

1. 森林植被　森林对景观的形成和变化极为重要。受气候等生态因子地带性差异的影响，形成红树林、热带雨林、季雨林、热带疏林、热带稀树草原、常绿阔叶林、硬叶常绿林、落叶阔叶林、针阔混交林、针叶林和欧石楠灌木群落等 11 种不同的森林群落类型。

2. 草原植被　草原也是景观的重要组成部分。在草原植物中，普遍存在旱生植物，其地下部分强烈发育，郁闭程度超过地上部分。而在水热条件较优越的地区，草原植被郁闭度较高；在干燥地区，草原植物种群发生变化，植被渐渐稀落。世界草原分布很广，有欧亚大草原、北美高草草原、南美的盘帕斯草原等。我国的草原是欧亚大草原的一部分，从松辽平原，经内蒙古高原，直达黄土高原。西南—东北呈连续带状分布，另外，还见于青藏高原、新疆阿尔泰山前地区以及荒漠区的山地。

3. 荒漠植被　荒漠植被是超旱生半乔木、半灌木和灌木占优势的稀疏植被。由于荒漠气候极为干燥，荒漠植被十分稀疏，植物种类很少，但植物的生态型和生活型多样。

4. 冻原植被　冻原地区有微温的北极和北极—高山成分的藓类、地衣、小灌木、矮灌木及多年生草本植物群落。冻原植被是一类非常独特的植被类型，植被种类组成非常贫乏，有 100~200 个种群，结构简单，层次少而不明显。主要分布在欧亚大陆和北美大陆。

5. 隐域植被　隐域植被不形成任何全球性的地带分布格局，而是存在于好几个地带中，包括草甸、沼泽植被、水生植被等。草甸是以多年生中生草本植物为主的植物群落，是在中度湿润条件下形成和发展起来的一个植被类型；沼泽是生长多年生植物的积水地区，沼泽植被是一种湿生植被类型；水生植被常年生活在水体环境中。

（二）植被分布

由于气候条件的差异，植被在陆地上也呈现规律性分布，这就是地带性分布和非地带性分布。

1. 植被的地带性分布　由于气候在经度、纬度和海拔三个方向的规律性变化，植被的分布也呈现这三个环境梯度的变化，表现为水平地带性分布、垂直地带性分布。

（1）植被分布的水平地带性。这种分布又表现为经向地带性变化和纬向地带性变化。经向地带性分布是指以水分条件为主导因子，在同一气候带内植被由沿海向内陆发生更替；纬向地带性分布是指由于太阳辐射提供给地球的热量从南到北逐渐减少而形成不同的气候带，植被也相应形成带状分布，从南到北依次出现热带雨林、亚热带常绿阔叶林、温带落叶阔叶林、寒温带针叶林、寒带冻原和极地荒漠等植被类型。

（2）植被分布的垂直地带性。植被随海拔升高依次呈现带状更替，称为植被垂直地带性。各个山地由于所处的海拔高度不同，植被因此有不同的分布。在山地，随着海拔的升高，温度、降水量、太阳辐射、土壤条件等生态因子发生变化，植被呈现垂直地带性分布。

2. 植被的非地带性分布　在自然环境中，一些植被类型不是固定在某一植被带内，而是出现在两个以上的植被带内。例如，盐生植被既出现在草原带和荒漠带，也出现在其他带的沿海地区。这种受局部中小地形或土壤等条件空间异质性的影响，植被分布呈现的非地带性，称为植被的非地带性分布。

（三）植被对景观的作用

景观的主要特征取决于植被特征，景观的许多变化规律都是由植被决定的。两种的密切

关系可以从如下几方面体现:

1. 植被类型与景观异质性　景观是植物群落外貌的外在表现。因此,有什么样的植物群落就有什么样的景观,不同的植被类型、结构、地理分布决定了景观的异质性。

2. 植被的动态与景观变化　由于气候、光照等生态环境因子的节律性变化,植物群落是不断变化着的,表现为日变化,也呈现季节和年变化,还会发生群落演替。这种变化自然会引起景观的变化。

五、干扰因素

干扰是景观异质性的重要因素,既改变景观的结构,也影响景观的空间格局。干扰结果具有双重性,对景观既有正面影响,也有负面作用。这在园林景观生态中也是如此。

(一) 干扰的概念及类型

1. 干扰的概念　干扰是指所有显著改变系统正常格局的事件。它是阻断原有生态系统生态过程的非连续性事件,也改变或破坏生态系统、群落或种群的组成和结构,改变生物系统的资源基础和环境状况。

2. 干扰的类型　按照干扰的性质、来源、程度、功能划分,将干扰分为以下几类。

(1) 自然干扰和人为干扰。自然干扰是自然事件对植物群落造成的影响,如泥石流、雪崩、风暴、冰雹、闪电等;而人为干扰则是人类在生产过程、资源的开发利用过程中对自然生态系统造成的影响,如砍伐、挖采、放牧、开荒、兴修水利、道路建设、矿山开发等事件。

(2) 细尺度干扰和粗尺度干扰。细尺度干扰和粗尺度干扰又分别称为小规模干扰和大规模干扰。如在森林中的人为踩踏就属于细尺度干扰,而大面积砍伐和森林火灾则属于粗尺度的干扰。在不同的森林植被中,细尺度干扰和粗尺度干扰所占的比重是不一样的。

(3) 外部干扰和内部干扰。由生态系统内的干扰源引起的干扰属于内部干扰,如树木倒伏、机械摩擦、种间竞争和生物相克作用等。而外部干扰则是由生态系统外部因素引发的,如冰雹、火灾、洪水、干旱等。相对来说,内部干扰属于连续性的必然事件,而外部干扰则属于随机性的偶然事件。

(4) 破坏性干扰和增益性干扰。凡是造成生态系统破坏、生态平衡失衡和生态功能退化等的干扰事件都属于破坏性干扰,而有些干扰是人类经营利用景观的正常活动,如合理采伐、修枝、低效林改造等,这些可以促进景观的发育和繁衍,有利于生态系统的稳定和提高,属于增益性干扰。

(二) 干扰与景观

干扰引起景观中各种要素的改变,直接影响植物对土壤养分的吸收和利用,引起植被的变化。干扰还能影响土壤的生物循环、水分循环、养分循环、景观斑块性质。

1. 干扰与景观异质性　无论是自然干扰还是人为干扰,总会引起景观要素和单元一定程度上的变化,从而形成异质性景观的形成。一般而言,低强度干扰能增加景观的异质性,而中强度的干扰则会降低景观的异质性。例如,山林小范围的火灾可以形成新的小斑块,但当火灾程度较重的时候，则可能导致山林的毁灭，将大片山地变为荒凉景观。

2. 干扰与景观破碎化 干扰程度对景观的影响是不一样的。当小规模的自然灾害（如火灾）发生后能在基质里形成小的斑块，导致景观结构的破碎化，直接影响物种的生存和种群结构；而当自然灾害的强度增大后，将导致景观的均质化而不是破碎化。研究表明，景观对干扰反应存在一定阈值，只有在干扰强度高于这个阈值时，景观格局才会发生质的变化。

3. 干扰与景观变化 干扰会引起景观发生不同程度和性质的变化。这种变化可以是直接的，也可能是导致景观演替或退化。这是由于干扰影响斑块内环境条件和异质性，也影响景观系统的开放性，还影响繁殖体的生存和更新。一般来说，自然干扰会使生态系统退回到群落演替的早期状态，而人为干扰则可能加速或延缓景观的演替，也可能改变演替方向，甚至导致逆行演替。

第三节　景观结构与空间格局

一、景观发育

所有的景观都有其独特的发育历史。对于其形成的因素一般分为生物和环境两个方面。具体来说即：生物的相互作用、非生物环境的变异、人类定居和土地利用的历史与现状、自然干扰的频率和植被演替以及某些动、植物对景观的改变和控制等，也可以说是人为和自然因素两大类。

（一）影响景观发育的自然因素

1. 地质地貌的影响 主要表现在地壳构成运动、风、流水、重力和冰川等作用，改变了地形地貌。

2. 气候的影响 不同的气候将造成岩石、山脊、地貌发生巨大变化，分别形成赤道景观、亚热带景观、温带景观、寒带景观和荒漠景观。

3. 土壤的发育 土壤的发育与气候和植被密切相关。在不同的气候条件下，形成不同的植被类型，从而形成不同的土壤类型。例如，热带地区的砖红壤，亚热带地区的红壤和黄壤，暖温带地区的棕壤和褐土。

4. 动、植物的定居 植物的定居促使裸地的覆盖、种群的形成和生物群落的形成、发育、演替，不断改变着景观的外貌。植物群落的形成又为动物的定居和繁衍提供了必要条件。

5. 自然干扰 自然环境中的地震、火灾、洪水、飓风和病虫害等自然灾害是影响景观发育的重要因子，其影响时而轻微、时而剧烈。

（二）影响景观发育的人为因素

随着人口的增加、技术的进步，人类对自然的改造作用越来越大，对景观作用越来越强烈。有的是直接对景观发生作用，对景观的影响力非常剧烈，甚至改变景观的基本风貌，如农田防护林建设、开垦农田、荒山造林、森林采伐和城镇化建设等都不同程度地改变了景观格局。主要表现在：

1. 植物优势度的改变 改变了景观中植物的优势度和多样性，特别是森林优势树种。
2. 动、植物栖息地的改变 扩大或缩小了一些动、植物种的分布区。
3. 导致生物入侵 人类活动对景观结构改变的同时，也为杂草（外来物种）入侵提供了机会。
4. 土壤环境的改变 人类的生产活动改变了土壤的营养状况。
5. 景观镶嵌格局的改变 人类定居、建设、土地利用方式，出现了村落、道路、农业和林业设施，改变了景观镶嵌格局。

二、景观结构的基本组成要素

景观结构的基本组成要素包括斑块、廊道和基质，它们的时空配置形成镶嵌格局即为景观结构。

（一）斑块

1. 斑块的概念 斑块是在景观的空间比例尺上所能见到的最小异质性单元，即一个具体的生态系统。

2. 斑块的起源 影响斑块起源的主要因素包括环境异质性、自然干扰和人类活动。根据起源可以将其分为以下几类：

（1）环境资源斑块。环境异质性导致环境资源斑块产生。环境资源斑块相当稳定，与干扰无关。如裸露山脊上的石楠荒原、石灰岩地区的低湿地、沙漠上的绿洲以及山谷内聚集的传粉昆虫等，都属于环境资源斑块。

（2）干扰斑块。基质内的各种局部干扰都可形成干扰斑块。如森林采伐、草原烧荒及矿区开采等都是地球表面广泛分布的干扰斑块。此类具有最高的周转率，持续时间最短，通常是消失最快的斑块类型。当然也有例外，如一个重复放牧的牧场，演替过程持续不断地重复进行或重新开始，斑块也能保持稳定，持续较长时间。

（3）残存斑块。与干扰斑块刚好相反，是动、植物群落在受干扰基质内的残留部分。植物残存斑块，如景观遭火烧时残存的植被斑块、免遭蝗虫危害的植被；动物残存斑块，如生活在温暖阳坡免遭严寒淘汰的鸟类、罕见严寒期生存下来的巢栖皮蝇群落等。

（4）引进斑块。当人们把生物引进某一地区时，就相继产生了引进斑块。它与干扰斑块相似，小面积的干扰可产生。在所有情况下，新引进的物种，无论是植物、动物或人等，都对斑块产生持续而重要的影响。一般情况可以分为两类：种植斑块和聚居地。种植斑块如农田、人工林、高尔夫球场等，这一类是在基质上形成的。这种斑块内物种动态和斑块周转率取决于人类的管理活动。不进行经营管理就会慢慢地被基质的物种侵入从而发生演替。聚居地生态系统包括不同类型的物种，但目前归为 4 种：人、引进的动植物、不慎引入的害虫和从异地移入的本地种。但人类聚居地是最明显而又普遍存在的景观成分之一，包括房屋、庭院、场院和毗邻的周围环境。大多是由于干扰形成的，有局部的，也有可能是在全部清除的自然生态系统中兴建土木，并引进新物种。这里面，人是最重要的，不仅是巨大的消费者，也是保持聚居地的长期干扰的实施者。在欧洲应用学派的主要理论内容中，强调人是景观的重要组分并在景观中起主导作用。这也是此类斑块的生态系统的特点。

3. 斑块的形状　斑块的形状对生物的扩散和觅食具有重要作用。例如，通过林地迁移的昆虫或脊椎动物，或飞越林地的鸟类，容易发现垂直于迁移方向的狭长形采伐迹地，但却经常遗漏圆形采伐迹地。相反，它们也可能错过平行于迁移方向的狭长采伐迹地。因此，斑块的形状和走向对穿越景观扩散的动、植物至关重要。归纳起来，斑块有以下几类：

（1）圆形和扁长形斑块。圆形斑块与相同面积的矩形斑块相比具有较多的内部面积和较少的边缘，相同面积的狭长斑块则可能全是边缘。由于斑块内部和边缘之间的动、植物群落和种群特征不同，所以将这些特征同斑块内缘比率（interior ratio）加以比较，就可以估计出斑块形状的重要性。较高的内缘比率可促进某些生态过程，而较低的内缘比率可增强其他重要过程。形状的功能效应主要取决于景观内斑块长轴的走向。因为它往往代表着某些景观流的走向。

（2）环状斑块。环状生态系统的总边界较长，边缘带宽，内缘比率较低，与扁长斑块相似，而与圆形斑块不同，因此环状斑块内部种相对稀少。森林采伐可形成环状带，其结果是边缘带增加内部种减少。

（3）半岛（peninsula）。景观中最常见的斑块形状呈狭长状或凸状外延，称之为半岛。指的是一个斑块中狭长的外延部分。值得一提的是半岛的"漏斗效应"，即人们常见的在半岛顶端动物路径密度高的现象。正方形或矩形斑块的角也可起到半岛的作用，也可以将其看作是尖状廊道。它们可起到景观内物种迁移通路的作用，因而可能是物种迁移的"漏斗"或"聚集器"。在半岛的顶端，动物路径密度较大，显示出漏斗效应。相反，半岛对其两侧斑块也起到一处屏障作用。

4. 斑块化　斑块化是指斑块的空间格局及其变异。通常表现在斑块大小、内容、密度、多样性、排列状况、结构和边界特征等方面。

（1）斑块化产生的原因。斑块化产生的原因大致分为物理的和生物的，或内部的和外源的。可以归纳为5类：

①局部性随机干扰（如火、土壤侵蚀、风倒）。
②捕食作用。
③选择性草食作用。
④植被的空间格局。
⑤以上诸类的不同组合。

（2）斑块化的特点。斑块化表现为如下几个特点：

①斑块的可感知特征。
②斑块的内部结构。
③斑块的相对均质性。
④斑块的动态特征。
⑤斑块化的尺度和生物依赖性。
⑥斑块等级系统。
⑦等级水平相互作用关系。
⑧斑块敏感性。
⑨斑块等级系统中的核心水平。
⑩斑块化原因和机制的尺度依赖性。

(3) 斑块化的生态与进化效应。自然界各种等级系统都普遍存在时间和空间的斑块化。它反映了系统内部或系统间的时空异质性，影响着生态学过程。不同斑块的大小、形状、边界性质以及斑块间的距离等空间分布特征构成斑块化的差异，并控制生态过程的速率。在一个较大的时空尺度上，生物和非生物斑块的长期共同演化，反映出斑块化的进化效应。空间异质性和环境变异促使生物不断面临生存选择。各种生物的生活史、分布策略、基因变异以及表型可塑性等的差异即是这种演化的作用，也是生物斑块化的表征。斑块化及其生态和进化效应已是生态学研究的重要课题之一，几个热点的方向如下：

①种群动态与斑块化。斑块化具有重要的生态学意义，其显著效应之一就是异质种群的形成。异质种群是同种的局域种群在不同斑块上分布的总和，即种群之"群"。它是生境斑块化程度和种群迁移或扩散速率的函数。种群在空间的分布形式和存亡也取决于这种函数关系。局部种群的大小和斑块"年龄"影响异质种群动态。异质种群对生境破碎化的反应存在两种相反的作用，即：

a. 由于生境的斑块化，每一斑块上的种群有可能由于个体数目太少而丧失基因的变异性，加剧种群消亡灭绝的危险。

b. 由于斑块化往往产生亚种群。当一个异质种群面临毁灭性灾难时，这种斑块化也许能为某些亚种群提供庇护所，从而有利于最终保存该种群。

②资源分布的斑块化。生物生存在很大程度上取决于资源的时空分布格局。资源的斑块化决定了资源的可利用程度，并控制着生物对资源的利用方式。资源斑块化的重要性表现在：

a. 资源的有效程度和分布格局对生物个体能量平衡的影响。

b. 物种与斑块化的相互作用促使斑块分化成为不同种的生境。

c. 斑块化程度在不同时空尺度的阈值作用。

资源有效程度高时，其空间分布格局并不重要；而当资源有效程度低于某一限度时，其空间分布格局的重要性因资源的有效程度降低而明显提高。这种空间斑块化的重要性又体现在生物个体对摄取资源所消耗的能量的大小。不同空间斑块化对生物个体能量收支平衡产生重要影响。资源斑块化的作用还因生物种对资源摄取方式的不同而异。显然，如果某种生物要花费相当大的能量在某一斑块空间上摄取资源，那么该资源迟早会失去作为该种群生境的作用。由于不同种群对资源分布格局有各自的利用方式，不同斑块化也就分化成为特有种群的生境。这种生境特化程度的高低也取决于斑块化程度，表现出斑块化与生物的协同进化作用。

③干扰与斑块化。干扰是时空斑块化形成的主要原因之一，它影响资源的空间分布。另一方面，斑块化又直接控制干扰的扩散。景观生态学家近来非常重视在景观水平上研究干扰和异质景观的相互作用过程。干扰与斑块化的研究主要涉及以下三个问题：

a. 景观斑块和干扰过程是怎样相互作用的？

b. 斑块的大小、形状、边界结构和斑块间的距离如何影响干扰过程？

c. 是否存在一个与某一干扰强度和频度相对应的景观斑块化的亚稳态？

斑块化和干扰过程的相互作用是复杂的，会因情况不同而不同。一般认为，斑块的大小、形状、边界结构和斑块间的距离影响干扰过程。其实，这种影响也因干扰因素而异。比如，一般情况下，不同年龄的林分斑块对火的扩散有阻滞作用，幼龄林和成熟林的镶嵌结构、斑块大小、形状、边界及斑块间距离都直接影响火的行为。但是，1988年美国黄石公园的大火，由于极端干燥气候的影响，使这种异龄林斑块化的作用极不明显，大火几乎烧毁各年龄的林木。从历史上看，斑块化的形成，也是干扰作用的结果。不同地形影响下火干扰所形成的异龄林的斑块化即是例证。

④人类影响的斑块化。人类活动导致自然景观趋于斑块化。只有了解了人类影响产生什么样的斑块化以及与自然景观的斑块化有何异同，人们才能从中找到阐释当前人类所共同面临的环境压力的答案。

首先，应该认识到人类的影响无处不在，且在各种尺度上施加影响。但是，以往的研究更多注重于小尺度上的影响，如森林砍伐和水污染等。其实，人类影响在大尺度上或全球尺度上的效应是任何其他生物所无法比拟的，人类剧烈地改变着人类自身的生存环境并且危及和消灭众多与其共生物种的生境。人类的影响包括国家政策、法律、经济和政治制度，以及人口密度、生活方式、文化水准、公共道德伦理和价值观念等。这些影响的差别在小尺度上研究往往不容易察觉，但在大尺度上则容易理解。比如，卫星图片分析发现，美国与加拿大边界的差别，反映出美国强化土地利用所形成的格局与加拿大森林保护的森林覆被格局明显不同。美国另一端与墨西哥的边界所反映的是另一种格局的差别，卫星图片显示出墨西哥境内的河流污染与美国境内对比的差异，这是由于两国对污染控制政策的差别所致。这种人类作用所造成的大尺度上的斑块化与陆地生态系统反应的小尺度是造成目前陆地生态系统正反馈的主要原因之一，也是推动目前"全球气候变化"和"可持续发展的生物圈"等全球性研究计划发展的原因。其次，人类影响的斑块化在结构和功能上都不同于自然斑块化。人类影响的斑块化一般来说斑块大、形状单一、边界整齐、结构简单，而且，斑块间缺乏廊道，不利于斑块间的信息交流和物种的迁移。

⑤斑块化与物种的共同演化。斑块化并非孤立地产生，它是与各种生命形式长期共同演化的结果。正由于各种生命形式与各种异质的环境相互作用，在适者生存的选择压力下，导致了物种的多样性。而物种多样性的本身则增加了生物斑块化。生物种作用于环境，改变了非生物斑块化，这种相互作用是最重要的斑块化的进化效应。

斑块化与生物种共同演化的一个证明就是种群扩散所采用的有性和无性繁殖策略。一个种采用什么样的性形式延续其个体，与环境的异质性有关。生物个体可以通过无性繁殖而尽快占据周围生境，如颤杨的根茎能存活上千年，一旦条件适宜即可大量萌发。有性繁殖则可通过种子采用不同的传播方式（如风、水、动物等）向其他更大范围的生境扩散，种子还可以通过休眠来躲避不利的时间和空间的变异。这种扩散策略称为种在扩散安全性与环境不确定性之间的权衡。

目前斑块化与物种共同演化最引人注意的另一个证明是生物个体大小和生境的空间尺度大小的关系。生物个体大小是该生物在特定的时空尺度上与环境相互作用进化的结果。生物个体小，其生境空间尺度也小；而生物个体大，对其生境空间尺度要求也更大。生物个体大小还被用来测定环境的异质性程度以及种的消亡。生物个体大小的研究提供了从个体水平到生物种水平进化过程的联系，并且把小尺度上的生态过程和大尺度上的进化格局联系起来。这种联系的内在机理是生物个体大小使其能量平衡制约着生物个体的活动空间、种群密度、地理分布以及种的消亡概率。这种能量平衡制约着生物个体对不同空间分布格局资源的利用效率，也影响资源分布格局。

⑥斑块化与生物多样性。生物多样性包括基因多样性、物种多样性、生态系统多样性。这些多样性体现出生物斑块化，也是非生物斑块化在不同时空尺度上的产物。任何一个种群的适应生存都受到环境斑块化的限制。所谓适者生存，往往是某一生物种能适应于某一幅度的异质环境，从而使适应的基因得以保存。

5. 斑块的度量指标　斑块的度量指标主要包括斑块大小、内缘比、斑块数量和构型等。

（1）斑块大小。即斑块的面积，通常以平方米或公顷为单位来量度，是影响斑块生态功能的一个重要因素。通常而言，斑块内的物种、物质、能量与斑块面积大小呈正相关，但这种相关并非是线性的，而是呈曲线状。开始时物种随斑块面积的增大增加很快，但这种增加会越来越慢，最终停滞。景观斑块大小及其分布规律研究对于自然保护区的设立、种群及群落动态、生物多样性保护等均具有积极的影响。

①斑块大小对物质和能量的影响。一般情况下总是大斑块比小斑块含的能量和养分丰富；大斑块比小斑块有更高的营养级的动物，并且食物链也更长。由于斑块内部和边缘带的能量和养分存在差异，小斑块的边缘比例又高于大斑块，因此，正常情况下，小斑块单位面积上的能量和养分含量不同于大斑块。加之其他因素的综合作用，常常会引起两者单位面积上能量和养分含量的差异。

② 斑块大小对物种的影响。分析表明，在生物群落里，物种的多样性随面积增加而增加，大致规律是面积增加 10 倍，物种增加 2 倍；面积增加 100 倍，物种增加 4 倍；即面积每增加 10 倍，所含的物种数量成 2 的幂函数增加，2 是个平均值，通常在 1.4~3.0。这种关系的另一层含义表明，如果原生生态系统保存 10% 的面积，将有 50% 的物种保存下来；如果保存 1% 的面积，则会有 25% 的物种被保存。

（2）内缘比。内缘比指斑块内部与外侧边缘带的面积之比。属于环状斑块形状很特殊的斑块，其特点是内缘比低，内部种少，如环绕北极地区分布格局、高山环绕山体、绕湖周围半岛。

（3）斑块数量和构型。

① 斑块数量。景观是由许多斑块共同构成的一个镶嵌体，其中斑块的数目可以根据每种群落类型的斑块数目、斑块的起源和成因、斑块的大小、斑块的形状来确度。

② 斑块的空间构型。斑块一般不是单独存在于景观之中，某些特定的斑块镶嵌结构在不同的景观中重复出现，不同类型的斑块之间存在正的或负的组合，并且呈现随机、均匀或是聚集的空间分布格局，对景观内干扰的扩散有着重要影响。干扰与斑块空间构型之间存在一种负反馈机制：相邻的类似斑块越多，干扰就越容易扩散；干扰越扩散，斑块就越少；斑块越少，干扰就越不容易扩散；干扰越不容易扩散，斑块就越加发育。如此往复，只要斑块密度与干扰水平都在一定限度内波动，其结果就是稳定的。

（二）廊道

廊道是指不同于两侧基质的狭长地带，其两端通常与大型斑块相连；它既可以呈隔离的条状，如公路、河道；也可以是与周围基质呈过渡性连续分布，如某些更新过程中的带状采伐迹地。

1. 廊道的作用　廊道的作用主要有运输、保护、物种栖息、观赏等。

（1）运输。公路、铁路、运河、输电线等。

(2) 保护。长城、围墙、林带等。

(3) 物种栖息地。走廊地带野生动物丰富、植物种类较多。

(4) 观赏。古代园林中的曲径通幽、颐和园的长廊、西湖的苏堤。

其中，运输和保护等均属于廊道的通道和阻隔作用。几乎所有的景观都会被廊道分割，同时又被廊道联结在一起。如城市街道，如果没有街道，城市的交通就不会存在；正因为有街道等，城市内部才会进行物质或信息等的交流。长江和黄河为我国的两条母亲水系，养育着全体中国人民。但由于长江和黄河的阻隔使我国划为南北两方，从而孕育了南北两种截然不同的风土人情。山脉廊道是城市的天然屏障，有利于生物多样性保护，防止各种人为干扰所造成的生态"孤岛"。因此，建设途经山脉的各种城市交通线不应破坏山体，应绕道或凿道。另外，廊道也会影响景观生态过程，是物种栖息地。如美国佛罗里达州大约花了4年时间在州际75号公路兴建野生动物跨越道，原因是需要对野生动物行为动态进行记录。

2. 廊道的度量指标

(1) 曲度。曲度即廊道的弯曲程度。廊道的不同弯曲程度对物流、能流等有重要作用。其生态意义是通过曲度来判断生物沿廊道的移动速度。一般来说，廊道越直，距离越短，生物在景观中两点间的移动速度就越快；反之亦反（二点间直线最短）。

(2) 宽度。宽度指廊道的狭长程度。廊道的狭长程度对物种沿廊道或穿越廊道的迁移有意义。宽度大，则物种迁移速度慢。在设计时，廊道宽度应根据河流宽度和被保护物种来确定。用公式简单表示为：

$$W = f(a, v, u, l, \cdots)$$

式中　　W——宽度；

　　　　f——影响宽度各种因素的统称；

　　　　a——保护目标；

　　　　v——廊道植被构成情况（垂直、水平及年龄结构、多样性、密度、盖度等）；

　　　　u——其他（游憩、文化遗产保护、交通运输、过滤等）；

　　　　l——长度。

日本针对不同的保护动物计算出了相应的廊道宽度。如黑熊为10 km，日本猕猴为数千米等。

(3) 连通性。指廊道如何连接或在空间上怎样连续的量度，可简单地用廊道单位长度上间断点的数量表示。具体单位取决于研究对象的尺度。

$$m = \frac{n(1, 2, 3, \cdots)}{L} \times 100\%$$

式中　　m——连通性程度；

　　　　n——间断点数（连续分布的廊道沿线往往有一些断开区，这些断开区称为间断点。如河流沿岸有桥梁跨越的地方）；

　　　　L——廊道长度。

通常m值越大表明连通性越差。

(4) 内环境。指廊道中的局部小环境，针对对象不同其内环境也不同。

3. 廊道的类型

(1) 按起源划分。廊道可分为环境资源廊道、干扰廊道、残存廊道、种植廊道、再生廊道。

①环境资源廊道。由环境资源在空间上的异质性线状分布形成。如河流廊道。

②干扰廊道。带状干扰所致。如线性采运作业、铁路和动力线通道等。

③残存廊道。周围基质受到干扰后的结果。如采伐森林所留下的林带。

④种植廊道。与种植斑块相同,是由于人类种植而形成的。如防护林带、绿篱等。

⑤再生廊道。受干扰区内的再生带状植被。如沿栅栏长成的绿篱等。

(2) 按结构划分。廊道一般划分为线状廊道、带状廊道、河流廊道。

①线状廊道。指全部边缘物种占优势的狭长条带。如道路、铁路、堤堰、沟渠、输电线、树篱等。这种廊道的共同点是:由边缘种组成,相对于动、植物而言无中心地带。起因:人为活动如运输等。

②带状廊道。指具有丰富内部物种的内部环境的较宽条带,其每个侧面都可能存在边缘效应,如较宽的山林防火带、超高速公路等。共同点:廊道较宽,每边均有边缘效应,中心有内环境。

③河流廊道。指沿河流分布而不同于周围基质的植被带。它包括河道本身,以及河道两侧的河漫滩、堤坝和部分高地,宽度随河流大小而变化。河流廊道结构可简化为河床边缘+漫滩+堤坝+岸上高地。河流廊道的功能包括控制从高地到河流的水、矿物养分等的流动;为动、植物的迁移提供路径,促进高地或坡地森林内部物种沿河流向下游迁移,同时也促进下游湿生或水生物种向高地或坡地蔓延;对某些物种的迁移也起着阻断作用;作为一些物种的栖息地;直接影响河水(保持河水清凉,凋落物沉积于河水中会成为河流食物链的基础)。

(三) 基质

基质是景观中面积最大、连接性最好的景观要素,如广阔的草原、沙漠、连片分布的森林等,在整体上对景观动态起着控制作用。基质是景观中范围广阔、相对同质且连通性最强的背景地域,是一种重要的景观元素。

1. 基质的判定标准　基质判断有三个标准,即相对面积、连通性、控制程度。

(1) 相对面积。一般来说,如果某种景观要素所占面积超过现存的任何其他景观要素类型的总面积,或说占景观面积的50%以上,那么它就很可能是基质。

(2) 连通性。如果景观中的某一要素(通常为线状或带状要素)连接的较为完好,并环绕所有其他现存景观要素时,可以认为是基质,如具有一定规模的农田林网、树篱等。

(3) 动态控制。如果景观中的某一要素对景观动态控制程度较其他要素类型大,也可以认为是基质。如绿洲的沙漠化。

2. 基质的特征及作用

(1) 基质连通性。

(2) 内部相对均质性。

(3) 孔隙度。孔隙度是景观基质中所含斑块密度的量度,即包括在基质内的单位面积的闭合边界(不接触所研究空间或景观的周界)的数目,与研究对象的尺度有关。具有闭合边界的斑块数量越多,基质的孔隙度就越高。其生态意义是:

①孔隙度提供了一个了解物种隔离程度和植物种群遗传变异的线索。

②孔隙度是边缘效应总量的指标,是一个对野生生物管理,对能流、物流运动具指导意

义的因素。

③人文地理中，研究住宅区或村庄的孔隙度十分重要。

（四）网络

1. 网络的概念　网络是由相互连接的廊道或者通过廊道在空间上联系起来的斑块构成的网络状结构。这种结构把不同的生态系统相互连接起来，包括由廊道相互连接而形成的廊道网络，以及由同质性和异质性景观斑块通过廊道的空间联系形成的斑块网络。其功能在于物种沿着它或穿越它移动，还在于它对周围景观基质和斑块群落的影响。

2. 网络的结构特征　在所有的网络景观中，结构特征主要表现为网络结点、网络格局、网眼大小三方面。

（1）网络结点。网络中廊道之间的交点称为结点。有"十"字形、T形、L形，或与其他斑块相连接。结点通常比网络的其他地方有较高的物种丰富程度，对生物来说，有更好的生境适宜性。调查发现，结点的生物多样性比廊道周围多，而且，网络景观中内部种和边缘种的分布随离开结点的距离而有很大变化，内部种随距离增加而迅速下降，而边缘种并没有大的影响。

（2）网络格局。不同的网络景观形成不同的网络格局，有的是网格状网络格局，有的呈树枝状网络格局，有的为环圈状网络格局等各种类型的网状格局。如农田防护林网是最典型的网格状网络格局；而河流水系和河岸带系统则构成了典型的树枝状网络格局，河流的交汇点构成网络节点。

（3）网眼大小。网眼是被网络包围的景观要素。即网络线间的平均距离或网线所环绕的景观要素的平均面积。其差异主要是网眼大小、形状和物种丰富度。网络和网眼相互作用，相互制约。网络对网眼（被包围的景观要素）施加影响，而网眼特征对网络结构有重要影响。两者的相互作用程度与网眼大小有密切关系，是网络的重要特征。而网眼大小又与物种的生活习性有关，这是由于动物的觅食、饮水、休息、保护领地等活动对网眼大小都很敏感，其栖息地的生境适宜性往往受制于网眼面积，且不同物种对网眼大小的反应不同。

3. 网格结构的影响因素　网络的格局和特征与社会、经济和自然环境条件密切相关，受人类的影响很大。以树篱为例，山坡上树篱的种植方式取决于人类的需要，如果山坡向下种植则对排水有利；若沿等高线种植，则有利于蓄水。再如，在山区，侵蚀过程在很大程度上取决于河流廊道的格局，坡降大的河流水流速快，河谷深窄，两岸陡峭，而河谷宽阔的干流和支流坡降小容易形成河曲。

4. 网络的类型　通常将网络分为廊道网络和斑块网络。

（1）廊道网络。廊道网络由结点（节点、交叉点）和连接廊道构成，分布在基质上。可分为两种形式：分枝网络和环形网络。分枝网络是一种树枝状的等级结构；环形网络是一种封闭环路结构。

（2）斑块网络。由同质性和异质性景观斑块通过廊道的空间联系形成。对异质种群的迁移、占据和灭绝有重要影响。

5. 城市绿地网络　一个城市的绿地网络主要由公园绿地、生产绿地、防护绿地、附属绿地和其他绿地五大类构成。而这些斑块绿地通过城市道路带状防护绿地和河流、滨河带状绿地等绿地廊道连接起来，共同形成一个完整、自然的并具有自我维持能力的景观绿地网络系统，促进城市和自然的良性循环和协调共处。一般来说，城市绿地网络系统包括以下属性：

（1）连接性。连接性是自然生态的本质特征。自然景观本身具有高度的连接性，自然廊道将城区和郊区连接而形成各种异质生境斑块，促进绿地网络生境景观结构的多样性和稳定性。

（2）城市绿地网络的结点。城市景观中的绿地系统发挥其应有的功能需要一定面积，特别是一些重要的结点位置，要有必要的核心立地才能保证绿地系统的整体生态工程。

（3）多向利用和多样性。城市绿地网络系统的功能应突破传统美化和娱乐的范围，将其在减轻污染、保护野生生物、防洪减灾、改善水质、环境教育等方面的功能充分考虑进去，把生态多样性和文化特色结合起来，采取多元方式，构筑多功能和多用途的绿色空间。

（4）可及性。城市绿地网络要使市民能够充分地、便捷地利用和享受绿色空间提供的生态服务，减轻都市生活、工作和环境压力给市民身心健康带来的危害，实现人和环境的协调、可持续发展。

三、景观异质性

（一）景观异质性的概念及类型

1. 景观异质性的概念　景观异质性是由景观要素的多样性和景观要素的空间相互关系共同决定的景观要素属性的变异程度。景观异质性是景观的基本属性，表现在其组成要素的异质性和空间分布的异质性。景观异质性是景观要素之间物质、能量和信息流的基本动力，是基本生态过程和物理环境过程在空间和时间尺度上共同作用的产物。

2. 景观异质性的类型　景观异质性从不同角度分析可得出不同的类型。一般可分为空间异质性和功能异质性。

（1）空间异质性。指景观要素类型的数量和比例、形状、空间分布及景观要素之间的空间邻接关系所表现出的空间随意性或不对称性和不均匀性。

（2）功能异质性。指景观要素的功能在空间上的变异程度，即在景观空间范围内表现为不同的功能过程特征。

（二）景观异质性形成的机制

对于大多数景观来说，其异质性是由资源环境异质性、生态演替和干扰所致。

1. 资源环境的空间异质性　资源环境空间异质性是景观异质性形成的基础，这种异质性主要表现为地理分布格局、海陆分布格局、地形地貌格局、地质水分格局等自然条件在不同尺度上的空间变异。

2. 生态演替　生态演替是景观异质性形成的重要动力机制，是景观异质性的重要来源。生态演替过程在时间上的不同步性，不仅导致景观生态系统组织结构稳定性和生产力的提高，也导致了景观要素类型的多样性。

3. 干扰　干扰能改变景观格局，而自然干扰和人为干扰对景观格局的影响是不一样的。大多数自然干扰都是有规律的，而人为干扰往往缺乏规律性而难以预测。随着世界人口的增加和科学技术的进步，人类对自然的影响越来越深入，极大地改变着景观的异质性格局。

第四节 景观过程与功能

一、生态过程与生态流概念

（一）生态过程与生态流

1. 景观生态过程 景观生态过程是各种形式的生态流（物流、能流、物种流、人口流、信息流）的具体表现。

2. 生态流的概念 景观中的能量、养分和多数物种，都可以从一种景观要素迁移到另一种景观要素，表现为物质、能量、信息、物种等的流动过程，即生态流。

（二）景观中生态流移动的机制

1. 媒介物作用 媒介物作用包括风、水、飞行动物、地面动物、人等作用。

2. 驱动力作用 驱动力的作用包括扩散、重力、行为。生态流的流动表现出三种最基本的形式：扩散、物质流和运动。

（1）扩散。指物体在景观中的随机运动。扩散作用主要取决于不同景观斑块间的温度或密度差。

（2）物质流。指物质在重力和扩散力作用影响下沿能量梯度的运动。

（3）运动。指物体消耗本身能量从一个地方移动到另一个地方。

一般来说，扩散在景观中形成最少的聚集格局，物质流居中，而运动可在景观中形成最明显的聚集格局，如鸟栖息处聚积有大量磷和氮，人类在某个区域里的集中居住。

（三）景观中生态流移动的模式

生态流的模式主要包括连续运动、间歇运动和综合运动。

1. 连续运动 流的主体在从源到汇移动的过程中，不存在运动速度为零的状况，是一种连续运动。

2. 间歇运动 流的主体从源到汇移动的过程中，其间出现过运动速度为零的状况，即流的主体在某地出现过停歇，既为间歇运动。对物种来说，间歇运动又可以分为两种：

（1）休息站式。即该物种在某地做短暂停留后再继续运动。

（2）暂住站式。指该物种不仅在某地停留休息，而且在该地成功地生长和繁殖，从而为物种的进一步扩散提供了新的种源。

连续运动和间歇运动两种运动形式的差别在于景观结构的异质性。景观异质性的增强使得生态流运动由连续运动变为跳跃运动；运动中的停顿点增强，流的物质与流程环境间的关系越密切，流的速度降低。

3. 综合运动 流的主体在移动过程中可以是连续的，也可以是间歇的，这种运动形式即为综合运动。

二、相邻景观要素间的物质流

相邻景观要素间的物质流主要包括水流、养分流、空气流和物种流，它们往往是联系在一起共同发生作用的，尤其是养分流往往是以溶解质的形式伴随水流运动发生的。

（一）水流

1. 水流传输形式　在土壤中的传输形式包括下渗、侵蚀和地表径流、中间径流。
2. 水流的方向　水流的方向总是固定的，即"水往低处流"。
3. 水流的速度　主要取决于以下三个因素：
①水输入量及其时间。
②土壤结构，特别是土壤孔隙度。
③土壤对水携带物质的过滤作用。

（二）养分流

养分流主要是以溶解质的形式随水流而迁移的，属于土流的一部分。在景观中，最为活跃的养分运动往往发生在水陆间，尤其是河流与陆地间。陆地与河流廊道交汇处，异质性最高，可直接利用的自然资源也极为丰富。

矿质养分由高地进入河流廊道的途径是养分直接穿越廊道进入河流；养分可能被机械阻拦，累积在廊道内的土壤中，逐渐淤积于谷底；养分随植被生长而被廊道植物所吸收，成为生物量的一部分。

（三）空气流

1. 风流和风型　风可分为平行流动的层状气流和向上或向下流动的湍流两种风型，不同风型的风流对所携带物质的流动会有不同影响。景观结构特征（如山的形态、植被结构、建筑物等）会对风型和风速造成影响，所以在景观规划设计中必须考虑到风的运动规律和作用。
2. 声音　景观中的声音有两种作用：传递信息和干扰。景观结构对声能的扩散和传播有影响。

（四）物种流

物种流包括动物流和植物流。
1. 动物流　动物在景观内的运动，包括巢区活动、散布和迁徙三种形式。
2. 植物流　植物流动主要依靠风、水、动物、重力和人的作用。

三、生态流与景观结构

（一）景观结构对生态流的影响

1. 廊道与生态流　廊道对生态流的作用体现在廊道的主要功能，具体表现在4个方面：
（1）廊道是某些物种的栖息地。无论是带状廊道还是线状廊道都是物种的栖息地。
（2）廊道是一些生态流运动的通道。各种不同类型的廊道都能为物种迁徙提供通道。
（3）廊道可以起到对生态流的屏障作用或过滤效应。物质流在经过景观时经常遇到屏障使其速度减缓，其能量在某地堆积下来。

（4）廊道可以成为某些生态流的源或汇。廊道可将物种流所携带的种子在当地堆积起来而成为重要的物种源。

2. 斑块与生态流　斑块对生态流的影响主要体现在对廊道流的影响，与斑块大小、斑块形状和斑块密度有密切关系。其中，斑块大小影响单位面积内的生物量、生产力、生物多样性等；斑块形状和走向影响着养分的迁移和物种的运动；斑块密度影响通过景观的"流"的速率；斑块的分布构型影响干扰的传播和扩散。

3. 基质与生态流　基质对生态流的影响主要与以下几方面有关系。

（1）基质连接度。基质连接度高，生态流受到的屏障作用小。

（2）景观阻力。影响景观内各种生态流的速度。

（3）狭窄地带。可以影响各种生态流的运动速度。

（4）孔隙度和斑块间的相互作用。高孔隙度的基质可以对生态流通过基质造成影响，影响的大小取决于生态流的性质以及斑块是否适宜于流通过。

（5）结点或斑块的影响范围。同一斑块或结点对不同的生态流可以有不同的影响范围。

（6）半岛交指状景观的影响。半岛交指状景观可以显示物种流的不同格局。物种穿越半岛交错结合地区的速度随流的方向而明显不同。

（7）与流有关的空间方向。斑块形状对生态流的流动有影响，平行于物种运动方向的扁长斑块对基质内运动个体的拦截可能比与物流方向垂直的斑块少得多。

（8）距离。连接两点间的直线最短距离（几何距离）往往是生态流速度较快的线路。

4. 网络与生态流　网络中的结点作为廊道的交接点经常以物种运动的中继站出现，从而实现对物流的影响或控制作用。这种影响与结点、廊道、网络的连接度、网络的环度、结点的性质与结点间的距离、结点与物体的空间扩散过程存在密切关系。

总而言之，景观结构对生态流的影响主要表现在四个方面：

①景观格局的空间分布，如方位（坡向）、母质组成和坡度等，将影响局部空气流动、地表温度、养分丰缺或其他物质（如污染物）在景观中的分布状况。

②景观结构将影响景观中生物迁移、扩散、物质和能量在景观中的流动。

③景观格局同样影响由非地貌因子引起的干扰在空间上的分布、扩散与发生频率。

④景观结构变化将改变各种生态过程的演变及其在空间上的分布规律。

（二）生态流对景观功能的影响

景观的功能即景观元素之间的相互作用，即能量流、养分流和物种流等生态流从一种景观元素迁移到另外一个景观元素。

1. 斑块—基质之间的相互作用　斑块与基质间的相互作用形式多样。在以农田为基质的景观中，人工林斑块与基质的相互作用主要通过能量流、养分流和物种流体现。而在以林地为基质的景观中，栖息地斑块与基质的相互作用则不同，其景观流主要从斑块流向基质，其驱动力是人和非原生物种。

2. 斑块—斑块之间的相互作用　具有相似群落的斑块之间的相互作用主要由生物动力所致，风的作用很小；一般说来，斑块间能量和养分的传输不重要，而物种的迁移很重要，尤其是动物中的特有种，可以从一个斑块到另一个斑块觅食，斑块中发生物种的局部灭绝时，可以由相邻斑块得到补充。

3. 斑块—廊道之间的相互作用　类似于斑块之间的相互作用，主要的流是物种流。廊道有利于伴随着斑块内部种局部灭绝后的物种再迁移；斑块是廊道的物种源。

4. 廊道—基质之间的相互作用　线状廊道、带状廊道和河流廊道不仅结构与功能不同，而且与围绕基质的相互作用也不同。两者的相互作用主要体现在以下几方面：

①基质气候对线状廊道具有主导性影响，而廊道对基质的作用是隔离种群，从而限制流动。

②带状廊道与基质之间的流数量众多，且互相依赖，这是由于宽度效应使带状廊道可以具备许多开阔区的物种。

③河流廊道与基质间的相互作用以水流为主要驱动力，流动方向基本是从基质向河流。如山地森林和河岸森林与河流的相互作用。

四、景观动态变化

（一）景观稳定性

1. 景观稳定性的概念　景观稳定性是指景观系统中的各要素、结构、功能及空间格局的相对静止。景观尽管受到各种基本因素的影响，但景观仍然呈现相对稳定的状态。因为气候因素、地貌因素和岩石因素的变化往往很漫长，而较为活跃的土壤因素、流水因素及植物因素对景观的影响也有相对缓和的一面。

2. 影响景观稳定性的基本因素

（1）气候变化。气候的年内变化和昼夜变化都很有规律性，景观已经形成了与之相适应的机制而处于稳定状态。

（2）地貌形态。地貌形态的变化一般是按地质年代计算的，地貌的形成需要数百万年甚至更长，相对来说，地貌是稳定的，是景观稳定的基础。

（3）岩石和土壤。岩石和土壤的变化直接影响景观的稳定性。岩石变化主要是风化，变化速度相当慢，据研究，生成 1 cm 厚的土壤需要上千年或更长时间。而土壤则容易受到风和流水的侵蚀，往往成为景观变化的极为剧烈的因素。

（4）流水和水文变化。水是景观的组成要素，又是强大的自然干扰力量，是景观变化中最具影响力的干扰因素。水可以成为美丽的景观单元，如溪流瀑布，清澈的河流；水也可以成为破坏性因子，一场洪水能瞬间淹没城镇、农田，改变局部的景观面貌，然后又很快消失。干旱的气候可以使河流湖泊干涸，使湖光绿水变成一片荒芜。

（5）植被变化。植被是景观的重要组成部分，植被的变化必然引起景观的变化。植被稳定性是景观稳定性的重要指标。植物群落的演替、种群密度和结构的变化都可以引起季相和外貌的改变，从而导致景观的改变。

（6）干扰。干扰是引起景观变化的重要力量，景观实际上是自然干扰和人为干扰的产物。不同性质的干扰形成不一样的景观稳定性。景观之所以是相对稳定的，是因为形成了与干扰相适应的机制。

3. 景观稳定性的生态机制　景观稳定性的生态机制主要是景观生态系统的异质性、开放性及进化过程。生态系统的异质性为系统提供了可塑性，可以承受一定程度的环境变化，在遭受干扰后恢复原状。开放性保证了系统间物质、能量、信息、物种的流动和交流，从而增加景观系统的抗性,促进其恢复过程。而生物进化中的适者生存原则,可以使经过自然选择生存下来的物种具有很强的遗传变异能力,以适应环境变化,这种进化过程为景观保持动态平衡提供了抗性和恢复能力。

（二）景观变化

1. 景观变化的概念　景观变化是指景观的结构和功能随时间推移而表现出的动态特征。景观不是静止不变的,而总是处于动态变化过程中,其变化动力来自景观内部各种要素的相互作用。

2. 景观变化判断标准

（1）景观的基质发生变化。一种新的景观要素类型成为景观基质。

（2）景观类型比重发生变化。几种景观要素类型所占景观表面百分比发生足够大的变化,引起景观内部空间格局的改变。

（3）产生新的景观类型。景观内产生一种新的景观要素类型,并达到一定覆盖范围。

3. 景观变化驱动因子

（1）自然驱动因子。地貌的形成、气候的影响、生命的定居、土壤的发育、自然干扰。

（2）人为驱动因子。人口因素、技术因素、政治和经济体制及决策因素、文化因素（公众的意见、思想体系、法律、知识）。

4. 景观变化的生态环境影响

（1）区域气候。土地表面性质的变化、地表反射率的变化、温室气体和痕量气体的变化。

（2）土壤。土壤有关生态过程的影响（能量交换、水交换侵蚀和堆积、生物循环和农作物生产）和土壤养分流动的影响。

（3）水环境。水环境包括水量与水质。

（4）带来的生态环境问题。大气质量下降（光化学烟雾、酸雨）、土壤侵蚀和土地沙化、湿地减少、水资源短缺、非点源污染。

5. 景观变化动态　景观变化动态是指景观变化的过去、现在和未来趋势。它包括两方面的内容：景观空间变化动态和景观过程变化动态。景观空间变化动态包括斑块数量、斑块大小、斑块类型、廊道的数量和类型、影响扩散的障碍类型和数量、景观要素的配置等；景观过程变化动态包括系统的输入流、流的传输率和系统的吸收率、系统的输出流、能量的分配等。

五、景观功能

景观的功能主要包括景观的生产功能；景观的生态功能；景观的美学功能；景观的文化功能。

（一）景观的生产功能

景观的生产功能是指景观能够为人类社会和生态系统提供物质产品和生物生产的功能。包括自然景观的生产功能、农业景观的生产功能、城市景观的生产功能。

1. 自然景观的生产功能 自然景观的生产功能是指绿地植物在单位时间和单位面积上所能积累的有机物，反映植物群落在自然环境下的生产能力。

2. 农业景观的生产功能 农业景观的生产功能主要体现在农作物的生产。通常可以用光合潜力（影响作物生长诸因素处于最佳状态时的作物产量预期值）、光温潜力（在其他条件处于最佳情况下，仅由光合有效辐射和温度决定的作物产量）及气候潜力（由光、温和水三个气候因子决定的作物产量）衡量。

3. 城市景观的生产功能 城市景观的生产功能指以化石能源为基础，生产各类物质性和精神性产品。城市作为典型的人工景观，其生态过程彻底改变了自然景观的格局、功能。主要包括生物生产和非生物生产。

（二）景观的生态功能

景观的生态功能是指为生态系统的存在和稳定而发挥的作用。主要包括提供生物进化所需要的丰富物种和遗传资源，提供新鲜氧气，物质循环和能量的转化与流动，保持水土，调节气候，土壤的形成和保护，污染物的吸收与稳定，创造物种赖以生存和繁殖的条件，维护大气化学组分的平衡和稳定，维持生物多样性等。这些功能对人来说，相当于鱼与水的关系，关系到人的身心健康、生活质量、幸福指数。

（三）景观的美学功能

自然景观是具有美学价值的客体，其结构性最强、最有序，是地球表面经若干万年演化形成的。它与周围环境相比具有最大的差异性、最大的非规整度。它还具有合适的空间尺度、适量有序性、多样性和变化性、清洁性、安静性、运动性、持续性和自然性等生态美学特征，因此最能吸引人。园林作为人类创造的生态景观和生活空间，充满了大自然的情趣和生动的生态美。人们通过园林欣赏审美，陶冶情操，获得高尚情趣的精神享受和一种赏心悦目的快感。当今的城市绿地斑块、廊道（城市公园、小区居住区、滨河景观、行道绿化等）其植物的种类、色彩搭配产生了十分丰富的景象效果，充分彰显了景观的美学价值。

（四）景观的文化功能

景观的文化功能体现在景观与人类文化的相互影响和作用。景观的多样性就体现了景观的文化元素，人们对景观的感知、认识和审美直接作用于景观，文化习俗强烈地影响着人工景观和管理景观的空间格局。景观的外貌可折射出不同民族、地区人民的文化价值观。景观的文化功能又包括自然景观的功能和人文景观的功能。

1. 自然景观的文化功能

（1）自然景观是艺术创作的来源之一。自古以来，文人墨客的艺术创作灵感都来自自然景观。一幅幅绝妙的自然美景，使人与山川瀑布、小桥流水、蜻蜓蝴蝶相沟通，与动、植物世界对话交流，达到"天人相应"的美好境界。"会当凌绝顶，一览众山小"是我国大诗人杜甫登泰山时留下的千古名句；"飞流直下三千尺，疑是银河落九天"是我国唐代诗人李白在游庐山时的感叹。

（2）自然景观陶冶人的情操。自然景观的和谐、优美，涤荡人们心灵的污垢，陶冶人们的情操，使人性潜移默化地向美向善，促进一个人内心的和谐，促进人与人之间的和谐。在城市景观设计中,将城市景观赋予深刻形象的文化意义,对营造一个良好的文化氛围,激发市民的生活热情,提高人们热爱自然、享受自然的情趣具有重要意义。

(3) 自然景观是人类学习的源泉。大自然给了人类许多认识发明上的启迪,如蜜蜂筑巢的六边形,鱼的流线型结构,蜻蜓等对人们在建筑、飞机制造等方面给予了发明灵感。自然景观也是这样,效法自然景观人们可以更好地规划农业生产布局,进行科学的作物搭配。城市作为人工生态系统,同样需要引入自然景观元素,营造自然景观的和谐美和生态美,并以植物景观来体现地方特色。

2. 人文景观的文化功能 人文景观是有人参与或主导的半自然景观,其中包含了人的意志和精神文化活动要素,是人与自然环境间相互作用的结果。这种景观的功能主要表现在:

① 提供历史见证,是研究历史的好材料。
② 具旅游资源的价值。
③ 可丰富世界景观的多样性。

第五节 城市绿地景观生态规划

城市绿地系统规划是生态城市建设的重要内容,是城市总体规划的组成部分,也是城市景观生态规划必不可少的一项任务。

一、城市绿地景观的组成结构特点及演变

城市绿地是以土壤为基质,以植被为主体,以人为中心并与动物、微生物群落协同共生的人工生态系统,是城市生态环境系统的重要组成部分,也是城市的一种景观元素。对城市生态化建设、改善城市生态环境质量发挥极大作用。从景观生态学角度上看,城市绿地镶嵌于城市景观中,如公园和广场等成为城市景观中的斑块,道路绿地和滨河绿地则构成城市景观的廊道,而城市中除绿地之外的其他景观元素则构成城市景观生态的本底。上述的城市斑块、廊道、本底和边界随着人口的增长、城市的发展和规划的实施而不断变化。这里分别对城市绿地斑块、城市绿地廊道、城市景观本底及演变做进一步的阐述。

(一) 城市绿地斑块

凡是坐落在城市中的所有非线性的绿地,如山、洲、公园、广场、生产绿地、校园、小区等绿地都是城市绿地斑块。其布局、类型、大小、空间格局对整个城市景观具有重要生态意义。随着生态城市建设的不断推进,城市绿地斑块总体不断增加,布局更加有序。尤其是近些年来城市房地产业的快速发展,高规格的小区绿地斑块在城市星罗棋布,成为城市生态化、绿化的亮点。

(二) 城市绿地廊道

城市绿地廊道是指城市中呈带状或线状的城市绿地。它对城市绿地斑块中的物种、物质、能量的交流和转移具有重要意义。主要由城市道路绿化和城市河道绿化构成。

1. 城市绿道绿化 城市道路两厢的绿化、游憩绿地带及防护绿带等绿地构成城市绿地廊道,是以自然植被和人工植被为主要形态的线状或带状绿地。其中,街道绿化既彰显生态文明,又体现城市活力;另外,非滨水的防护绿带,从数百米到数千米不等,对于城市生态环境和品位具有独特的价值。

2. 城市河道绿化 这部分绿地主要包括江河、河滩和河岸带。按其性质不同,又可分为河道防护绿地和滨河绿地,通常是以满足公众休闲娱乐为主要功能的滨水带状公共绿地。这种性质的绿地和资源在城市建设中具有巨大的开发价值和潜力。我国的城市建设中,地方政府对滨河绿地建设和资源开发都非常重视,长沙橘子洲绿地建设,湘江、浏阳河风光带建设,上海外滩绿地规划建设都凸显了滨河资源优势,成为生态城市建设的精品项目。

(三) 城市景观本底

除城市绿地之外的广大区域,主要由建筑物、道路、桥梁、空地、铺装等组成,构成城市景观的本底,可分为工业区、商业区、居住区、行政区、物流仓储区等。

(四) 城市景观绿地的演变

每个城市的景观绿地都有其发生发展的演变过程。在城市由小变大、由旧变新、由低品位到高品位的变化过程中,城市中的绿地斑块、廊道和本底的结构、布局和空间格局都在数量和质量上发生变化。特别是近些年来随着城市化进程的加快,一线、二线和三线城市的边界都以不同的速度在扩大延伸,城市面积增加较快,城市的绿化覆盖显著增加。城市中的绿地斑块、绿地廊道和城市本底都随着城市建设、改造升级和规划布局而变化着。各城市的绿地都有不同程度的增加,生态规划的标准得到了提升。表现在城市斑块绿地多了美了,布局更合理了;城市廊道绿地变宽变长了,道路两厢绿化品位更好了,植物种群更丰富了,生态化程度更高了;城市滨河绿化也发生了本质的变化,各城市都很重视滨江这一不可多得的资源,进行开发建设,绿化、美化及亮化,构成一道道亮丽的城市生态景观。

二、城市绿地景观生态规划的内容和原则

由于各城市的历史规模及特点各异,在进行城市绿地景观生态规划时具有不同侧重点,但一般的内容和原则是一样的。

(一) 城市绿地景观生态规划的内容

①按照城市总体规划要求,确定城市绿地系统规划的指导思想和原则。
②从各城市的实际出发,确定城市绿地系统规划的目标和主要指标。
③对城市绿地系统的用地进行总体布局和规划。
④确定各类绿地的性质、位置、范围和各自的主要功能。
⑤划定需要保护、保留和建设的城市郊区绿地,标注其大小范围。
⑥确定分期建设步骤和近、远期实施项目,对近期项目提出框架性实施建议;对远期项目建设提出初步规划。

按照上述内容,在进行城市绿地景观生态规划时要达到如下效果:

①在城市各类绿化用地的规划控制方面，要保证用地数量的同时，形成合理的绿地布局。

②要建立主要的绿地规划体系，如公园绿地、防护绿地、休闲绿地等。

③要拟定城市绿化特色建设纲要。主要是结合城市的自然条件和城市性质，针对不同的绿地特点推荐适合的植物品种、搭配方式，以形成富有本地特色的城市绿化景观。

（二）城市绿地景观生态规划的原则

城市绿地生态规划应遵循的原则如下：

1. 生态优先，生态安全 城市绿地景观系统规划应该把环境保护，如净化大气、保护水源、缓解城市热岛效益、维持碳氧平衡、防风防灾和调节城市小气候环境等生态功能放在首位。在引进树种和濒危珍稀动、植物异地保护和驯养时，应防止外来物种入侵和病虫害传播，还要考虑火灾、地震、洪水等突发灾害的预防设施和避难场所的建设。

2. 美化环境，以人为本 城市绿地景观生态系统规划，应结合本地城市的实际，根据建设点的功能特点和当地居民的需求，进行花木选择和绿化设计，以打造优美的人居环境。在这方面，有许多成功的例子，有的城市其绿地斑块和廊道布局不仅体现了生态美，还具有人文关怀，绿地密度还很合理，充分考虑了城市的交通状况和市民的便捷出行。

3. 尊重自然，彰显城市特色 城市绿地景观生态规划建设，应尽可能保留原本自然环境，减少对自然环境的改变和破坏。要结合本地的地理位置和生态因子特点，选择合适的植物植被，以形成稳定而有地区特色的城市绿地景观。这方面有成功的典型也有失败的教训，以长沙城市建设为例可以得以说明。长沙位于我国中南地区，属于亚热带温湿气候，具有山、水、洲、城的城市结构特点，当地政府从这一生态实际出发，对岳麓山、湘江滨河、橘子洲和浏阳河的绿地建设进行了尊重自然、突出本地特色的规划实施，达到了城市景观生态系统结构合理、优化绿地布局和空间格局的效果。

4. 系统优化，城乡一体 系统优化和城乡一体原则要求城市绿地景观各部分之间应和谐共存，协调发展，最大限度地发挥各自在促进城市可持续发展中的作用。结合当地城市人口密集程度、绿化用地紧张的实际，考虑在城市周边建设较大面积的近郊森林公园和自然保护区，达到市区绿化和郊区绿化的互补，实现城市整体生态功能的优化。

5. 生物多样性保护 生物多样性保护在城市发展建设中很容易被忽略，实际上城市景观生物多样性不仅是城市生存与发展的需要和城市生态系统稳定的基础，也是城市中人、自然、环境相互协调的重要标志。在城市生态化改造和建设中，应通过增加绿地景观异质性，提高各景观单元的连接度，保留和建设大面积自然植被斑块和廊道的方式提高生物多样性。（郭晋平，2007）

三、城市绿地景观系统规划的目标和步骤

（一）城市绿地景观系统规划的目标

城市绿地系统在城市生态系统的维护、稳定中发挥着极其重要的作用，是提高城市品位、发展高效的环境经济的重要手段。同时，城市绿地系统对创造和谐的生活氛围、提高市民的生活质量和幸福指数也是必不可少的。宜居城市的自然物质环境主要包括城市自然环

境、城市人工环境、城市设施环境三个子系统。其中城市自然环境主要包括美丽的河流、湖泊、大公园、一般树丛、富有魅力的景观、洁净的空气、非常适宜的气温条件等；城市人工环境主要包括杰出的建筑物、清晰的城市平面、宽广的林荫道系统、美丽的广场、艺术的街道、喷泉群等；国家森林城市对于森林覆盖率和生态网络有一定的要求和指标。对森林覆盖率的具体要求如下：城市森林覆盖率南方应达到 35% 以上，北方为 25% 以上；城市建成区（包括下辖区、市、县建成区）绿化覆盖率达到 35% 以上，绿地率达到 33% 以上，人均公共绿化面积 9 m^2，城市中心区人均公共绿地达到 5 m^2；城市郊区森林覆盖率因立地条件而异，山区应达到 60% 以上，丘陵应达到 40% 以上，平原区应达到 20% 以上。对生态网络的要求是：连接重点生态区的骨干河流、道路的绿化带达到一定宽度，建有贯通性的城市森林生态廊道；江河、湖、海等水体沿岸注重自然生态保护，水岸绿化率达到 80% 以上，在不影响行洪的前提下，采用近自然的水岸绿化模式，形成城市特有的风光带；公路、铁路等道路绿化注重与周边自然、人文景观的结合与协调，绿化率达 80% 以上，形成绿色通道网络。因此，城市绿地系统建设应确立与 21 世纪城市生态化建设相匹配的发展目标。

1. 确立城市绿化的产业地位 20 世纪 90 年代，中共中央、国务院把城市绿化列为"对国民经济和社会发展具有全局性、先导性影响的基础产业"。国务院在《全国第三产业发展规划基本思路》中，要求"城市园林绿化水平有较大提高"，这标志着城市绿化的第三产业地位在我国已经基本确立。因此，城市绿地景观系统规划应该与相关产业相结合，与绿化企业相结合，形成规划和建设的合力，在城市生态化建设中发挥应有作用，做出应有贡献。

2. 提高城市绿化的社会价值 一座城市的品位、吸引力和魅力在很大程度上取决于它的生态环境，而生态环境质量的好坏在很大程度上又取决于城市的绿化水平和质量。进入 21 世纪，城市绿地已经成为现代城市建设最重要的元素之一，生态城市建设已经成为未来城市建设的方向，"城市与森林共生长"的理念已成为各级政府进行城市规划和建设的指导思想。建设良好环境成为建设美丽中国、全面建设小康社会的重要内容，也是城市居民共同的期盼。城市绿地在城市土地中所占的巨大份额必然使它成为影响城市风貌的决定性因素之一，成为吸引人才、技术、项目和资金集结的重要因素。此外，城市绿地系统作为一种人工生态系统，还凝结着当今和历史的各种自然、科学和精神价值。目前，我国各城市的绿地规划建设取得了喜人成就，绿地覆盖率都有不同程度的增长，出现了大量设计精美、绿化精致的新增城市绿地，城市居民人均绿化面积大大提高。

3. 使城市绿地系统的生态价值深入人心 城市绿地系统对于一个城市的重要性相当于人体与肺的关系，该系统是城市中自然力的主体，不仅通过特有光合作用为城市源源不断地提供新鲜的氧气、调节气温和湿度、滞尘吸污、杀菌减噪、保水固土，还可以通过植物、动物、微生物三大功能群，实现城市物质交换、能量循环。而城市绿地系统的这些不可取代的生态价值往往被人们忽略，一旦失去了才感到它的珍贵。目前，我国北方、东方许多城市都发生了比较严重的雾霾，出现了城市居民连续多日呼吸不到干净空气的现象，给人们的身心健康造成了很大危害。这种问题的出现引发了众人的思考：以牺牲生态环境为代价的建设和发展，我们究竟得到了什么又失去了什么？当人们赖以生存的生态环境的底线受到威胁时，才深深地认识到碧水蓝天的珍贵，才认识到城市绿地系统是多么的宝贵。因此，城市绿地景观系统规划的目标应该包括绿地生态价值的宣传及人们对生态环境保护的教育和引导。

（二）城市绿地景观规划的步骤

城市绿地景观系统规划总体上分为调查与分析、总体规划、分项规划三个步骤。

1. 调查与分析 调查与分析就是对城市绿地景观现状进行实地调查，包括城市绿地斑块、廊道的分布和面积及空间格局、植物种群结构等，收集第一手资料，并对城市绿地系统的组成、结构、功能加以分析、综合和评价，发现优势，找到问题，以构建合理的城市绿地景观系统的基础。

2. 总体规划 总体规划是在城市绿地景观调查与分析的基础上，以景观生态学的理论、原理为指导，综合多学科的理论知识，按照城市绿地系统景观规划的内容、原则、目标对城市绿地进行合理的布局和安排，将城市绿地斑块、廊道、本底划定粗线条范围。

3. 分项规划 分项规划是对城市绿地景观系统中不同景观要素的设计进行具体控制和引导，包括城市景观边界规划、城市绿地斑块规划、城市绿地廊道规划、城市景观本底规划和城市绿地植物景观规划。

四、城市绿地景观格局规划

城市绿地景观格局规划应考虑保护或建设的格局，充分考虑大型绿地斑块和小型绿地斑块对城市生态景观的结构和功能的不同影响。通常应该满足如下要求：

（一）均衡绿地系统布局

城市绿地系统的规划布局要充分结合各类绿地的不同功能分区，在城市中合理均衡地安排公共绿地。一般来说，文教区、行政区、居住区在方圆 500 m 半径之内，应考虑设置街头小游园。在 1 000 m 之内，应设占地 6~8 hm^2 的区级公园。新公园的建设应安排在人口稠密和缺少绿地的区域。在工程、高速公路、飞机场等噪声和大气污染较严重的周边应设置防护绿地。河流、海岸、文化遗产、风景区等地要设置绿地。

（二）结合城市自然环境，因地制宜

每个城市都有其自身自然环境特点，在进行城市绿地景观系统规划设计时，要充分利用好本地的自然条件，充分考虑城市河流山川、名胜古迹等条件，因地制宜，构成丰富多彩的绿色景观空间。这方面不乏好的典型例子，长沙市政府在城市建设中就充分结合了本地自然资源和环境条件实际，将"山、水、洲、城"的天然元素发挥得淋漓尽致，打造了集魅力岳麓山、美丽橘子洲及活力滨河风光带于一体的美丽新长沙，地方特色突出，城市个性显著。

（三）建立城市立体绿化体系

城市绿地景观系统规划不仅要科学布局城市平面，还应考虑立体空间的布局设计。立体景观或立体绿化不仅产生良好的视觉效果，还能调节人们的身心健康。随着城市的发展和高层建筑的增多，平面绿化空间将越来越少，立体绿化的重要性尤为突出，特别是在人口稠密、空间拥挤的城市中心。立体绿化通常是在建筑物的外墙种上具有吸附能力的攀缘植物，或进行屋顶绿化，即在建筑物顶铺上一层土壤栽种花木，放置盆景。此外，由于现代城市建

筑的装潢材料和涂料多含有毒化学和污染物质，可以通过选择合适的植物种类，实行地面绿化、室内绿化、楼顶绿化、墙体绿化，形成绿化网，吸附、吸收这些污染物（焦胜等，2006）。

在进行城市绿地景观规划时应该优先考虑保护或建设的格局包括：
①几个大型的自然植被斑块作为水源涵养所必需的自然地。
②有足够宽的廊道用以保护水系和满足物种空间运动的需要。
③建成区里有一些小的自然斑块和廊道，用以保证景观的异质性。

另一方面，作为城市生态景观的一个组成部分，在进行城市绿地系统规划时要体现城市形象，突出提炼城市的风貌特征、形象主题，塑造和强化城市的独特形象。按照"通道、节点、边缘、片区和标志"这五个城市形象的识别和形象设计要素进行研究布局。达到"城市景观通道特色显著、城市边缘景观美观、城市景观节点突出、城市自然景观片区丰富"的效果。在城市景观通道方面，要求设置城市自然景观轴，沿城市主要出入口公路两侧布置具有地方特色的风景林；在城市景观边缘方面，要求沿城市环城公路、河流的城市边缘界面进行绿化处理，对城市边缘区建筑密度较高、建筑景观不佳的地段以森林遮挡，对边缘区的开阔空间布置以疏林或低矮灌木；在城市景观节点方面，要求对城市广场、立交口、城中山、湖边城这些标志性强的地点进行景观轴、景观视廊的绿化处理；在城市自然景观片区方面，要求城市公园、风景区、滨河地带的景观设计要突出自然，植物配置采用乔木、灌木、地被植物垂直结构，形成稳定的植物群落。

第六节 园林景观生态美学欣赏

一、生态环境美学的理论概述

（一）生态环境美学的概念

岳友熙在他所著的《生态环境美学》中认为，生态环境美学是从美学的角度出发，用审美的态度、观点和方法，研究人类与自然的生态现象、生态关系和生态规律的科学。它是在当代生态观念、环境观念和美学观念的启迪下产生的一门新兴跨学科的美学应用学科（岳友熙，2007）。作者在"人与自然的内在关系""人与自然的外在关系""生态环境价值""生态环境美"及"生态环境艺术美"等方面作了详细的论述。他的观点概括如下：

①人与自然的内在关系。即：人—社会—自然是一个有机的统一体，人与自然的关系是内在的、统一关系。

②人与自然的外在关系。指人与自然的主体和客体关系。

③生态环境价值。体现在人与周围生态环境具有本源性和必然性的联系，人与周围的生态环境所构成的生态环境系统所具有的自身内在的有机价值。它是自然生态系统（包括人）天生就具有消纳废物、维持生命调节平衡的生态价值。它是生态环境系统维护自身稳定、完整和美丽本身所具有的价值。

④生态环境美。体现在人与自然"共生共运，圆融共舞"的关系，这种自由和谐的关系就是一种美的状态，又称为似自然美。由于对自然生态美的分享与获得，离不开作为主体的人的感受和评价，因此它又带有文化美的特性，从这种意义上讲，它又是一种似文化美。

⑤生态环境艺术美。是对自然生态环境美和文化生态环境美的艺术反应。它不同于一般的艺术美，不是纯粹的人工艺术美，而是对自然生态环境和文化生态环境艺术化的美。它是人们在实践活动中，按照自然生态规律和美的规律创造出来的，适合人类和其他生命共同生存的生态环境的美。而生态环境艺术是由多种不同的设计要素构成，如空间、自然要素、公共设施、雕塑、光、色和质等，这些要素的整体效果绝不是各种要素简单、机械的累加，而是各要素相互补充、相互协调、相互加强的综合效应。

（二）生态环境美学特征

在生态美学的探讨中，我国学者较多地提出了"生态美"的概念，佘正荣教授认为，生态美包括自然生态美和人工生态美两种形态。第一个特征是"它充满着蓬勃旺盛、永恒不息的生命力，……是活性物质的光辉和韵律"；第二是它的和谐性；第三是生命与环境共同进化过程中的创造性；第四是审美感受对于生态系统的直接参与（佘正荣，1995）。陈望衡教授认为，生态美虽然不是全部的美，但它必然是美的不可或缺的要素，各种独立存在的美的形态，都存在生态美这一要素。可以说，生态美是美的基本性质，包括自然美、人类在内作为生态系统其生态平衡功能所显示的审美意义（陈望衡，2001）。

而在生态环境美的审美特征和规律方面，佘正荣在他著的《生态智慧论》一书中认为：人对生态环境美的审美体验，是在人的参与和人对生态环境的依存中取得的，它体现了人的内在和谐与外在和谐的统一。在这里不能将审美主体和审美客体对象截然分开而是审美境界的主客体统一和物我交融。"河流、狂野、冰川和所有生命种群，都是作为体验着的我的一部分，我与生物圈的整个生命相连，我与所有的生命浩然同流，我沉浸于自然之中并充实着振奋的生命力，欣然享受生命创造之美的无穷喜乐"（佘正荣，1995）。徐恒醇教授认为，人对生态美的体验，是在主体的参与和主体对生成环境的依存中取得的，它体现了主体的内在和谐与外在和谐的统一（徐恒醇，2003）。刘成纪教授认为，当生态美的价值被看成多元价值的统一，当自然界的各种生命体现出休戚与共的共生关系，这就意味着和谐之美是生态美的最高表现形式（刘成纪，2001）。综合起来，审美就是作为社会存在的人主要以自身的生理和心理生活为中介，以特定的审美环境为背景，在对特定的自然现象的外在形式和形象的感知过程中，由于对象的存在方式和形象形式满足了主体心理潜能的需要，主体所做出的一种无目的性判断。而且，人们对自然美的欣赏并非一种纯粹的自然本能的活动，恰恰相反，人之所以能够欣赏自然美，主要是因为人是社会化的人，人的感官不同于动物的感官，人具有动物所没有的感知"音乐"的耳朵和感受形式美的眼睛，欣赏自然美是一种社会性的人以自身的生理、心理生活为中介对对象特征和形象形式的感觉和享受（岳友熙，2007）。

二、园林景观生态美及审美特征

（一）园林景观生态美的概念

园林景观生态美不同于上述生态环境美，它不仅具有生态环境美的自然美属性，还具有艺术属性，是对自然生态环境和文化生态环境艺术化的美。因为，园林景观生态不同于自然景观生态，它含有人的意志或人的设计理念，含有人的审美倾向和价值取向。这种自然生态美和生态环境艺术美的结合，在满足人的生理和心理感觉功能上与单纯自然生态美给人的视觉冲击是不一样的,会产生"艺术来源于生活而高于生活的效果"。而这种自然生态环境和文化生态环境是彼此联系而又相互制约的。自然生态环境影响着文化生态环境的构造,例如,生活在海边、内陆、高原、热带雨林等不同地区的人类群体,由于其所处的自然环境不同,因此所构建的文化生态环境也必然各具特色。反之,文化生态环境也深刻影响着自然生态环境的营造。不同的传统、制度、习俗、趣向等文化特点也影响着人与自然的关系。因此,不同的地域有不同的园林景观特色和风格及美学特征。

(二)园林景观生态美的审美特征

园林景观生态美的审美特征归纳起来主要有如下几个方面:

1. 园林景观生态美的整体性审美特征和局部审美特征　在审美活动中,人们对园林景观生态美的把握,一般是通过对其整体效应的获得,而不是首先注意到它的细节形式,因为人们认识事物的过程是从整体到局部,再由局部返回到整体。一个整体的园林景观单元结构是按照自然原理构成,具有所有组分的和谐和协调。园林景观生态作为一个系统的整体,包含着许多具有不同功能的单元体,每一种单元在功能语言上都有一定的含义,这众多的功能体系包含多种不同的、具体的设计要素,它最终给人的整体效果绝不是各种要素简单、机械地累加,而是各要素相互补充、相互协调、相互加强的综合效应,各个组成部分是人的精神和情感的物质载体,它们共同协作,加强了园林景观生态的整体表现力,形成某种氛围,向人们传递信息,表达情感,进行对话,从而最大限度地满足人们的心理和精神需求。它们巧妙地衔接、组合,形成一个庞杂的有机整体,也就是园林景观生态环境的整体性。对于园林景观生态美的评判,关键在于构成园林景观生态要素的整体效果,而不是各部分"个体美"的简单相加之和。但局部审美的确存在,园林景观生态环境中,尽管整体园林景观效果不够理想,但局部景观的亮点往往也能吸引人们的眼球,一株漂亮的植物,一朵鲜艳的花朵,一条清澈的小溪,一栋精美的建筑、一座古色古香的小桥和亭台、一条通幽的曲径等都能让人产生美的享受,甚至触及人的灵魂,产生无限的遐想。

2. 园林景观生态美的审美核心和精髓是追求真正的人的体验、人的自由、人的快乐　园林景观生态设计既重视人与自然生态环境的关系,又重视人与文化生态环境关系的和谐,是自然生态美和文化生态环境美的统一。园林景观生态在人与文化生态环境的关系的探求中,使园林景观生态美学超越一般生态学的纯然物质的、技术的层面,在真正意义上进入了人类的生活,进入了人类情感和精神的领域。它追求的主要目标并非只是给人以直接的生物满足和享受,而且还给人以真正意义上的情感满足和精神快乐。生活在其中的人不仅可以偶尔感到一种自由和快乐,更重要的是,他还能在自己所生活的包括自然环境和社会文化环境在内的整个世界中,真正体验到一种解放感和自由感,一种自我层面的内在快乐和超越(岳友熙,2007)。

3. 园林景观生态美的审美具有时空连续性的动态特征　园林景观生态美不同于绘画、雕塑和建筑等艺术美的特点,它始终处于一种动态的发展过程中,必须不断补充完善、新旧更替。只要社会不断发展,生命不断延续,这种变化就会永无止境。它像一个生命,除了自身的新陈代谢,还不断地吸收系统外的物质和文化营养成分,这个生命不仅包含大量旧的细胞和组织,而且不断产生新的成分,新旧共生于一个载体中,相互融合,共同发展。

三、景观生态美的审美情趣

在生活中，美的景观对人们都能产生不同程度的感染力。而人们的审美眼光千差万别，对美的敏感性也各不相同。这里摘选一些人们对美的感悟、交流和审美情趣。

（一）杰弗里《夏日芳草》

我踏着芳馥的浅草向上走去，而随着每一步的攀登，我心境的感受范围似乎也更加宽阔。随着每一口清纯气息的吸入，一个更加深沉的渴望正在不觉萌生。甚至连这里太阳的光线也更加炽烈而妍丽。待我登上山顶，我早已把我的卑微处境与生活苦恼忘个干净。我感到自己已经一切正常。山顶有堑壕一道，行至其地，我沿沟缓缓而行，稍事歇息。沟的西南边上，一处坡面塌陷，形成裂口。这里下临一带沃野广阔，其中盛植小麦，景色颇佳，周围青山环抱宛如一座古罗马圆形剧场。天际白云锁闭，不可复见。各处村屯农舍多为林木隐蔽，故此地堪称绝幽。

这里的确幽静异常，唯有阳光与大地为伍。我躺在草上，开始从灵魂深处与大地、阳光、空气以及那妙不可言的远海慢慢絮语。我想到大地的坚实，我甚至觉得它将我载负而起，并从身下如茵的绿榻那里传来一种异样的感觉，仿佛大地正在和我交流。我想到那流荡的空气——以及它的纯净，这正是它的美所在。它抚摸着我，并把它自身的一部分也给了我。我又与大海谈话——虽然它离我很远，在我想象中，我仍然看到了它远岸近处的苍翠与远洋深处的蔚蓝——我渴望获得它的力量、神秘与光荣。然后我又与太阳对话，渴望从它的辉煌与灿烂中，从它的坚韧不拔与不知疲倦的驰驱中，找到那和灵魂相仿的东西。我抬起头来仰对着顶上的蓝天，凝视着它的深邃，吸吮着它的绝妙的色泽和芳馥。天上的那些采撷不到的花朵里的浓郁蓝把我的灵魂也吸引过去了，使它在那里得到安息，因为纯净的色调给灵魂带来静谧。凭着这一切我祈祷了，我的灵魂体验到了一种完全不可言说的情感；相形之下，祈祷反而显得微不足道，而语言更是这种感情的一个粗糙标记——只可惜我除此再没有别的办法了，凭着碧蓝的天空，凭着那光透幽径的滚滚炎阳，一个新的缥缈的"以太"海洋正展开在我的眼前。凭着那环抱宇宙周流无垠的爽气清氛；凭着载负着我的坚实大地；再凭着芳馥的茴香，它们的小花我常抚摸；凭着芊芊芳草；凭着那经手一搓便顺指滑落的粉松白垩，我祈祷了。我搓搓土块、草叶和茴香，吸吸周流寰宇的澄鲜空气，想象大海与苍天，伸伸手臂来让阳光爱抚一番，并俯首在草上以示虔敬——我正是这样来祈祷的，这时我衷心盼望这样或许能接触到那个比上帝更高的、不可言说的世界。

尽管使我心神激越的许多情感那么浓烈，尽管我与大地、太阳、天空、星斗与海洋的一番歆合那么亲切——这种感情动人心魂的深切是任你怎么来写也写不出的。我正是凭着这些来祈祷的，仿佛它们竟是一些乐器、一些键盘，通过它们而把我灵魂中的乐调嘹亮奏出，它们增大了我歌声的音量。那光华耀目的伟大太阳，茁壮而亲切的大地，和暖的晴空与澄鲜的空气，以及对大海的思慕——这一切无可言喻的美简直给我带来一种至乐与狂喜的感觉……
（高建译）

——选自《自然美景随笔》，陈湘主编，湖北人民出版社，1994，44-45页。

(二)尼·斯米尔诺夫《夏日芳芳》

别墅阳台上的蔷薇和茉莉花丛日渐舒展茂盛,一到开花季节它们便一天比一天美丽:茉莉枝头仿佛披上了挂霜的水晶,蔷薇则缀满了鱼漂似的绿衣红蕊的精致花蕾,这些"鱼漂"渐渐伸展,狭长而蜷曲的叶片舒展张开来,接着花萼绽开了,落满茉莉枝梢的细碎"霜花"一下成黄蕊的小铃铛。

对着阳台的窗户彻夜敞开,我觉得我朦胧中不仅听到了夜莺的婉转啼鸣,还有蔷薇和茉莉开放时的沙沙声响。

一天夜里,掠过一阵雷雨。雨后花园里吹来如此丰厚的暖意和浓烈的芳香,几乎令人眩晕了。

翌日清晨,阳光明丽,天空澄澈,滴着雨珠的茉莉和蔷薇美不可言。阳光仿佛在蔷薇上泼洒着红红的火焰,而阴影中的花朵微微泛蓝,宛若薄柔光滑的锦缎。

皮带花纹的绿叶环绕的四瓣茉莉,闪烁着纯净的光辉。

花园里争奇斗艳,芬芳四溢。五彩斑斓的蝴蝶无声地在蔷薇丛中翩然飞舞。嗡嗡低唱的蜜蜂时不时伏在花朵上。燕子清脆的啁啾着,像箭似的忽前忽后地掠过。伏尔加河岸边的山上回荡着雄浑奔放的赞美祖国的歌声。

俄罗斯明媚的夏天来到了。(贾放译)

——选自《自然美景随笔》,陈湘主编,湖北人民出版社,1994,35-36页。

四、园林景观生态美的实景欣赏

园林景观生态的美只有被人所认识、体会、感悟之后才体现其价值。而生活在城市园林景观、小区绿化景观等环境中的人们的审美情趣、审美能力、发现美和捕捉美的能力差异较大,有的对景观生态美较敏感,而有的则比较迟钝、甚至不会欣赏。而且,在生活中其实普遍存在一个审美疲劳问题,就是在良好的景观生态环境中生活时间长了之后,对周围环境中的美往往视而不见、熟视无睹。因此,保持审美情趣以及发现美、捕捉美的能力对一个人健康心态的塑造是很重要的。下面是一些比较经典的园林景观镜头,让我们公共欣赏欣赏。

在建筑物与围墙的夹持下,蜿蜒的园林小径绵延至远方,让庭院显得更加悠远。悠长的青石小径穿过一个白墙黛瓦的月洞门,门内又是一番宜人的景色。假山与修竹布置在门洞两侧,在白墙的映衬下,宛如一幅中式的山水画(图5-1)。

穿过景墙,沿着蜿蜒的卵石小径,来到庭院一角精巧陈设的水景凉亭。草坪与卵石小径的衔接处处理成了柔美的波浪形,让这个模拟自然山水的庭院看起来更有亲和力。自然的卵石堆砌,围合成的假山叠水池,木质的红顶凉亭、亲水木平台组成了体态在静中取"境",潺潺的水声,石质的坐凳小品和门前高挂的红色灯笼将自然野趣及中式的古典风情诠释得更加得体(图5-2)。

正对小亭,是一条蜿蜒的小溪,清澈见底,一直延伸到亭子背后。水面上漂浮着几丛慵懒的紫色睡莲,成群的锦鲤停歇在几片叶子下,缓缓地游弋,自得其乐。在亭中休息,仿佛置身于林间深处,木亭、翠竹、小溪等景观元素无不流露出人文气息(图5-3)。

蜿蜒曲折的卵石道路,路面上的图案随着行人的步履不断发生变化,一会儿看到的是

图5-1　白墙黛瓦的月洞门

图5-2　精巧的水景凉亭

"游动的鱼儿",再走几步见到的就是"摇曳的树木",甚是有趣。不知不觉小路把你带到精致的木质亭,在那里停歇一会儿,听听大自然的合奏曲,偷听一对对鸟儿的缠绵私语(图5-4)。

图5-3　慵懒的紫色睡莲

图5-4　精致的木质亭

背倚着古色古香的花架,坐在秋千椅上有节奏地摇摆,静静地回想以往,让一个个美丽的瞬间在心中放映。清风吹拂,艳阳高照,四周的绿在生长,桂花香飘四溢,蜻蜓也不停地在眼前盘旋。这和谐的生态美令人陶醉(图5-5)。

合果芋、龟背竹、睡莲、荷花等水边植物将下沉的水池打造得郁郁葱葱。纤细摇曳的云南黄馨将青灰色的墙面装点得分外质朴。水中自由游弋的锦鲤时而躲在荷叶下,时而聚在一起,泛起层层波纹。最是那悠然自得的木亭,那么亲切而又有几分神秘的色彩(图5-6)。

建在水上被各种绿色植物簇拥的四角亭,无论什么季节都具有难以抗拒的魅力。或在夏日乘凉,或近距离的观赏在水自由自在游弋的红鱼,还可以在此沐着清风感受自然的气息。这里不仅彰显人文景观与自然生态的交汇,也流露无语而美妙的生态美(图5-7)。

图5-5 清风中的秋千椅

图5-6 悠然自得的木亭

图5-7 植物簇拥的四角亭

复习与思考题

1. 名词解释

    景观　景观结构　斑块　廊道　本底　景观异质性　景观空间格局　景观动态　物质流　物种流　景观功能
2. 简述景观、土地和环境的异同点。
3. 形成景观的因素有哪些？
4. 影响景观发育的自然和人为因子有哪些？

5. 影响景观稳定性的因素有哪些？
6. 景观要素之间的关系是怎样的？
7. 景观的功能有哪些？
8. 城市绿地景观生态规划的原则、步骤和方法各是什么？
9. 园林景观生态美的美学特征有哪些？
10. 园林景观生态美学价值与欣赏对园林景观设计有何意义？

实训项目 5-1　对校园进行绿地景观生态规划设计

目的

通过对校园某一范围的土地进行绿地景观生态规划设计，掌握城市绿地的规划设计的方法、步骤。

工具

皮尺、平板仪、记录本、照相机。

方法步骤

1. 对设计范围进行实地考察测量，收集规划设计面积的地形、面积、主要生态因子等第一手资料。
2. 根据规划面积的地形、面积等因素，对规划区的绿地组成、结构进行初步规划。
3. 进行详细的绿地规划设计。

作业

谈谈自己的主要规划思路。

实训项目 5-2　园林景观生态美学欣赏实训

目的

通过观察，感受和发现园林生态景观的美学价值。

仪器

照相机、笔记本。

方法步骤

1. 选定自己熟悉和喜欢的园林景观对象。
2. 近距离观察景观的外貌、组成和结构。
3. 以自己的审美视角记录景观的生态美学价值。

作业

谈谈对某一特定园林景观的观后生态美学发现和感受。

第六章 园林生态系统评价与可持续发展

第一节 园林生态文明概述

生态文明是继渔猎文明、农业文明、工业文明之后的一种新的文明形态。生态文明是指人类遵循人、自然、社会和谐发展这一客观规律而取得的物质与精神成果的总和；是指以人与自然、人与人、人与社会和谐共生、良性循环、全面发展、持续繁荣为基本宗旨的文化形态。

一、生态文明的内涵

生态文明是比工业文明更进步、更高级的人类文明，是指人类的主流价值取向和社会实践已经能够自觉地把自然效应纳入一切社会经济活动之内。其本质要求是实现人与自然和人与人的双重和谐目标，进而实现社会、经济与自然的可持续发展及人的自由全面发展。

（一）实现人与自然的和谐发展

地球是人类赖以生存和社会经济可持续发展的物质基础和必要条件。地球的资源储量和生态环境的承载力是有限的，一旦人类的经济社会活动超过了这个承载阈限，自然生态系统将失去补偿功能，环境恶化、生态失衡等一系列问题就会接踵而来，人类进行经济、文化、社会、政治活动的自然生态基础就会瓦解。所以，实现人与自然的和谐发展，维护自然生态的平衡，是人类共同的根本利益所在，是人类社会可持续发展的基本前提，是构成生态文明社会本质要求的基本目标系统。

（二）实现人与人的和谐与全面发展

人与人的和谐与全面发展具有三层内涵：
①全人类的和谐与全面发展。建立公正、公平的国际社会经济新秩序。
②国家层面的各民族、各阶层民众的和谐与全面发展。必须保障全体社会成员公正公平地创造新生活和享受新生活。
③具体到个体层面的人既要拥有公平地享受社会发展成果的权利，也要有为社会发展做贡献的素质，要科学地认知自我、完善自我、提高自我。

（三）实现经济、社会的全面、协调、可持续发展

联合国给"可持续发展"的定义是"既能满足当代人的需求，又不对后代人满足其需求的能力构成威胁"。为了达到可持续发展的目标，必须以人口、资源、环境、区域和经济、社会、文化、政治的全面协调发展为支撑，确保各项社会事业的文明进步。

人与自然的和谐协调发展、人与人的和谐与全面发展、经济社会的可持续发展三大整体目标体系的统一，从根本上体现了生态文明社会的本质特征和本质要求，体现了保护环境、优化生态与人的全面发展的高度统一性，体现了可持续经济、可持续社会与可持续生态的高度统一性，揭示了工业文明转型的演进方向。这种转型不是某一领域或几个领域的事情，而是整个人类文明系统的一系列变革。其中起决定作用的是社会生产力结构、社会治理结构、经济社会发展模式结构的变革，这是与工业文明不同的整体结构层面的主要内涵。

二、生态文明的背景及意义

人类文明的发展历程是人类通过认识自然并利用自然力而促进自身进化与发展的过程。人类文明发展到工业文明后，人类以科学技术为第一生产力创造了巨大的物质财富和精神财富。工业文明的基础是有足够的可再生资源和不可再生资源，以及科学技术能不断地开发出足够的替代资源。然而资源短缺和科学技术在限定的时段内难以开发出足够的替代资源这一事实，无情地动摇了这一基础。工业文明的生产活动的"排泄物"严重破坏了人类赖以生存的生存和发展的环境。生产和发展在此时发生了矛盾。只有改变人类目前的生产生活方式，实现生活、生产、生态的"三生共赢"，将人类推向生态文明，才能实现人类的可持续发展。

三、园林与生态文明

园林是保护、规划、设计和可持续地管理人文与自然环境的一门科学。它综合运用科学技术及艺术手段来保护、利用和再造自然，满足人对自然地需要，协调人与自然、人与社会的发展关系。

（一）园林是生态文明的重要实现途径

园林是城市中唯一有生命的基础设施，它构成了生态文明的空间载体和重要的实体要素，另一方面园林可以提供生态、美观、宜人和安全的生活居住和社会活动空间，从而保障人类安全、福利、健康和生命力，促进国土安全和社会可持续发展。

（二）生态是园林的重要内涵和外化属性

中国几千年的园林史始终贯穿着朴素的生态思想，包括尊重自然、顺应自然，在自然规律的基础上适度地人为干预、合理地改造利用。园林设计从选址、布局、植物配置等方面均遵循基本的生态原则，尽可能的接近自然、模仿自然，通过经验再造自然，科学地处理人与自然的关系。

第二节　园林的可持续发展

一、可持续发展的生态伦理观

（一）可持续发展理论的提出

随着工业文明向全球的推进，环境恶化、资源匮乏、生态失衡等，已成为危及人类生存的全球性问题。水和大气的污染，各种极端天气的日渐增多使人类现代生活的"惬意"与"舒畅"逐渐消失，而森林面积却迅速的减少。事实面前，人们不得不开始思考采取措施平衡人类文明进步与生活质量提高之间的矛盾。1980 年，国际自然与自然资源保护联盟起草的《世界自然保护大纲》明确使用了"可持续发展"的概念。1987 年，挪威前首相布伦特兰夫人领导的世界环境与发展委员会（WCED）在其报告《我们共同的未来》中首次界定可持续发展概念，该报告指出：可持续发展是这样的发展，既满足当代人的需要，又不对后代人满足其需要的能力构成威胁。1992 年 6 月联合国在巴西里约热内卢召开了由 100 多位国家政府首脑出席的世界环境与发展大会，会议通过了一系列重要文件。其中包括被认为是这次大会重要标准的文件——《21 世纪议程》。提出人类社会今后应该走可持续发展的道路。我国政府在 1994 年 3 月发布了《中国 21 世纪议程——中国 21 世纪人口、环境与发展白皮书》，作为中国政府处理人口、资源、环境与社会经济发展的战略和政策指南。2012 年国务院发布《可持续发展国家报告》，详细阐述了我国进一步深入推进可持续发展战略的总体思路。

把一个完好的地球交给我们的后代，给后代留下一个健全的生态环境，不损害后代的生存和发展利益，已成为全球共识，成为对当代人类的一种强烈的伦理要求。于是生态环境问题必然地成为一个伦理道德问题。因此践行可持续发展理论，必须确立科学的生态伦理观念。

（二）可持续发展的生态伦理观的基本内容

可持续发展理论的核心与本质，是追求经济利益发展的同时，确保人类与自然的和谐、共存、共荣。要实现可持续发展就必须把人类活动限制在生态系统的承受能力之内，必然要求产生与之相适应的生态伦理观。实现可持续发展的发展目标和发展模式，不仅需要制度、政策上的改变，需要法律的约束，而更重要、更深入持久的是要运用道德的约束力，使之成为人类发自于内心的自觉行为。一般认为，生态伦理观的内容主要有以下两个方面：

1. 破除"自我中心主义"，建立人类平等观　可持续发展的生态伦理以平等原则为人际关系的行为准则，要求发展主体必须破除"自我中心主义"，而以人类生存的整体利益和长远利益为视角，对自己的发展行为实行自律。

平等包括两个方面：
①体现全球共同利益的代内平等。
②体现社会未来利益的代际平等。

代内平等要求任何地区和国家的发展，不能以损害别的地区和国家发展为代价。代际平等要求当代人的发展不能以损害后代人的发展为代价，当代人应保存可供后代人持续发展的资源。

2. 超越"人类中心主义"　人类中心主义，是把人的利益看成是高于一切的，把自然界看成人类获取自身利益的工具。人类对自然肆无忌惮的索取和掠夺，造成了全球性的环境污染和生态破坏，严重威胁人类生存。为了人类自身更好地生存和发展，人类必须超越人类中心主义，建立人与自然和谐共处、协调发展的生态伦理观。

（三）可持续发展的生态伦理观的重要作用

1. 可持续发展的生态伦理观是可持续发展的有力支撑点　实现可持续发展有两个支撑

点,即科学技术的发展和价值观念及行为的转变。两者是互动的辩证关系,前者是基础,后者是前提。科学的发展,除了一定的物质条件和社会制度的制约外,还受科学发展观的制约,而科学发展观又受人类自身道德观的制约。可持续发展中一系列问题的解决,如治理工业污染、建立可持续工业、开发无公害农业、防治城市污染等都必须依赖科学技术,科学技术的发展将不断为人类的可持续发展提供强有力的支撑,但人类必须首先具有与自然和谐共进的伦理观。

2. 可持续发展的生态伦理观能弥补法律的不足 生态环境问题的出现,大都由于人类行为不当所致。作为道德范畴的生态伦理观念对约束人们的行为有着法律不可比拟的作用。法律的实施离不开公民由道德自律而产生的自觉。可持续发展的生态伦理观能够促使人们自我约束、自我规范,弥补法律的不足,全面实现可持续发展。

总之,可持续发展是世界各国共同的目标,是一种关于人类和生存环境在伦理关系上求得共存与和谐的全新发展观。人类只有认识自然规律、尊重自然规律、按自然规律办事,倡导一种热爱自然、尊重自然、保护自然,确立积极主动的生态伦理观,自然才会向有利于人类社会的方向发展,人类才能实现可持续发展。

二、园林可持续发展应遵循的原则及其支持系统

可持续发展是当代中国的重大战略,园林可持续发展是推动这一战略的重要一环。园林可持续发展是指通过园林的建设与管理,谋求园林内社会、经济、环境的整体协调,既为当代社会的进步创造条件,又为后代城市的更大发展奠定基础。生态园林是以环境为基础,以植物为主导,在提供景观、休闲娱乐设施和城市开敞空间的同时,构建城市生态系统,成为城市可持续发展的重要基础。

(一) 园林可持续发展应遵循的原则

1. 坚持规划优先的原则 规划是城市生态园林建设和发展的蓝图。要加强城市生态园林建设,必须坚持规划先行,尤其是绿地系统规划先行,突出以建立可持续发展的生态环境为城市发展的根本战略目标,充分发挥人文与自然景观结合、山水兼备、湖海相望的特色。

2. 坚持尊重自然的原则 生态园林建设的过程,实质上就是人们认识自然、崇尚自然、顺应自然,实现人与自然和谐统一的过程。

3. 坚持特色文化的原则 文化特色是城市的魅力所在,在城市园林规划建设过程中要保留当地的历史文化,并将当地的特色文化融入到现代城市园林设计中。

4. 坚持多元化投资的原则 生态园林建设,是惠及当代、利在千秋的功德事业。大规模地开展生态园林建设,需要大量的资金投入予以保障。既需要政府的投资,也要动员全社会的力量,采取多元化投资的办法,多方面筹措资金落实生态园林建设的各项工作。

(二) 园林可持续发展的支持系统及其建设

园林的可持续发展实质上就是不同尺度园林生态系统内部各子系统之间以及园林生态系统与外部系统或环境之间相互协调同步演进的动态过程。因而园林的可持续发展需要通过以下六个支持系统的不断协调与完善来实现和完成。这六个支持系统是园林可持续发展的重要

内容，是实现园林生态持续性、经济持续性和社会持续性的必要保证。

1. 环境与资源支持系统及其建设 园林是一个对资源与环境具有强烈依赖性的产业，它是直接利用光、温、水、土、动植物等自然资源和社会资源，通过人力、技术、经济措施进行物质生产的实体。因此，没有环境与资源的可持续，就不可能有园林的可持续发展。也就是说，只有保证环境与资源物质和能量输入的畅通性与永续性才能保持园林生态系统的持续性。

环境与资源支持系统的维护和培育主要包括以下几方面的内容：

①恢复与重建已经退化的生态环境，控制环境污染，实施废弃物的资源化利用和城市清洁生产工程，创造健康的生态环境。

②保护生物多样性，建立园林植物种质资源库。

③进行自然—经济—社会复合生态系统研究，应用生态系统结构与功能相互协调和物质再生的原理进行城市建设和城市园林建设，提出高效、和谐、舒适生态城市结构和调控的合理模式。

具体来说，在水资源保护与可持续利用方面，要重视城市水利设施的兴修与维护，确保其防洪、防潮、排涝、灌溉、供水等综合效益的有效发挥。强化控制水环境污染，深化水资源管理体制改革，充实、完善水资源利用和保护的各类法规，使水资源在市场机制下得以合理配置，综合利用效率最佳；在土地资源保护与可持续利用方面，搞好园林规划，有选择、有重点地加强土地资源的开发与利用。

2. 管理支持系统及其建设 管理是园林生态系统得以可持续发展的基础。管理系统可直接将各种自然资源、社会资源、资金和技术以及人类劳动构建为人类理想的园林生态体系，是实现可持续发展的重要环节。管理支持系统包括三个层面的内容：

①资源环境管理。包括区域资源的优化配置、园林景观的规划与布局。

②组织与经营管理。包括园林的具体组织形式，与这些组织形式相关的经营权、经营目的和土地利用方式。

③园林生态系统清洁维护管理。包括人力、物力和财力的投入，园林建设的技术配套、实施及管理等日常工作。

3. 经济支持系统及其建设 经济活动及其发展水平与可持续发展关系十分密切。经济总量、投入产出效益、替代物开发以及是否采用清洁技术和科学管理是可持续经济发展的内在要素。经济活动的规模越大，对环境产生的损害越大，这是因为，在其他条件不变的情况下，经济规模的扩大需要消耗更多的资源，向环境排放更多的废物；不同经济结构所包含的商品类型和服务是不同的，因而所需要的资源和环境投入也有很大的差别；经济效益越高，单位产出所需投入的资源越少，对环境的压力也越小；替代物可以避免稀缺资源的耗尽；清洁技术和管理有利于提高环境质量。

经济政策影响生产的规模、组成以及生产效率，进而对环境产生正面的或负面的影响。经济政策通过对使用资源的减少来提高经济效益；环境政策通过刺激采用较少损害环境的技术使效益增加；投资取向则可改变生产的方式，引导新的生产方式形成，从而使人类福利增加。因此，经济政策、环境政策和投资取向是影响可持续发展的三个外部因素。

4. 技术与信息支持系统及其建设 "科学技术是第一生产力"，也是园林可持续发展的重要突破口和关键所在。要想实现可持续发展，就必须依靠技术与信息两个重要支撑。生物技术、基因工程技术、信息技术、计算机技术与遥感技术等正渗透到园林系统的各个环节中。

5. 政策与法律支持系统建设　可持续发展已成为国家和地区发展的基本国策和基本战略，因此必须要有相应的法律政策作为保证和后盾，必须要有政府参与，做到有法可依、有法必依。一方面，要加快可持续发展的立法工作，建立健全有关的政策与法令制度。另一方面，要加大可持续发展的政策与法律的宣传、教育和执法力度，切实把各项政策贯彻落实下去。

6. 社会文化与伦理支持系统及其建设　一个社会的持续稳定需要一定的社会文化和伦理道德作为支撑。因此在实施可持续发展战略的同时，必须加强全社会的科学文化教育和精神文明建设，提高人们的生态环境意识、全球意识和可持续发展意识，让人们自发地、自愿地、自觉地去实施可持续发展，使可持续发展真正成为人类共识，而不止于停留在口头上。保护生态环境的教育是进行社会文化与伦理道德建设的一个重要途径。

三、园林可持续发展的技术体系

为实现园林系统环境和资源的永续利用，运用节约资源、保护环境的技术，建立有利于可持续发展的技术及其创新体系具有十分重要的现实意义。

（一）建立园林可持续发展的关键技术体系

园林可持续发展的关键技术体系主要涉及园林和经济、社会发展中带有全局性、关键性、方向性的系列重大技术。主要包括以下几个方面：

1. 土壤管理技术体系　主要包括化肥与有机肥配合使用，科学配方施肥，堆肥、厩肥、绿肥与垃圾的利用，豆科作物的有效配置，非豆科作物的固氮以及其他新兴替代肥源（如控施肥、缓释肥、生物肥料等）的开发利用技术。

2. 生态林营造技术和观光林建设技术　包括劣质林地林相改造技术和乡土树种树木园建设技术、园林中抗逆性人工植物景观林建设技术等。

3. 水管理技术体系　主要包括喷灌、滴灌、渗灌等先进节水技术的推广利用，用化学方法控制植物气孔减少蒸腾技术等。

4. 病虫害综合防治技术　主要包括选育抗病虫的园林植物品种，科学使用农药，保持生物多样性，扩大生物防治、植物杀虫剂等的应用。

5. 改善植物生存环境的技术体系　主要包括乔、灌、草复合种植技术、设施栽培技术等。

6. 园林信息化技术体系　主要包括植物的生长模拟与可视化技术、园林系统的信息网络建设技术、园林环境资源的动态监测系统、"3S"技术在园林生态系统中的运用等。

此外，还包括优良动、植物品种的繁育、推广及原有品种的改良和提纯复壮技术，废弃物综合利用和污染控制技术体系，园林生态环境保护和资源高效利用技术体系等。

（二）园林可持续发展的高新技术创新体系

现代社会发展史证明，高新技术决定着人类未来的社会经济生活。21世纪园林高新技术发展主要体现在新物种塑造技术和快速繁育技术两个领域。

（三）园林可持续发展的其他支持体系

1. 促进经济发展　按照"在发展中调整，在调整中发展"的动态调整原则，全方位逐步推进国民经济的战略性调整，初步形成资源消耗低、环境污染少的可持续发展国民经济体系。加强城镇体系规划，积极发展中小城市，完善区域性中心城市的功能，发挥大城市的辐射带动作用，有重点地发展小城镇。

2. 促进社会发展　建立完善的人口综合管理与优生优育体系，稳定低生育水平，控制人口总量，提高人口素质。加强灾害综合管理，建立健全灾害监测预报、应急救助体系，全面提高防灾减灾能力。

3. 资源优化配置、合理利用与保护　合理使用、节约和保护资源，提高资源利用率和综合利用水平。优化配置、合理利用、有效保护与安全供给水资源；贯彻执行珍惜、合理利用土地的基本国策，加强土地资源调查、评价和监测，科学编制和严格实施土地利用总体规划；改善能源结构，提高能源效率；及时修订、更新气候资源区划，采用先进的计算机信息处理技术和遥感技术，加强对气候资源的监测与评估，使气候资源可持续利用。

4. 生态保护和建设　建立科学、完善的生态环境监测与安全评估技术和标准体系、管理体系，形成类型齐全、分布合理、面积适宜的自然保护区，加强现有森林生态系统、珍稀野生动物、荒漠生态系统、内陆湿地和水域生态系统等类型自然保护区建设。加强城市绿地建设，按照"严格保护、统一管理、合理开发、永续利用"的原则，编制风景名胜区规划，并严格实施。重视城市生态环境建设，合理规划城市建设用地，建立并严格实施城市"绿线"管制制度。按现代化城市的标准，确保一定比例的公共绿地和较大面积的城市周边生态保护区域。加大城市绿化建设力度，提高城市大气环境质量。大力推动园林城市创建活动，减轻城市热岛效应。加强城市建设项目环境保护及市容环境管理，减少扬尘和噪声。

5. 环境保护和污染防治　实施污染物排放总量控制，开展流域水质污染防治，强化重点城市大气污染防治工作，加强重点海域的环境综合整治。加强环境保护法规建设和监督执法，修改完善环境保护技术标准，大力推进清洁生产和环保产业发展。积极参与区域和全球环境合作，在改善我国环境质量的同时，为保护全球环境做出贡献。

6. 运用法律手段，提高实施可持续发展战略的法制化水平　继续加强可持续发展方面的立法工作。研究、制定一些新的法律、法规，加快修改、完善现有法律、法规，形成基本完善的可持续发展法律制度。各地区要按照国家法律、法规，根据当地实际情况，制定实施一些地方性法规，以促进发展各具特色的区域性可持续发展模式和道路。做好相应的配套制度建设和标准制定工作。大力提高全社会的公共监督和法制化管理水平。

知识拓展　园林生态系统服务评价

为了建设可持续的、适合人类生活的生态园林城市，必须对园林现状进行生态系统综合评价，并在此基础上进行生态规划，作为园林建设和管理的基础。

生态系统评价是系统分析生态系统的生产及服务能力，对生态系统进行健康诊断，做出综合的生态分析和经济分析，评价其当前状态，并预测生态系统今后的发展趋势，为生态系统管理提供科学依据。园林生态系统评价是指应用生态学原理和方法，坚持综合、整体、系统的观点，坚持以人为本和可持续发展的思想，对园林景观整体及各个生态学子系统的组成结构、空间格局、功能效应、动态变化及其存在的问题进行的分析和评价，为园林生态规划、建设与管理提供基础信息和依据。

一、生态系统状态的评价

在生态评价研究的初期，生态问题刚刚引起人类的注意，人们特别关注生态系统所处的状态，因此开展了对生态系统的环境质量评价、安全评价、风险评价、持续性评价、退化评价、脆弱性评价、多样性评价、预警评价、工程影响评价、健康评价等反映生态系统各种状态的研究。由于研究工作开展较早，目前有相当多的研究成果，在评价的理论与技术方面都比较成熟。

在评价方法上，最常用的方法是多线性加权法，其基本模型为：

$$I = \sum_{i=1}^{m} W_i (\sum_{j=1}^{m} W_{ij} P_{ij})$$

式中　　W_i——第 i 个因素的权重；
　　　　W_{ij}——第 i 个因素中第 j 个因子的权重；
　　　　P_{ij}——第 i 个因素中第 j 个因子指标的标准化值；
　　　　I——反映生态状态的综合指数。

其基本思路是首先根据评价的目的建立评价指标体系，然后确定各指标的权重，并对评价指标进行量化与标准化，最后根据评价模型进行评价。

二、生态系统服务功能的评价

对生态系统服务功能进行评价是当前生态学研究的热点和前沿，它是指生态系统的生态过程所形成与维持的人类赖以生存的自然环境条件与效用。园林生态系统服务主要指园林生态系统提供的服务，包括空气和水的净化、气候调节、传粉与种子扩散、消闲娱乐等服务。通过对园林生态系统服务功能的评价，可以促进传统的国民经济核算体系走向环境与经济的综合核算体系，有助于制定合理的自然资源价格体系，做出绿色决策以及提高全民的生态意识。

园林生态系统服务可以归纳为四个层次：生态系统的生产（包括生物多样性的维持等），生态系统的基本功能（包括传粉、传播种子、生物防治、土壤形成等），生态系统的环境效益（包括改良减缓干旱和洪涝灾害，调节气候、净化空气等）和娱乐价值（休闲、娱乐、文化、艺术、生态美学等）。

目前，对于生态系统服务功能的评价主要包括景观效益评价、生态效益评价和生态系统健康评价等。

（一）园林景观效益评价

景观效益评价主要从景观美化和宜人性角度结合景观生态学原理考虑其评价问题。是指用一定的评价指标评价景观从视觉上带来的舒适度和其在生态上的可持续性。园林植物景观评价的方法和模型很多。评价方法能以一定的数学模型反映各种环境因子（或变量）的重要程度及其对景观总体影响的大小，从而可以描述、比较和判断环境景观质量的高低，最具代表性的有人对景观质量主观的非量化评价和对景观物理特性理性分析后得出的客观的量化评价两种类型。

园林景观效益评价的指标有绿化覆盖率、绿化斑块均匀度、破碎度、分离度和优势度、人均公共绿地面积、景观分布的均匀度等指标。

（二）生态效益评价

园林生态系统的生态效益评价是指园林生态系统在保护和增殖资源，改进生态环境质量方面的效果，也就是与人类活动相联系的生态环境状况的改善而使生产成果增加或减少的表现。生态效益有正负之分，正效益表现为园林生态环境的改善和优化，负效益表现在人类的生产过程之中导致的环境污染问题等。寻找或消除负效益，增大或提高正效益的有效途径是园林生态学的重要任务之一。对园林生态效益的评价可以定性评价，也可以定性与定量相结合进行评价。园林的生态效益主要体现在园林植物和园林小水系的服务功能上，如园林植物的固碳释氧、蒸腾吸热、降尘、吸收有毒气体、杀菌作用、降低噪声、涵养水源、固土保肥、保护生物多样性等方面的效益，园林小水系的净化环境、提供休闲娱乐场所的功能价值等。对于一个具体的园林生态系统，以上效益不一定都十分明显，可根据实际情况对某一生态系统的一种或多种生态效益进行灵活的计算、评价。

（三）系统健康评价

随着对自然资源利用水平的不断提高，生态系统不能够提供正常的生态服务功能，生态系统健康得到了人们的关注。生态系统健康包含两方面内涵：满足人类社会合理要求的能力和生态环境自我维持与更新的能力。具体来说就是功能正常、能够自我维持，并能提供一系列的服务（如贮存水分等），受到干扰后经过一段时间能恢复的生态系统可称为健康的生态系统。绝对健康的生态系统是不存在的，健康是一种相对的状态。目前生态系统健康评价方法可分为指示物种法和指标体系法。指示物种法主要根据生态系统中指示物种的多样性和丰富度确定丰富度指数或完整性指数；指标体系法是根据生态系统的特征和其服务功能建立指标体系，采用数学方法确定其健康状况，关键是如何建立指标体系。合理的指标体系既要反映生态系统的总体健康水平或服务功能水平，又要反映生态系统健康变化趋势。生态系统健康的评价指标包括活力、恢复力、组织结构、维持生态系统服务、管理的选择、减少投入、对相邻系统的危害和对人类健康影响等 8 个方面。将这些指标应用到自然系统、社会经济和人类健康等方面进行生态系统健康的评价。Costanza 提出了完整的生态系统健康指数（HI）：

$$HI = V \times O \times R$$

式中　V——系统活力，是测量系统活动、新陈代谢或初级生产力的一项重要指标；
　　　O——系统组织指数，系统组织的相对程度，用 0~1 的数值表示，它包括组织多样性和连接性；

R——恢复力指标，系统恢复力的相对程度，用 0~1 的数值表示。

从理论上说，根据上述的 3 个方面指标进行综合运算就可以确定一个生态系统的健康状况。然而由于生态系统的复杂性，很难建立统一的指标体系来评价所有的生态系统。以生态学和生物学为基础，结合社会、经济和文化背景，综合运用不同尺度信息的指标体系是未来评价园林生态系统健康与否的关键。

复习与思考题

1. 生态文明的概念是在怎么样的背景下产生的？
2. 简述园林可持续发展应遵循的原则。
3. 园林可持续发展的支持系统有哪些？如何建设可持续发展的园林支持系统？
4. 何谓生态系统健康？园林生态系统健康的指标有哪些？

实训项目 6-1　园林绿地景观生态服务功能评价

目的

通过对某一类园林绿地景观的生态服务功能进行评价，理解绿地景观的生态服务功能。

工具

皮尺、平板仪、记录本、照相机。

方法步骤

1. 教师结合校园周边实际，确定评价绿地景观类型和范围。
2. 在教师指导下，主要从景观效益、生态效益和游憩服务等方面构建评价指标体系；要求学生查阅文献确定绿地景观生态服务功能的议价方案。
3. 根据评价方案，对绿地景观的生态服务功能进行评价。

作业

根据评价结果，浅谈对园林景观生态服务功能的理解。

第七章 园林生态学应用案例

园林生态学理论知识的应用,是通过各类园林绿地规划与建设来表达和实现的,为了帮助园林类专业学生很好地理解生态学理论在园林绿化中的应用,本章收集编写了 6 个常见的园林规划案例,希望能通过这几个案例,让学生更好地理解生态学知识在各类园林规划中的渗透和应用。

第一节　城市园林规划与设计

案例一　昆明城市绿地景观生态系统规划与设计
（昆明市规划设计院）

一、城市绿地基本概况

昆明市位于云南省中部偏东处,云贵高原中部,滇池盆地北端,平均海拔 1 890 m。地势北高南低缓缓倾斜。盆地受南北断裂带地质构造的影响,山脉和湖泊呈南北向展布。城市三面环山,南滨滇池,具有依山面水的良好自然环境。昆明市现状建成区面积 140.46 km^2,现状总人口 135.05 万人（1999 年）。

昆明属亚热带常绿阔叶林区域的高原亚热带常绿阔叶林地带,树种主要有云南松、华山松、云南油杉、旱冬瓜及栎类。

《昆明市 1999 年城市绿地现状普查情况》表明,城市绿地总面积为 4 051 hm^2,绿化覆盖率为 30.06%,绿地率为 28.84%,人均公共绿地为 7 m^2。昆明市绿地现状主要存在以下问题:

①主城区绿地分布不均,各类绿地之间缺乏有机联系,不能形成绿化体系。大型公园主要分布在城市郊外;市级、片区级公园集中在城市北部及西部;主要中心区（二环路以内）绿地严重不足,公共绿地仅占建设用地的 1.13%,远不能满足市民日常就近休憩的需求。

②城市行道树主要是银桦、梧桐、广玉兰、桉类、樟科类等。由于目前银桦等已衰老,后继树种非常缺乏,行道树不具备昆明本地特色,对城市景观的改善没有发挥良好作用,城市景观生态系统的功能不能充分体现和发挥。

二、规划布局

为解决城市规划区内绿地建设、环境保护和城市发展的矛盾,根据昆明城市用地发展条件及特点和景观生态学原理、方法,规划从市域—滇池流域—主城区三个层次构架昆明城市绿地景观系统。

(一) 市域绿地系统总体格局

市域范围内建立以水源保护区、自然风景区、各类大中型公园、农田、林地为主的面状绿地；在主要河流、公路、铁路等沿线开辟带状绿地；完善城、镇、村内部的绿地系统，形成区域的点状绿地。将国土绿化与城市绿地系统紧密联系，逐步建立多层次、多类型的"点、线、面"相结合的城乡一体的绿化网络。

(二) 滇池流域绿地系统总体格局

将整个流域范围划分为风景绝对保护区、风景协调区、城镇建设区、水源涵养区。风景绝对保护区以滇池水面为中心，沿岸形成滩涂绿化、湿地灌木、防护林带相结合的环湖绿化带；风景协调区是城镇建设区与绝对保护区之间的过渡地带，对其中人工建设活动加以严格限制，形成高绿地率的区域；城镇建设区通过合理规划控制发展规模，加强区内的绿地系统建设，控制该区的绿地率在30%以上；水源涵养区内实行封山育林、恢复山地植被、严格限制工业开发以及积极发展高效生态农业的政策，使流域内丘陵地区的森林覆盖率达到65%。

(三) 主城区绿地系统总体格局

在主城区范围内，充分利用城市三面环山、一面临水的自然特征，构建由生态基质—绿色廊道—绿地斑块共同构建的绿地系统格局。

1. 生态基质 昆明有"依山傍水，一圈四楔"城市的自然生态背景。

(1) 一圈。指主城外部的生态敏感区，通过发展滨水绿化、生态林、生态农田、游憩绿地、营造主城外围连续且不规则的绿色生态背景。

(2) 四楔。城市外层绿色空间渗入主城的四片楔形地带，分别是西北部长虫山、小屯山等山体绿化，通过荷叶山延入城区；东北部呼马山、凤凰山等山体绿化沿昙华寺绿地、金汁河绿带渗入；西南部由敞开的草海水面沿大观河、篆塘公园楔入；南部由盘龙江、金汁河周围的生态农田及机场防护绿地渗入。

2. 绿色廊道系统 联系相对孤立的绿地斑块之间的线性结构称为廊道。由以河流绿带为主体的水道和以道路绿化为主体的绿地组成。昆明城市主绿色廊道系统由"一轴两环、四篱五线"组成。次廊道主要由依托城市道路、河流绿带形成。

(1) 一轴。贯穿城市南北的盘龙江沿河绿化。

(2) 两环。一环路（全长14 km），精选树种，形成特性绿化带；二环路（全长26.8 km），形成20~60 m的景观绿化带。

(3) 四篱。由盘龙江向东西两侧辐射的4条绿篱。

(4) 五线。伸入城郊生态公园的5条反射性景观大道。

3. 绿地斑块系统 根据服务等级、服务半径，形成遍布城市的内小外大、内密外疏的绿地斑块系统，包括城郊8片风景公园、9个市级公园、16个片区级公园及若干居住区级公园、街头绿地广场、小游园，共同构成"八片九园，珠落玉盘"的格局。绿地斑块系统与绿色廊道系统相结合，形成"线上缀珠"的绿色景观空间体系。

三、创建园林城市近期建设规划

以城市道路绿带、沿河绿带为骨架,串联二环路内"点状"的广场、游园绿地,二环路外"面状"的旅游休闲绿地、郊野游览绿地、滨水生态绿地,共同构成城市多样化的绿色景观空间,为市民提供日常休闲空间和舒适的郊外景观生态空间。

(一)"点状"绿地规划

结合历史文物古迹保护、拆除违章、临时建筑;结合河道整治建设街头绿地广场和小游园,改善中心区城市景观。近期新建 0.15~1.12 hm² 的城市绿化广场、小游园共 9 个。

(二)"线状"绿地规划

利用滨河绿化、道路绿化,形成纵横向绿带、放射状绿带和环状绿带交织的绿带网。盘龙江绿化景观轴向北延至北市公园,南至十里长街;结合金汁河、大观河、运粮河、玉带河、枧槽河等河道整治,建设宽度不等的滨水游憩林荫带。

(三)"面状"绿地规划

在二环路外,结合生态风景林的营造,重点形成以自然生态景观为主,突出山、水特色的大型游览公园,即南部草海生态公园、西部郊野公园扩建、西北部长虫山生态公园、东北部世博园二期、东部凤凰山天象公园。同时,通过城市新区建设,增加块状公园绿地。近期新建 1 个市级公园、4 个片区级公园、2 个居住区级公园。

四、项目的主要技术经济指标及实施效果

(一)主要技术经济指标

表 7-1 项目主要技术指标(1999 年)

时间	现状(1999 年)	近期(2005 年)	远期(2010 年)	远景(2050 年)
绿地率(%)	28.8	>33	35	50
绿化覆盖率(%)	30.06	>35	38	55
人均公共绿地(m²)	7	8	>10	>20

(二)实施效果

根据《昆明城市绿地系统规划》,现已建成的项目有西园路、青年路、穿云路道路绿化,盘龙江北段滨河绿化,西坝怡园、茶花园、金牛公园、篆塘游园、圆通广场及建设中的真庆文化广场、碧鸡广场。

西园路、青年路、穿云路道路绿化的实施,在城区形成了乔、灌、草结合的线性绿化生态空间,对改善城市道路景观环境、增加城市绿地发挥了一定作用。

盘龙江北段滨河绿化的实施，不但对改善周围居住小区的人居环境有显著效果，也为形成盘龙江绿化主轴奠定了良好基础。

真庆文化广场、金牛公园的建设，结合城市历史文化古迹保护，为建筑密集的市中心营造了清新、富有文化气息的绿化氛围；茶花园、西坝怡园、碧鸡广场、篆塘游园、圆通广场为市民提供了日常就近活动的绿化休闲空间。

通过这些项目的实施，加强了城市道路绿化、滨河绿化、公共绿地的建设，使城市绿化景观系统有了一定的改善。同时实施中注重城市绿化品质的提高，通过大树进城，增加了城区绿量的丰富度。取得一定的环境效益、社会效益和经济效益。

案例二　邯郸市城市绿地园林景观生态系统规划

（邯郸市规划设计院；邯郸市园林管理处）

邯郸市地处河北省南端，太行山东麓与华东大平原交界地区。邯郸市区是由邯郸主城区、峰峰地区、马头镇区组成的组团式城市。京广铁路从邯郸市主城区中部通过，铁路以西为丘陵、浅山，铁路以东是平原。常年有水的滏阳河发源于峰峰地区的和平镇，流经峰峰地区、马头镇区、邯郸主城区的中心，是邯郸市不可多得的生态风光带。

邯郸历史悠久，距今已有 3 000 多年的建城史，战国时期作为赵国的都城，历经 158 年之久。东汉以后逐渐衰落；抗日战争与解放战争时期，曾是晋冀鲁豫边区政府所在地。在历史的长河中，邯郸市区保存了赵王城、赵王陵、丛台、插箭岭、黄粱梦、吕仙祠、晋冀鲁豫烈士陵园等大量的历史文物古迹和遗址，流传众多脍炙人口的成语故事，被誉为"成语典故"之乡。1994 年 1 月，被国务院批准为国家历史文化名城。

一、规划设计技术路线

邯郸市城市绿地园林景观生态系统规划立足对"生态""名城"两个方面的研究。"生态"方面重点分析气候、气象、土壤、水文地质、河流湖泊、地形地貌、常用植物、山体植被、城市绿量、城市污染程度等。"名城"方面重点分析文物古迹的分布、特点、保护界限以及古树名木、文物景点的开发利用价值及可行性等。

（一）规划范围及内容

规划范围与城市总体规划确定的规划区界定范围相同，规划内容分为两个层次。

第一个层次。邯郸市城市规划区的规划面积 1 267 km^2，并突出水源地保护、组团隔离、风景名胜区、城市林带等大环境与郊区性的生态绿化规划。

第二个层次。邯郸主城区、峰峰地区、马头镇区绿地系统规划，其中邯郸主城区绿地系统规划是规划的重点，规划面积 130 km^2。

（二）规划期限

近期 2001—2005 年，远期到 2010 年。

（三）规划原则

按照国家有关法律、法规、标准，确定城市绿化用地标准，明确各类绿地范围和规划控制线，即划定"绿线"。

本规划与城市总体规划和邯郸主城区总体城市规划相结合，充分体现总体城市设计确定的"赵都＋绿网"。

二、现状分析

2000年城郊共植树188万株，形成林地762.11 hm^2。主城区建成区面积71.88 km^2，人口74.66万人，建成各类绿地23.16 km^2，绿地率24.72％，绿化覆盖率34.72％，人均公共绿地6.02 m^2。主城区已初步形成了点、线、面相结合的绿化体系，共建成城市公园6个、城市广场绿地11个、街头绿地24个，形成了以下绿化特点：

①沁河、滏阳河从主城区的中心穿过，滨河绿化带已成为独具特色的绿化生态走廊。
②城市广场、街头绿地的数量多并贴近居民生活，构成了城区特色绿化景观。
③公园规划布局合理，主要公园与文物古迹结合，赋予公园深厚的文化内涵。
④行道树树冠大、林荫效果强，已形成了良好的城市绿网。
⑤城市外围的果园、林地面积较大，形成了对城市小气候具有一定调节作用的生态林地。

三、城市绿地系统布局规划

根据现状自然条件及城市绿地系统布局原则，结合山、水、路等基本构架，确定邯郸市城市绿地景观系统布局结构为"两河、五水、二山、三环、六区、八带"。

1. 两河 指滏阳河与南水北调中线总干渠。
2. 五水 指岳城水库、东武仕水库、南湖、西湖、梦湖。
3. 二山 指主城区西部的紫山、峰峰矿区中部的鼓山。
4. 三环 指主城区外环路、峰峰城区外环路与城镇群内的一级快速公路环。
5. 六区 指赵王城风景区、赵王陵风景区、响堂山风景区、马峰绿化隔离区、邯马绿化隔离区与农业种植结构调整区。
6. 八带 指京深高速公路、京广铁路（含107国道）、邯长铁路、邯济铁路、马峰公路（含马峰铁路）、邯大公路、309国道、邯临公路。

规划分别对以上各用地确定了控制范围、用地性质、文化内涵和要达到的功能与作用。

四、主城区绿地景观生态系统规划

确定主城区绿化以"三湖两河"为框架，带动中心区的城市绿地建设，形成公共绿地、生产防护绿地、居住绿地、道路绿化、单位附属绿地等配套齐全的点、线、面、环相结合的城市绿网体系。

(一) 公共绿地

突出了"一大一小"的特点。"大"指加大市级公园的面积,形成生态公园;"小"指加大方便居民生活的街头绿地、袖珍广场的建设数量。将公共绿地划分为综合公园、专类公园、街头绿地、城市广场绿地、滨河公园、城郊公园、道路花园带等。其中市级公园服务半径 2~3 km。

1. 综合公园　规划了 10 座,分别为丛台公园、滏阳公园、插箭岭公园、百家公园、苏曹公园、邯郸公园等。对每个公园分别确定了用地范围、占地面积、植物配置特点和所要展现的文化内涵等。

2. 专类公园　为烈士陵园、柳林植物园、赵王城遗址公园 3 个。其中,赵王城公园是以保护文物古迹为主的遗址公园,规划龙台、城墙为主要景点,在保护范围内,大面积绿化,并建设赵王城博物馆及广场等。

3. 街头绿地　近期共规划 42 个,分别明确了定位、定量、绿化特点、展现文化内容等。远期街头小游园按服务半径 500 m 选择用地进行建设。

4. 城市广场　共规划城市广场 20 个。其中邯郸广场是主城区新区的中心广场,占地面积 10 hm^2,是邯郸市的精品广场。博物馆广场是主城区旧区的中心广场。

5. 滨河带状公园　将过城区段的滏阳河、沁河建成滨河带状公园。规划分别对河道宽度、绿化特点、文化内涵及水体治理措施等给予确定。

6. 城郊公园　结合主城区环城水林生态环境的特点,营造南湖、西湖、梦湖——三湖水林生态环境工程。由于三湖规划面积较大,不能全部计入城市的公共绿地,故称其为城郊公园。

7. 南湖公园　位于滏阳河、渚河与支漳河交汇处,主要由水面、公园、滨河绿化带三部分组成。总面积 534.40 hm^2,其中绿地 160.13 hm^2,水面 374.27 hm^2。

8. 西湖公园　位于西环路以西,以齐村大坝库区水面为中心,沿库区周围密植高乔木,形成水林结合的森林野趣公园。该园总面积 337.23 hm^2,其中绿地面积 239.09 hm^2,水面 98.14 hm^2。

9. 梦湖公园　位于北环路以北、黄粱梦镇区东南,包括黄粱梦吕仙祠。该园总面积 736.16 hm^2,其中绿地面积 170.21 hm^2,水面 565.95 hm^2。

10. 道路花园带　滏东大街西侧和高开区中央大街中心为规划的两条花园带。

(二) 生产绿地

按城市建设用地 2% 的标准来配套生产绿地,保留西苗圃用地,另在高速公路以东规划一处集花圃、草圃、苗木于一体的综合性苗圃园区,占地面积 175 hm^2。

(三) 防护绿地

根据邯郸主城区的具体情况规划的防护绿地有工业卫生防护林带、公路与铁路防护林带、外环路防护林带、渚河与输元河防护林带、南水北调总干渠防护林带等。规划明确了防护林带的用地范围、主要防护功能、绿化用的主要树种等。

（四）单位附属绿地和居住绿地

规划对道路、公建、工业、市政、仓库、对外交通、特殊单位以及居住区绿地进行了规划控制。

五、绿化景观规划

根据"赵都+绿网"总体城市特色定位的目标要求，结合历史文化名城的文化内涵来塑造城市绿化特色景观。绿化景观规划主要确定了以下三个方面内容：

①结合文物古迹景点规划了赵文化游览景观路线。

②确定了一、二级绿化景观道，规定了行道树种及植物配置的原则，一级绿化景观道主要包括城市轴线、环线、城市出口道路等，其余城市内的主、次干道为二级绿化景观道。

③明确了街头绿地、城市广场绿地、滨河绿化、沿街建筑小品等绿化的主题立意，以赵文化、成语典故为主，建立起历史文化名城的绿化景观体系。

六、植物配置规划

植物配置规划是指结合绿地的使用性质和文化内涵，根据植物的功能、特性及园艺构图等要求，对城市各类绿地的植物配比、树种选择做出具体的规划要求。

1. 在植物配比方面 考虑邯郸市区大气环境质量较差，总悬浮颗粒超标较多，规划中加大了高乔木的种植数量。城区绿化种植比例是乔木不低于70%，灌、花、草等植物比例占30%；二、三类工业区乔木不低于80%，地被植物以耐阴灌木及草本为主，乔灌比例为8∶2。

2. 在树种选择方面 结合当地的气候条件，共选择出适合邯郸生长的树种300余种，并分析了每一种树种的植物特性，确定了骨干树种和推荐树种。

七、规划实施情况

规划完成后，河北省建设厅邀请了国内、省内专家对规划进行了评审，获得了好评，也受到了市委市政府的高度重视。2001年完成了主城区环城路以内700 hm^2 的农田种植结构调整，植树158.95万株，新建和改造绿地117.8 hm^2，并建成街头绿地11处、城市广场4处，开工建设了邯郸广场、柳林植物园，谋划设计了南湖公园、邯郸县公园，完善了丛台公园、滏阳公园、插箭岭公园，使城市公共绿地达到了6.5 m^2/人，绿地率达到了30.2%。2001年年底，被河北省评为"省级园林城市"。

第二节 山水园林规划与设计

关于山水园林，《中国古典园林史》一书中做了如下论述：按照园林基址的选择和开发方式的不同，中国古典园林可以分为人工山水园和天然山水园两大类型。人工山水园，即在平地上开凿水体、堆筑假山，人为地创设山水地貌，配以花木栽植和建筑营构，把天然山水风景缩移模拟在一个小范围之内。这类园林均修建在平坦地段上，尤以城镇内的居多。在城镇的建筑环境里创造模拟天然野趣的小环境，犹如点点绿洲，故也称之为"城市山林"。它们的规模从小到大，包含的内容亦相应地由简到繁。一般来说，小型的在 0.5 hm^2 以下，中型的有 0.5～3.0 hm^2，3.0 hm^2 以上的为大型人工山水园。人工山水园的四个造园要素之中，建筑是由人工经营的自不待言，即便山水地貌亦出于人为，花木全是人工栽植。天然山水园，一般建在城镇近郊或远郊的山野风景地带，包括山水园、山地园和水景园等。规模较小的利用天然山水的局部或片段作为建园基址，规模大的则把完整的天然山水植被环境围起来作为建园的基址，然后再配以花木移植和建筑营构。基址的原始地貌因势利导做适当的调整、改造、加工，工作量的多少视具体的地段条件和造园要求有所不同。兴造天然山水园的关键在于选择基址，如果选址恰当，则能以少量的花费而获得远胜于人工山水园的天然风景之真趣。人工山水园之缩移模拟天然山水风景毕竟不可能完全予人以身临其境的真实感，正如清初造园家李渔所说的："幽斋磊石，原非得已，不能致身岩下与木石居，故以一拳代山、一勺代水，所谓无聊之极思也。"故《园冶》论造园相地，以"山林地"为第一。有些大型天然山水园，其总体形象无异于风景名胜区，所不同的是后者经过长时期的自发形成，而前者则在短期内得之于自觉的规划经营。

案例一　苏州古典园林的生态规划与设计

一、苏州古典园林的概况

以中国传统的"天人合一"自然观为指导的苏州古典园林是中国古典人工山水园的杰出代表。苏州古典园林起始于春秋时期吴国建都姑苏时（吴王阖闾时期，公元前 514 年），形成于五代，成熟于宋代，兴旺鼎盛于明清。到清末苏州已有各色园林 170 多处，现保存完整的有 60 多处，对外开放的园林有 19 处，其中沧浪亭、狮子林、拙政园和留园分别代表着宋、元、明和清四个朝代的艺术风格，被称为"苏州四大名园"。1997 年，苏州古典园林作为中国园林的代表被列入《世界遗产名录》，并为第一批全国文明风景旅游区示范点，被胜誉为"咫尺之内再造乾坤"，是中华园林文化的翘楚和骄傲。世界遗产委员会对苏州古典园林有这样的评述：没有哪些园林比历史名城苏州的四大园林更能体现出中国古典园林设计的理想品质。咫尺之内再造乾坤，苏州园林被公认是实现这一设计思想的典范。这些建造于 16～18 世纪的园林，以其精雕细琢的设计，折射出中国文化中取法自然而又超越自然的深邃意境。

苏州古典园林以"巧、宜、精、雅"的风格特征在中国古典园林中独树一帜，基于中国文化的造园理念和其所呈现出的独特的景观形态特征使得苏州古典园林成为人类文化遗产中的一朵奇葩，所谓"江南园林甲天下，苏州园林甲江南"。

二、苏州古典园林规划设计中的生态学分析

（一）道法自然的造园理念

"道法自然"是道家学派的创始人老子提出的哲学思想。在其代表作《道德经》中，他

通过对自然山水和世间百态的旁观与思索，体悟出"人法地，地法天，天法道，道法自然"这一朴素的自然观。他认为，天地万物之所以循环不息，皆是因为效法"自然"，"自然"是天地本原，无所不在，永恒不灭，主张万物必须道法自然才能达到浑然一体的本真存在。庄子沿袭并发展了老子的观点，他尊崇自然之美，主张融入自然之中，他认为"天地有大美而不言""大巧若拙""大朴不雕"。

苏州古典园林在"道法自然"思想引导下通过丰富的造园手法，表现出一种自然的境界，它们追求的是虽由人工，宛自天开。在苏州古典园林中，造园布局都呈现不规则性，几乎找不到刻意的均衡的格局，不仅亭台楼阁摒弃对称的格局，同一园中的小桥、山石、水池无一相同。园内各种建筑都向自然敞开，建筑物融于山水花草之中，湖石、草木、流水也都渗入建筑物之中。园内的各种植物栽培，也是随意播撒和种植，保持草木在山林中自然生长的状态。

在古人的观念中，"天"有自然万物的含义，而"人"兼指人身和人心。苏州古典园林园林文化精神是在"道法自然"中达到"天人合一"。"天人合一"不仅仅指人身在自然的安定，更是指人心与自然万物的交融和感应。钟嵘在《诗品序》说："气之动物，物之感人，故摇荡性情，形诸舞咏。"园林多以自然景物的天然状态为摹本，因地制宜，灵活多变。园林中的匾额、楹联和品题常常把人引入意蕴丰富的艺术空间。许多匾额的命名，如"藕花小榭""听松风处""问梅阁""锄月轩""眠云亭"等，凸现出人们畅怀于飘香藕花或清妍松梅处，感受着四时之景轮回曼妙之美。清代江南画家恽寿平在游历过拙政园后写到："秋雨长林，致有爽气。独坐南轩，望隔岸横岗叠石崚嶒，下林清池，磴路盘迂，上有高槐、柳、桧、柏、虬枝挺然，迥出林表，绕堤皆芙蓉，红翠相间，俯视澄明，游鳞可取，使人悠然有濠濮间趣。"在苏州古典园林中，古木参天、绿草青青、花卉幽香，山有宾主朝揖之势，水有迂回萦绕之情，正是"道法自然"这一造园理念的体现。

（二）精巧的布局规划

由于苏州古典园林中有不少是处于繁华市井中的私家园林，目的是为了满足私人使用而设计建造的，而造园者多为沉浮官场多年的归隐官员，深谙"隐逸"的人生哲理，精神上诉求收敛低调的风格，加之土地面积、空间规模的局限，形成了小中见大的特点。

苏州古典园林多以水为中心布局，水面是园林的灵魂。各景点围绕水面布置，显得开阔而丰富。池中天光云影形成与实物景观相对照的万千景象，涤荡着生命的气韵，使整个园林充满勃勃生机。以水为中心的布局充满江南情趣，适应了苏州多雨和夏季高温的气候特征。从生态学的角度看，水池实际上是一个人工形成的以水池为中心的小型水陆复合生态系统。这种布局丰富了园林生态系统的生态位，水生动、植物增加了生物多样性，增强了园林生物群落的稳定性；利于雨季排水、旱季贮水和长期补充地下水；利于减缓夏季酷热；利于水生生物对园林废水净化，从而减少废水外排和促进物质循环。一定水体面积内的水生植物和动物，可以净化雨水带入水体的污染物，增加空气湿度。另外，园内掘地开池还有利于排蓄雨水，又可以为园中浇灌花木和防火提供水源。拙政园以大水池为中心，水面有聚有散，聚处以辽阔见长，散处以曲折取胜。池的东南两端留有水口，伸出水尾，显示疏水若为无尽之意（图7-1）。

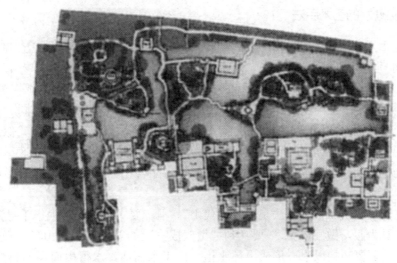

图 7-1　拙政园平面图

(三) 乡土特色的建筑

苏州古典园林的建筑具有活泼、清灵和秀美的江南建筑风格（图 7-2）。色彩上粉墙黛瓦栗柱，形成一幅幅"粉墙为纸，树为绘"的淡逸清新的水墨画，高洁而无一点金粉气。在比较炎热的南方使人产生一种清凉感，有利于创造恬静幽雅、平静安详的生活环境。具有乡土特色的苏州园林建筑在现代城市建筑中历久弥新、魅力独具、自成高格。在建筑布局上，苏州古典园林因地制宜，与基址的地形、地势、地貌巧妙结合，总体布局上依形就势，充分利用好自然地形、地貌。建筑体量宁小勿大，处理好与假山、植物的比例关系。园林建筑在平面布局与空间处理上，做到富于变化，设计中仔细推敲园林建筑的空间序列，并组织好观景路线。作为传统建筑的代表，苏州园林建筑蕴涵了选择和砌筑方式、光线在建筑和植物间的调节、自然和关怀人的生态思想，具有独特的生态观。

图 7-2　拙政园江南民居风格的建筑

(四）筑山理水的艺术手法

从理水艺术手法来说，由于苏州古典园林所营建的古典宜居环境是宅院类型，宅园各自独立，而且受空间限制，所以园林理水虽"一勺代水"，可在理景艺术上却要收到"一勺则江湖万里""一弯池水有绵延无尽之意，一勺之水有广阔汪洋之感"的意境效果。苏州古典园林可以说无园不水，但各园的水池布局和平面形状也各不相同。从理景手法来说，水面有聚有分，聚则水面辽阔，有水乡弥漫之感；分则萦回环抱，似断似续，显示水之来源与去脉。多数以曲折自然的水池为中心，形成园中的主要景区。在园景组织方面，以水池为中心，辅以溪涧、水谷、瀑布等，配合山石、花木和亭阁形成各种不同的景色。

苏州古典园林的筑山，其手法是"一拳代山"，但却要求"一峰则太华千寻"；筑山的艺术要求是"有真为假，做假成真。"要达到"做假成真"的意境，在假山各个单体的布局上就要山贵有脉，还要巧构以水，形成山环水抱，山得水而活，水得山而媚的自然山水意境。因此，苏州古典园林有以山为园景中心（如沧浪亭），有以山并辅以水为园景中心（如狮子林、环秀山庄）。苏州古典园林宜居环境筑山之目的是在人居环境中营建自然山林之意境，使环境更加自然宜居。

（五）植物配置

在浓缩自然、模山范水的过程中，苏州古典园林中植物景观在整个景观体系中有自己独有的配置特点，不仅具备美化环境的景观功能，更有改善环境的生态功能。计成在其名著《园冶》中有一段话是这样描述的，"凡结林园，无分村郭，地偏为胜，开林择剪蓬蒿；景到随机，在涧共修兰芷。径缘三益，业拟千秋，围墙隐约于萝间，架屋蜿蜒于木末。山楼凭远，纵耳皆然；竹坞寻幽，醉心即是。轩槛高爽，窗户虚邻；纳千顷之汪洋，收四时之烂漫。梧阴匝地，槐荫当庭；插柳沿堤，栽梅绕屋；结茅竹里，浚一派之长源；障锦山屏，列千寻之耸翠，虽由人作，宛自天开。"

苏州古典园林中的植物群落主要以乔—灌—草复合配置模式居多，群落稳定。从生态学角度来看，乔—灌—草复合配置模式作为植物群落景观的主要构建途径，可更大程度地提高叶面积指数、生物物种多样性以及环境的空间绿量，使得群落整体绿色覆盖率普遍提高，从而发挥最大的生态功能，也最有利于植物群落的稳定性。其植物景观层次丰富，季相变化明显，同时也具有良好的景观功能。如乌桕+枫杨—圆柏+柑橘+鸡爪槭—杜鹃+迎春—沿阶草；皂荚+臭椿—鸡爪槭+胡颓子—迎春—沿阶草；朴树+枣—枫香+乌桕+圆柏—白鹃梅+紫薇—蜡梅+紫荆—大花萱草—沿阶草；槐树+朴树+香樟—罗汉松+桂花—黄杨+石榴+西府海棠—栀子+山茶+紫藤+蜡梅—沿阶草；枫杨+朴树—糙叶树—枇杷+石榴+黄杨—栀子+紫藤+蜡梅—萱草+鸢尾—沿阶草；银杏+大叶女贞+香橼—垂丝海棠+鸡爪槭—山茶+桃叶洒金珊瑚+八角金盘—沿阶草等。群落上层选用喜光的大乔木如针叶树、落叶阔叶树、秋色叶树等，高大的乔木有深远壮阔之美，林冠线又高低起伏、富于变化，不仅具有观赏特性，同时还起到增加空间层次和屏障，群落中层选耐半阴的小乔木和花灌木，林缘局部地段常选用色彩亮丽的植物，以提高观赏性，在花、果、叶的观赏效果上表现突出，组织分隔较小的空间、阻挡低矮视线。耐阴的种类置于树林下，喜光的种类种植在群落边缘，下层选择耐阴的地被和草本植物，溪流水体则常植水生花卉。

尽管江南园林面积有限，且四周常绕以墙垣，但因用假山改造了各地段的地形、地势等立地条件，加之建筑物、假山和墙垣遮蔽形成了多样的光照条件，使设计者有可能按照不同的立地条件配植丰富多彩的园林植物，如在土壤深厚肥沃、排水良好处植以高大乔木，如白玉兰、银杏等，在地高不积水处种以松、柏、榆、枣等，在近水低洼处点缀垂柳、糙叶树、枫杨等，这些高大乔木构成了植物景观骨架。在半日照条件下栽种桂花、山茶等，在向阳花坛植以牡丹、芍药等，在荫蔽处种植吉祥草、八角金盘、洒金桃叶珊瑚等，在峭壁之地挂以蔓生的云南黄馨、金钟花，爬附薜荔、络石等，石隙、路牙、林下可种植阔叶麦冬、沿阶草等，而水中植以荷花、芦苇等，这些适合各类生境条件的植物配植，形成了观赏类型各异的植物群落，不仅赋予苏州古典园林以生命的气息，而且为其增添了随季相变化的色彩。同时，植物具有改善生态环境的功能，它可吸收二氧化碳，放出氧气，产生负离子，使园内空气变得更加清新；植物的蒸腾作用能调节温度，增加湿度，最终使园内的人虽地处闹市，却有身居深山原野之感。

另外，苏州古典园林中无处不在的古树名木既是园林中创造苍劲古朴气氛的重要因素，也是尊重生态要求的一个重要例证。自古以来，造园者在造园时总是尽力保存和利用园址中原有的古老树木。《园冶》中"多年树木，碍筑檐垣，让一步可以立根，斫数桠不妨封顶"，即道出了古人造园时对古树名木的态度。这既是营造园林气氛的需要，以现代生态观点分析，也是尊重自然的需要，因为多年生存的大树已经形成了一个相对稳定的小型生态系统，保留大树实际上也就是保存了一个运转良好的小生态环境。

案例二　第二届中国绿化博览会江苏园规划与设计

一、方案概况

2010年第二届中国绿化博览会在河南郑州举行，作为绿化博览会的重要成果，在郑州保留下一处展示各地最高绿化水平的主题公园——绿博园，作为绿博园组成的一部分，江苏园获本届绿化博览会特等奖（第一名）和最佳设计奖。绿博园位于郑汴新区，在郑州大道以南 2 km，西临 107 国道，北接郑汴物流通道，东至中牟县人文路。西距郑州市区 20 km，郑东新区国际会展中心 18.5 km，东距开封市区 40 km，北距黄河 16 km，距中牟县城 8 km。江苏展区位于展览园的西北部，靠近西入口和展览园综合服务中心，场地面积约 10 000 m²（图 7-3）。

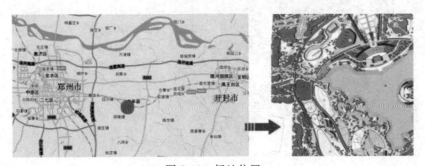

图 7-3　场地位置

二、设计理念

(一) 城市山林——人工美和自然美交相辉映

以"城市山林"为骨架，植物造景为主题，通过地形改造，形成提供不同植物生长的多样化生境，因地制宜地将乔木、灌木、藤本、草本植物进行合理配置，确保植物个体和群体健康和谐的生长，构成一个和谐、有序、稳定又能长期共存的复层混交的立体植物群落，使绿化发挥更好的生态效益，展示江苏近年来生态园林城市建设所取得的成果。

(二) 有机设计——使优美自然环境再现于景观空间

以"有机设计"的思想为设计的思路源泉，以生态为基础，画理为蓝本，"山、水、林、园"融为一体，自然景色与园林建筑相互结合、相互渗透，优美的自然环境再现于景观空间。

(三) 绿韵江南——体现鲜明的场所精神

以"绿韵江南"为设计意境，增加景观的可识别性，在有限的场地范围内，叠山理水，掇山筑亭，创造现代城市繁忙节奏下的婉约品味空间，建设一个具有浓厚的江南气息和完善的游赏功能的江苏特色园林景观展示景点。秀美独特的建筑风格和深厚的文化底蕴，建筑的疏密布局、看与被看，内向与外向，空间的流动转换和渗透，步移景异的视觉景观效果，体现了绿化博览会江苏园鲜明的场所精神，也是文化景观的价值和魅力所在。

(四) 生态休闲——主要着眼点在于人在空间中的体验

充分利用生态学基本原理，乔、灌、草合理搭配，注重植物群落景观的构建，将植物配置成高、中、低各层次，既丰富植物种类，又能使三维绿量达到最大化，在展示生态的同

1. 主入口
2. 木构架（垂直绿化）
3. 美人靠
4. 假山跌水
5. 汀步跌水
6. 曲桥
7. 标志假山
8. 入口牌坊
9. 重檐六角亭
10. 城市山林
11. 曲径通幽
12. 倚秀亭
13. 水体

14. 休闲广场
15. 舫（香洲）
16. 小飞虹
17. 爬山廊
18. 观景平台
19. 景墙漏窗
20. 园洞门
21. 听雨轩
22. 玉兰亭
23. 次入口
24. 兰亭
25. 观景长廊

图 7-4 总平面图

时，结合人的五官感受，体现绿地能为人所用，充满人情味的以人为本的思想，满足人们观赏、游憩、亲水、健身等需求。

全园空间布局，以围为主，内聚居多，整体上又讲究内外空间的结合与交融，或围或透，内外相宜，既有利于对内赏庭院美景，取得恬静优雅的效果，又能对外观赏到周围四时之景，具有浓郁的江南水乡特色，看起来赏心悦目，走起来心旷神怡，创造以景取胜，以小见大的艺术效果（图 7-4 至图 7-14）。

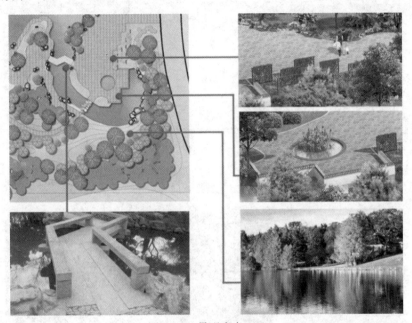

图 7-5　景观意向（1）

图 7-6　景观意向（2）

图7-7 景观意向(3)

入口牌坊意向

图7-8 景观意向(4)

舫(香洲)意向

图7-9 景观意向(5)

六角重檐亭意向

图 7-10　景观意向（6）

倚秀亭意向

图 7-11　景观意向（7）

听雨轩意向

图 7-12　景观意向（8）

玉兰亭意向

图 7-13 景观意向（9）

爬山廊意向

小飞虹意向

图 7-14 景观意向（10）

三、植物规划

江苏园植物规划以"浓缩自然的咫尺山林"为主题，以生态为基础，画理为蓝本，以江南园林的特色种植为意境，以适地适树为原则，通过地形改造，形成提供不同植物生长的多样化生境。全园植物配置划分为 5 个区域，分别为"金粟飘香""酣春入画""山林秋色""蒹草芳菲"和"碧波绿溢"（图 7-15）。

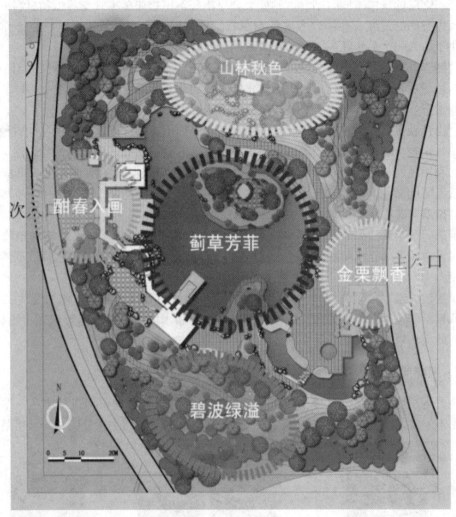

图 7-15 植物规划

（一）植物配置区划

1. "金栗飘香" 桂花香里识江苏，有人说江南园林的秋天是从闻到桂花的香味开始的，"金栗飘香"为园子的主入口区域，植物的配置以选择天香台阁、状元红等 6～8 个桂花品种为特色，上层种植广玉兰、合欢、朴树、枇杷、红枫等植物，下层结合各色地被菊营造秋意盎然的景象。同时，结合木制棚架和浮床，展示攀缘植物和水生植物种植新技术，充分体现单位面积绿量最大化的生态设计思想。加长的美人靠也为游人提供了休息、赏秋的作息场所。桂花香里识江苏，"揉破黄金万点轻，剪成碧玉叶层层""山寺月中寻桂子"，"金栗飘香"为园子的主入口区域，秋时桂子飘香，香气清馥，远近毕闻，游人寻香而至，品味桂花沁人心脾的香味。这个区域的植物配置以桂花、广玉兰、合欢、红枫和美国红枫为主题植物，同时配置以高杆女贞、枇杷、白皮松等常绿乔木以及银杏、紫薇、朴树和黄山栾树等落叶秋色叶树种。植物群落中层以花灌木为主体，如含笑、杜鹃、迎春、棣棠和贴梗海棠等，下层花境、花带的花卉应用形式，通过各色地被菊、美人蕉、美国薄荷等宿根花卉营造秋意盎然、花团锦簇的景象。同时结合木制棚架，应用藤本植物如藤本月季等植物材料形成园外空间到园内空间的过渡。在综合考虑植物观赏特性的同时，本区域重视植物生态作用的发挥，提供了游人一个品味江苏园林植物景致的场所。

2. "酣春入画" 江南园林是一幅游动的画，一首流动的诗。本区域是江苏园中园林建筑组群的精华所在，植物与建筑、山石、水体、地形的有机组合，构筑出变化多样、丰富多彩的空间形态，营造了步移景异、流连忘返的景观艺术效果。

3. "山色秋景" 为园内地形起伏的山地，为增加山林的深度，在以秋色叶树种美国红枫、乌桕、银杏、枫香、无患子等为主的疏林中错落地栽植女贞、枇杷等植物，注重林冠线的起伏。利用植物材料的高低、大小对比以及地被植物掩盖山地的实地高度，形成有虚有实、又透又隐的绿色屏风，衬托山林意境，园中制高点依秀亭掩映于山林之中，享尽秋色。

4. "蓟草芳菲" 一泓池水，荡漾弥渺，如临太湖之畔，"蓟草芳菲"在池中、水畔结合植物姿态、色彩来造景，以常绿水生鸢尾、再力花、黄菖蒲、千屈菜等挺水植物应用为主，同时种植睡莲等浮水植物和一些沉水植物，与池边太湖石结合，营造水面欣欣然的植物景观，使园中水景大为增色。

5. "碧波绿溢" 缓坡纯净的草坪，高低错落的假山和汀步叠水，水边速生的水杉林带，高低错落的速生乔木带状和片状种植，结合地形和水体，期待快速形成城市山林景观，成为园内的天然氧吧，让游人品味山林中的碧波绿意。

（二）植物群落结构

在充分运用地形变化的基础上，按照植物生态群落结构原理，构造从水生—湿生—陆生，从草本—灌木—乔木—藤本的多位植物景观立体结构，做到主次分明、高低错落，提高景观的丰富度与多样性特色（图7-16）。

图 7-16 植物群落分析（1）

水生花卉区根据水位由浅到深，依次种植湿生花卉、挺水花卉、浮叶花卉，既符合各种水生花卉的生长特性，又满足自然生态审美需要（图7-17）。

图 7-17 植物群落分析（2）

四、江苏园设计方案的生态学考虑

江苏园是现代博览会的展览园林，同时是具有浓郁的江南特色的古典人工山水园，具备古典园林规划中的生态学考虑，可以参照案例一苏州古典园林规划设计中的生态学分析部分。

第三节 湿地公园规划与设计

案例 太原汾河湿地公园规划与设计

一、太原汾河湿地公园的建设背景

太原史称晋阳，又称并州、龙城，是山西省省会，一座具有 2500 多年历史的古城。太原地处山西高原中部，太原盆地北端，地理坐标东经 111°30′～113°09′、北纬 37°27′～38°25′，东西横距约 144 km，南北纵约 107 km。市区平均海拔 800 m 左右。汾河是黄河的第二大支流，从西部的崇山峻岭之间入境，向东流淌，进入河谷平原后由北向南去，纵贯太原全境。太原城区位于汾河两畔 780～800 m 的平原谷地上，约 180 km²。

20 世纪 70 年代后期，古城太原的工业迅速发展，在经济迅速发展的同时对环境造成了很大破坏，工业废水排入河道，直接导致太原汾河水环境的污染，对汾河景区生态造成一定

的破坏，严重影响太原市的人居环境和城市形象。

为提高人居环境和投资环境，改善太原市缺水少绿的状况，太原市委、市政府从1998年开始对汾河太原城区段的环境进行综合整治工程。汾河湿地公园建设工程分三期进行建设。

汾河一期从胜利桥至南内环桥全长6 km的滨水景观，1998年10月开工，2000年9月完工并对外开放。宽500 m，占地300 hm²。设计为人工复式河槽，由中隔墙分成东西两渠，东侧为清水渠，宽220 m，由四道橡胶坝分为三级蓄水湖面；西侧浑水渠，宽80 m，排泄上游洪水和水库灌溉输水。东西两岸各布置一条箱形排污暗涵，接纳沿线城市排污管道和边山支沟来水，送至下游污水处理厂进行净化处理。

二期是在一期的基础上向北向南延伸，北延从胜利桥到太古岚铁路桥，全长6.9 km，于2009年年底竣工并对外开放。二期南延从南内环至祥云桥全长7.6 km，2011年8月底竣工并对外开放。一、二期全长20.5 km（图7-18）。

2014年启动三期工程，向南延伸到轨道2号线以南，向北延伸到中北大学老龙头景区。

图7-18 太原汾河景区一、二期景观

汾河太原城区段治理美化工程，把河道治理、湿地保护、城市绿化美化有机结合，为太原市民打造了一个集休闲运动、回归自然、艺术欣赏、湿地保护为一体的开放性滨水景观。汾河景区是太原市的"绿肾"，是太原市绿地景观中一条的重要生态廊道。汾河景区的建成为汾河在太原城区段的休养生息提供了机会，起到了调蓄洪水的作用；绿地面积的增加，在改善空气湿度和调节气温方面发挥了重要作用；尤其是在保护湿地生物多样性方面起到了积极建设和宣传教育作用，太原湿地公园的建成彰显了太原市城市建设水平和生态文明的建设程度。

二、汾河湿地公园的规划设计理念

（一）设计理念

汾河湿地公园一期的设计理念为"人、城市、生态、文化"，二期北延提出"自然、生态、野趣"的景观规划理念。

首先，强调"以人为本"，公园的整体设计可以满足居民户外休闲、健身、文化娱乐活动的需求，配套设施也考虑到了居民的参与性与可达性，汾河景区的建成改善了太原市的人居环境。

其次，"城市"理念与 2010 年上海世界博览会"Better city better life"的主题比较贴近。汾河景区的建成不仅延伸了太原市优美的城市空间，彰显了龙城太原的文化底蕴，而且很大程度地改善了太原的城市形象，为太原市经济繁荣和社会发展注入了新的活力。如汾河景区已经成为吸引国内外游客游太原的一个重要景点之一。

再次，将"生态"理念用到汾河景区的规划中。这两期理念中都提到生态，如何通过滨水景观体现生态的理念需要仔细深入的分析。第一，要有良好的自然环境，尽可能体现自然的地形、地貌，满足人们回归自然视觉、感觉、心理上的需要。如自然的河道，尽可能保留原有的植被或有价值的乔、灌木；第二，依据现有的自然条件和经济水平，以最低的投入产生出最大的生态效益和社会效益，确保公园的可持续发展；第三，生态公园要有文化内涵，能体现地域特色，让游人看后不仅心情愉悦，而且能回味无穷，感受到文化底蕴；生态景观最深层的含义就是要维护生物多样性，为生物创造良好的繁衍栖息的环境。

如在汾河二期的规划中提到：

①尊重自然，生态保护优先，公园规划尽可能反映自然面貌，多种设施及活动都应融入自然中。

②以植物造景为主，减少人工景观，因地制宜，因地设景。

③满足公园使用者的需要，满足全社会各阶层人们的娱乐休憩需求。

④实现管理及交通的方便。

⑤本着节约的原则，选用乡土树种，减少灌溉及养护费用。

（二）设计原则与特点

汾河景区的设计主要遵循水利工程安全、生态优先、生态保水的原则，目的是要维护湿地多样性及生态系统结构和功能的完整性。

如在道路设计时，优先利用自然材料，如青石板、河卵石、木栈道等。采取生态铺装方式，保证渗水性。绿化时以乡土植物为绿化基础，形成富有特色的植物种植区。建筑尽可能利用土坯墙、麦秸墙和稻草等地方特色的材料，采用富有自然野趣的建筑形式。驳岸宜采取自然土堤、木栈道、卵石驳岸和生物砖等为主要材料。

三、汾河景区的功能分区

汾河景区二期规划为湿地景观区、游览活动区和管理服务区三个功能区（图 7-19）。

从空间布局上看，一条蓝色水带和三个湖心岛是湿地景观区，两条绿色长廊是浏览活动区和管理服务区，其间布置的四个景点增加了汾河景区的观赏性和趣味性。

（一）湿地景观区

湿地景观区包括核心区和缓冲区两部分。

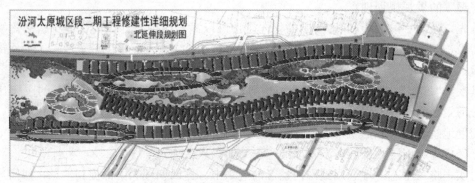

图 7-19　汾河景区二期规划总体结构
注：本图由太原市汾河管理委员会提供。

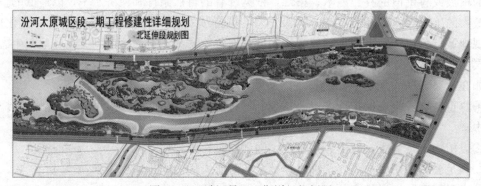

图 7-20　汾河景区二期详细规划图
注：本图由太原市汾河管理委员会提供。

1. 核心区　核心区主要指点汾河湿地中间的水体、河道中央的湖心岛和防洪区，总面积共计 212 hm²。这一区域游人只能远眺、观赏而不能进入。

湖心岛充分保留了原来河道中的自然地形、自然植被，在岛的四周布设了一些防护栏。在这一区域自然形成层次分明、种类多样的自然植物群落，这些植物群落景观不仅增加了湿地的自然野趣，更重要的是为鸟类和其他动物的生存繁衍提供了安全的栖息地。

湖心岛四周是水体，最深处水深可达 11.0 m，平均水深 4.8 m。水源主要来自于汾河上游的水库，每年结合下游的农田浇灌，在初春、晚春、中秋和初冬从汾河水库向汾河湿地补水四次；另外在雨季、汛期从汾河湿地边山支沟季节性向该区补充雨水。季节性地注入大量淡水，在抚育湿地环境的同时，也抚育了湿地水生动物，腔肠动物、软体动物、虾蟹和鱼类日趋增加，为水禽提供了广阔的觅食场所和丰足的饵料资源。

2. 缓冲区　缓冲区主要指连接水体与护岸的过渡带，在这一区域建设有码头、沙滩浴场、木栈道和仿木亲水平台等设施，通过岸边自然形成的野生植物群落和局部人工栽植的草坪、扶芳藤等植物形成沿河岸的条状隔离带，将游人近距离地限制于岸边或亲水平台上，只可以近观但不能接近触摸。

缓冲区以展示湿地生物多样性、湿地科普宣传和教育活动为主。本区以适宜北方气候的水生植物为主，并配以适量野生花卉等，共同形成特色展示区，为陆生、水生及两栖动物提供生存空间。重点展示湿地生态系统、生物多样性和湿地自然景观，开展湿地科普宣传和教育活动，延续汾河的自然地域文脉，表现出湿地景观的自然美。

（二）游览活动区

游览活动区主要指河道两岸的主要景点、广场、园路和绿地，其中景点、园路、广场等面积 30 hm²，绿地面积 131 hm²。游人可以自由地进入该区，开展以接近水体、接近自然的休闲、娱乐活动。在该区设置适度的游憩设施，丰富了城市湿地公园的游览、休闲的功能。汾河二期主要包括以下四个景点：

1. 芳草渡 景点占地面积为 4.5 hm²，其中水面面积 0.3 hm²。结合现有柳树、国槐及岸边大面积保留水生植物，通过北涧河上的景观桥，与汾河一期景观有机衔接，并设置休闲娱乐区，如十里驿、天趣台水之源、君思渡及三亩塘污水处理展示区等景点。向游人展示人工湿地污水处理的主要功能流程，并起到一定的科普教育作用。

2. 轮之舞 景点占地面积 3.2 hm²，其中水面面积 0.2 hm²。结合小轮车赛馆及森林公园西门设置轮之舞。紧扣奥运主题，力争将绿色、科技、人文奥运精神同湿地自然景观有机融合。全园由"五环树岛""小轮车历史展示区""地景区""小轮车雕塑区"和"体育活动区"组成，象征人类与自然紧密共生以及奥运精神的生生不息。

3. 汇石园 景点占地面积 4.7 hm²，通过"石"这一大自然最淳朴的元素，辅以乡土地被植物来设置石滩，形成丰富的人文景观，为周围居民提供了一个放松身心的场所，体现了人文与自然野趣的共生。

4. 野趣园 景点占地面积 3.4 hm²，西岸最北段的野趣园景点，通过树形观鸟塔、蘑菇休息厅等一系列仿自然的景观元素，为久居闹市的市民提供大自然中的水岸野趣。

（三）管理服务区

在湿地生态系统敏感度相对较低的区域设置管理服务区，尽量减少对湿地整体环境的干扰和破坏。管理服务区占地面积共 1 hm²，主要结合 4 个景点设置相关服务设施，包括管理服务用房、公厕、停车场、自行车租赁设施、治安岗亭、便利店等公共设施等，方便管理，也为游人提供便利条件。

（四）交通组织

1. 外部交通 目前已形成城市主干道：滨河东路、滨河西路、胜利桥、北中环桥。人行天桥或地下通道：北延伸段远期规划设置 7 座天桥，以减轻滨河东、西快速路对汾河景区的影响，强化汾河景区的可达性。

2. 内部交通 公园出入口、停车场结合滨河东、西路及周围的居住用地、公建用地和周围道路交通统一规划布置。尽量满足市民方便出入汾河景区及减少对滨河东、西快速路交通的干扰，共设 4 个人流主出入口，5 个机动车出入口。游览主路：宽为 4 m，由游览自行车车道和后勤保障车道等组成，设置自行车换乘点。同时在涧河桥西设置桥梁，宽 5.5 m，道路材料采用青石板式路面，使一、二期景区内交通顺畅连接。游览次路：道路宽为 1.5~2.5 m，道路材料采用天然石块、卵石或仿木材料。生态体验小径：为加强市民与湿地公园的亲水、互动、近水提供便利，园路宽不小于 0.9 m，材料采用天然石料、青石板和木材等。

四、汾河景区规划设计分析

汾河景区从规划设计到施工建设积极贯彻了"以人为本"的理念，并根据蓄水工程和人工湿地的特性，分别进行了相应的主题设计。蓄水工程始终围绕"人、城市、生态、文化"的主题，进行环境综合整治，保持了城市滨河区良好的自然生态，实现了人与自然的和谐共生、城市与环境的协调发展。人工湿地则以"自然、生态、野趣"为主题，按照湿地的特性，规划设计刻意追求"自然"，追求生态平衡，追求现代城市中的野趣，努力恢复城市局部自然生物的多样性，以实现城市生态系统的良性发展。

汾河湿地是按照湿地的特性规划设计，追求生态平衡和现代城市生活的野趣，旨在保护生物多样性，恢复湿地的生态功能。汾河景区代表着现代园林的发展趋势，从设计风格上看，实现了由规则式向自然式的转换，更多追求生态平衡，实现和人与自然的和谐相处。从生态功能上，很好地体现了湿地蓄水防洪、净化水质、增加大气湿度、美化环境、旅游休闲、保护生物多样性、宣传教育等功能。

汾河景区景观设计总体按照"一条水带、两条长廊、三个区域"的功能布局。

（1）一条水带。主河槽内的自然蓄水池，形成湿地自然净化的动态、绿色生态轴。

（2）两条长廊。汾河湿地水带两侧，中生、湿生、水生植物，人工植被和野生植被构成了景观丰富、季相分明的风景林带和绿色生态屏障。

（3）三个区域。

①核心区即禁止进入区。根据候鸟等动、植物生长、生活规律，人为设置隔离区，游人只能远眺、观赏而不能参与，确保生物的自然生存环境不受任何干扰，使动、植物能够自然生存和繁衍，最大限度地保护生物多样性。这是当今城市中最难见到的自然湿地景观。

②缓冲区即限制进入区。重点展示湿地生态系统、生物多样性和湿地自然景观，进行湿地科普宣传和教育活动，设置一些蜿蜒的木栈道或木制平台、观察所、生态观测站等，游人能够近距离观赏而难以干涉。

③休闲区即自由进入区（含管理区）。亦即休闲、娱乐、健身区，游人可自由出入，开展以湿地为主的休闲、娱乐活动，设置适度的游憩设施、管理设施，完善城市公园的功能。

五、项目实施效果

2001年12月，建设部授予该项目"中国人居环境最佳范例奖"；2002年5月，联合国人居署决定评选太原汾河景区为"2002年迪拜国际改善人居环境最佳范例称号奖"；2005年8月，国家水利部授予汾河景区"国家水利风景区"称号；2005年10月，国家体育总局授予汾河景区"全国优秀体育公园"称号；2004—2007年，汾河管理委员会连续四年被山西省精神文明工作指导委员会授予"山西省文明单位"称号。2010年11月，国家旅游局将汾河景区评为"国家AAAA级旅游景区"。汾河景区的建成彰显了太原市城区生态文明建设的程度，为太原市的可持续发展奠定了基础。

历时13年建设人工湿地和蓄水工程，并配以两岸绿化布景，如今的汾河景区，由北向南长20.5 km，水面宽500 m，绿地面积3.4×10^6 m^2，湿地面积1.1×10^6 m^2，蓄水面积

5.0×10^6 m², 蓄水量 1.08×10^7 m³，太原市区人均绿地面积增加 3 m²；汾河景区建成后，恢复了河道的自然生态系统和生物多样性，栖息繁衍的鸟类由原来的 10 余种增加到 150 多种；汾河景区生产的氧气和吸收的废气，极大改善了空气质量，可帮助城市降尘 20% 左右（图 7-21）。

图 7-21 汾河景区建成后

（山西新闻网）

第四节 保健性园林规划与设计

案例 南京鼓楼医院仙林国际医院规划与设计

一、保健型园林的概念

保健型园林是以维护人们健康和提高人们自我保护意识为目的，以医学与环境为指导，通过地形、保健型植物、建筑小品的运用来营造具有保健效果的园林。

如今，国内外对人类的身心健康、强身祛病、延长生命潜在价值等方面的研究更为深刻，保健型园林是可帮助人们增强体质、防治疾病的人工植物群落，不仅能改善物质环境，而且还有益于调动人们的情绪，使人心平气和，促进健康。目前比较流行的"森林浴"旅游、保健生态社区都属此类。除此之外，国外利用花卉气味治疗疾病的"香花医院""森林疗养院"等也是其延伸用途之一。

在我国一些现代医院已有仿效国外医疗机构，把医院的园林绿化改造成保健型生态园林，运用自然疗法与芳香疗法的原理，在景观设计中强调参与性：宽广的草坪、幽静的竹林给病员带来不同的心理感受。植物丰富的色彩、清新的花香可以缓解紧张的情绪，减轻精神压力；病人通过视觉、嗅觉、触觉等方式来接触植物、感受自然，从而达到辅助医治疾病、增强体质的效果，同时提供一个可供休憩、交流的公共场所，使医患人员在这块园地得到更多的身心享受。

二、项目背景

医院位于仙林大学城灵山风景区北侧，三面环山，内有西横山水库，自然环境优越，外围交通网络便捷。总投资 8 亿元人民币，由基本医疗区、康复疗养区和医学培训中心组成，总建筑面积约 1.5×10^5 m²。

三、项目规划

（一）总体设计

以"细胞"为景观符号，利用现状自然山水条件，沟通现有水系，形成"三山蕴两溪，一水映东林"的绿化景观格局。

（二）功能分区

1. 基本医疗区 位于基地的北部，景观设计以满足使用功能为主。主入口广场以规整的几何形线条、淡雅沉稳的石材铺地营造出现代、简洁、开放的环境特征，楼侧景观延续山坡的理念，处理与院内主路之间的关系，使建筑与周围的山体融合在一起。建筑内庭院景观以"春""夏""秋""冬"四季景观为主题，以常绿树种为主，搭配色叶及开花小乔木及灌木。医生在诊治的间隙，抬头望望窗外，能起到消除疲劳、缓解压力的作用。

2. 康复疗养区 位于基地的西南侧，包括汇景湖和五感园两部分内容。设计者着重在这一区域进行了医疗花园的设计尝试。汇景湖由西横山水库改造而成，临湖设计了一处弧形风雨廊，在这里可以欣赏的天光云影、水波潋滟的自然美景。五感园是设置在康复疗养区内的一系列医疗花园。通过刺激五感（视、听、嗅、触、味觉）来调节人的身体健康。

（1）视觉园。有研究显示，绿色在人视野中占 25% 则能消除眼睛和心理疲劳，对人的精神和心理最适宜；蓝色能让人的精力集中；红色能缓解压力。从康复中心到户外的第一个园子就是视觉园，榉树种植在细胞状抬升的种植池内，林下种植各色开花植物。这里还是一个适合举行小型聚会的场所，探视者与病人一起散步；工作人员吃午餐或开小组会议，这里都是不错的选择。

（2）听觉园。设置在疗养区的东侧，竹林中设计了几条沙石小径，小径旁是条状的石凳，石凳旁的铺地是青砖，通过两种材质的不同给有视觉残疾的人以提示。坐在这里可以聆听风儿吹过竹叶的沙沙声，不远处山涧的潺潺流水声，山林中的鸟鸣声，身心得到彻底的放松。

（3）嗅觉园。设置在疗养区的西侧，选择种植花香、果香或叶香的植物和一些具有治疗功能的芳香植物进行组合配置，建设降血压、防治感冒、愉悦心情等功能区域，患者可根据需要选择进入。

（4）触觉园。设置在疗养区的西北侧，在抬升的细胞形花床上，均匀地分布着一些木制栅格，每个栅格里种植着不同的植物。具有视力障碍的人可以顺着栅格的引导去触摸其中的植物。这些植物具有不同的质感，如绵毛水苏具有柔软的绒质叶片，玉簪宽大的叶片光滑、革质，并由明显的叶脉……有些植物还具有独特的气味，如迷迭香的浓郁、薄荷的清凉等，还能刺激人的嗅觉。在这里患者可以感知到植物的多样性，同时自然的气息也能让人的身心得到放松。

（5）味觉园。设置在疗养区的西南角，种植一些能为人食用的品种或是作为食品原料的品种，如茶、草莓等，可提供采摘区域，高度要考虑乘坐轮椅的人参与采摘活动的需求。

3. 教育培训区　位于基地的西北侧，景观设计主要为来这里学习和工作的医护人员提供一处户外活动、交流的空间。

4. 山林生态区　位于基地的东南侧，针对现状山体进行植被恢复，种植三角枫、枫香、黄连木等高大的色叶乔木，丰富山体的季相变化。利用现状截洪沟改造成卵石的叠水溪，将现状的谷地上满植二月兰，配置紫叶李、紫玉兰等开花小乔木，营造出一处紫色岩石园——冥想园。

四、生态分析

城市山地植被改造应特别强调以生态学原理为指导，建设结构优化、功能高效、布局合理的生态系统。在这个系统中，乔木、灌木、草本和藤本植物被因地制宜的配置在群落中。种群间相互协调，有复合的层次和变化的季相色彩，具有不同生态特性的植物能各得其所，充分利用阳光、空气、土地、空间、养分、水分等，构成一个和谐有序、稳定的群落。同时各种园林植物又对空气、温度、水分、光照等发挥着重要的调节作用，体现了园林植物的生态效应。

第五节　道路园林的规划与设计

道路园林是指在道路两旁及分隔带内栽植树木、花草以及护路林等。主要目的是修复道路线形对生态系统的割裂，提升空气质量，改善交通环境，降低司机驾驶疲劳感。

案例　川主寺至九寨沟公路景观生态系统规划与设计

（四川省交通厅公路规划勘察设计研究院）

一、项目基本情况

川主寺至九寨沟公路，简称川九公路，位于四川省藏族羌族自治州，起于松潘县川主寺镇，止于闻名遐迩的世界级风景区九寨沟沟口，全长 94.14 km，是九（寨）黄（龙）机场至九寨沟的黄金旅游公路。

公路地处川西北高原，路基海拔 1 900～3 500 m，自川主寺至九寨沟先后穿越岷江源河谷和白河高山峡谷地貌。沿线除九寨沟沟口附近植被覆盖度较低外，其余路段或为河谷灌丛和高山草甸，或为原始森林，植被茂密，公路沿线主要为藏羌族聚居地，人烟稀少，人口密度低于 10 人/km²。

根据地形、地貌特点和植物群落的分布，公路沿线生态环境可分为四个不同的植被区或生态区：

①起点川主寺至小西天。为岷江河谷，属农牧区，路两侧多为耕地。但其土壤含砾石较多，吸水、保水能力差，遇水即成沟，遇旱散成沙，经风一吹，漫天扬尘。

②小西天至弓杠岭。地势较平坦，为亚高山草甸区，路两侧主要是野生灌木和草本植物。灌木非常茂密，以高山柳、六月雪为优势种；草本主要为披碱草和草熟禾，因过度放牧，局部草场在退化。

③弓杠岭至上寺寨。为高山峡谷，属森林植被区，主要有冷杉林、云杉林和落叶松林。灌木种类繁多，主要有高山柳、山麻柳和林下高山杜鹃等。由于植被茂盛，坡面侵蚀弱，相对较稳定。金秋时节，浓妆淡抹，色彩斑斓，蔚为壮观。

④上寺寨至九寨沟沟口。为干旱河谷植被区，主要是白刺花、羊蹄甲、少脉雀梅藤灌丛。

如前所述，项目区植被为数千年形成，根系盘结层较薄，一般只有10～20 cm，以下即为干燥的沙砾层或基岩，一旦破坏很难恢复。尤其是在坡面，坡下盘结层破坏将会导致坡上的盘结层顺坡滑落，使中等甚至高大乔木都随之滑落倒伏，造成整个坡面的植被破坏。因此，虽然项目区植被覆盖度较高，但生态系统却非常脆弱。

二、项目建设目标和意义

结合公路沿线地形与工程地质、原路利用与加宽及改线条件、路堑边坡病害处治等情况，在最大限度保护既有自然植被的基础上，采取必要的工程措施修复被破坏的生态环境，按二级公路要求提高技术等级和服务水平，达到"安全、舒适、环保、示范"的总目标。要通过这项示范工程的设计、施工实践，取得保护、修复公路沿线生态自然环境及与自然景观相适应的成功经验，探索交通可持续发展的有效途径，对脆弱生态环境的西部公路建设提供指导作用，对旅游风景区公路建设提供借鉴作用。

三、项目规划

（一）项目路段景观生态设计的原则

①与自然景观相协调的原则。
②以植物为主，人工构筑物为辅的造景原则。
③景观设计要与道路功能要求相符合的原则。
④景观设计注重环境保护的原则。
⑤景观设计反映藏羌文化特色的原则。
⑥采用露、透、封、诱的设计手段，突出公路景观效果。

（二）总体布局

从地貌和生态环境角度，川九公路穿过5个不同的生态区域地貌单元。

1. 起点川主寺至小西天（K14） 为岷江河谷农田生态区，阡陌农田和数个藏族村寨构成特有的高原河谷田园景观。根据环境协调原则，仅在路边种草并每隔20 m簇植野花，使公路像一条镶边的飘带飘落在丰收的田园中。

2. 小西天至弓杠岭（K33） 主要为亚高山草甸灌丛区，开阔的河谷阶地上茵茵绿草和茂密的灌丛彰显了川西北高原的妩媚风采，公路只是碧绿草坪中的一条小径，任何装饰都将破坏其天然美景，故此段公路两侧仅种植与草甸主要草种相同的披碱草，并在草坪上零星散植或丛植高山柳灌木，形成自然过渡。

3. 弓杠岭至红岩林场（K60） 为高山峡谷森林区，植被覆盖率高，林下灌木也很茂盛，公路位于谷底，视线受限，单调的森林景观易使人疲劳，因此在路边草坪中散播红、黄、

图 7-22　川九路峡谷路段弯路设计

蓝、白、紫等各色野花，每 2 km 左右更换品种，沿线形成相间变化的林下色谱（图 7-22）。

4. 红岩林场至九道拐（K64+500） 为甘海子堰塞湖沼泽湿地区，也是一个开放式的旅游风景区，公路沿湿地左岸延展，有一个藏寨，人为活动较为强烈。景观设计除在公路两侧全面种草外，在草坪上以灌木和野花组成花坛与路边各种造型和不同装饰风格的构筑物一起，形成丰富多彩的路边景观。

5. 九道拐至漳扎（K79） 为干旱河谷区，有 3 个藏寨，人文气息较浓，白河河水清澈，岸边植被发育，河流被掩藏在绿树草丛之中。该段景观设计以生态文化为主题，采用透景和造景方法，砍去公路右侧遮挡河水的高大杂草，并在河水长距离裸露的路段右侧间隔种植乔、灌、草，每段 10~20 m，使河水间断透出，营造出若隐若现的神秘气氛。在经过村寨的路边则采用各色野花和绿草构成具有藏羌文化特点的图案如白色哈达、藏袍裙边花饰等。至漳扎终点段，路左边为高陡山坡，路右边是一幢幢风格各异、五光十色的宾馆、酒店、商店，具有鲜明的城镇特点。该路段按街道环境景观设计，路左边坡以草和花卉为主，在边坡上用色叶灌木和草花构成大色块的造型图案，坡脚采用灌木烘托。路右侧在花池、花坛中种植低矮灌木和草花，使街景更加鲜艳多彩（图 7-23）。

图 7-23　川九路沿线具有民族特点的酒店

（三）细节设计

路基设计的重点是边坡和排水沟设计。对于坡缓、稳定的土质边坡（川盘大桥至弓杠岭段），清理坡面物质使其平顺，坡顶

以曲面与环境自然过渡,改直线边坡为曲线边坡,给人平顺、舒畅的感觉,坡面直接种草并散植或丛植灌木。对于较陡的高边坡,通过铺垫三维植被网、铁丝网以及两者组合植草、栽灌木恢复自然生态景观,坡脚设各式景观挡墙(如阶梯挡墙、花池挡墙、板凳式挡墙),对于已建挡墙采用细卵石、漂流石、黄砂石、青砂石等饰面与环境协调。排水沟采用盖板混凝土边沟(弓杠岭至九道拐)使路面与环境整合连续,土质边沟内种草并混播少量野花起到排水与观赏双重作用。清除路边弃渣回填取土坑,然后种草、栽灌木,极大地改善了路容路貌。

四、规划生态分析

项目在规划设计时充分遵循生态设计的原则:

①绿化植物种类选用。选用当地的野生种和草种,保证了物种与环境的一致,尤其在秋季高山柳和山麻柳叶色分别变黄、变红,与周围的景色融为一体,极为和谐。

②栽植方式。公路两侧(包括边坡)以草、灌结合为主,适当混播一些野花,摈弃规则式栽植方式,在人烟稀少的自然环境中灌木均采用散植或丛植的自然配植式。在低矮土质边坡直接种草并采用自然配植式栽植灌木。对高陡边坡先铺垫三维网、铁丝网或两者组合使用,再种草、栽灌木。在人为活动较频繁的路段(甘海子和九寨沟沟口),为增加边坡防护中路堑挡土墙的生态和景观效果,创造性地设计了花池形挡土墙和花槽形挡土墙,挡土墙采用预制板分级挡防,每级池、槽中填土栽灌木或种花草,灌木和花草将有效地遮挡预制板,一改全混凝土挡土墙的生硬和呆板形象,赋予了挡土墙生气与活力。为增强观赏性,在小西天至弓杠岭公路两侧的一级平台设计了缀花草坪,草坪中混播少量不同品种的野花;在弓杠岭至甘海子森林区公路两侧一级平台设计了花境形式的栽植方式,草坪中较多地播种野花花籽,分段散播,每段 2 km,只种夏、秋两种纯野花,相邻路段的花色不同,待到鲜花绽放时,沿公路形成一条花卉色谱,令人心悦。

川九公路已于 2003 年建成通车,除局部路段绿化尚需完善外,大部分已初显成效。当你乘机降落九黄机场之时,凭窗俯视,川九公路像一条黑色的飘带蜿蜒舒缓地躺卧在绿色的山峦沟谷之中,驱车前往,一条自然和谐、舒适、安全的生态公路在你脚下延伸。

能力拓展

根据当地实际情况结合园林生态学原理对所在城市的主干道路进行道路园林规划设计,并对现有规划设计提出意见和建议。

第六节 社区园林的规划与设计

案例 广州大学城园林绿地规划与设计

一、地理位置

大学城位于广州市东南部番禺区的小谷围岛上,小岛东毗长洲岛,西邻洛溪岛,北对广州国际生物岛和琶洲岛，南与番禺区新造镇举目相望，距广州市中心 17 km，距番禺区中心——市桥约 13 km。

二、概 况

大学城由信息与体育共享区、综合发展北区、综合发展南区三区组成。面积约 80.39 hm²。其中信息与体育共享区绿地约 62.83 hm²，综合发展南、北区绿地约 17.56 hm²。

信息与体育共享区总体布局环绕知识湖展开。知识湖居于三条轴线的中心位置，南、北主轴线分别是中心图书馆、体育馆；东西主轴线分别为体育休闲中心、酒店会议中心。包围该区域的道路称为内环道路，路中心标高由 7.9 m 至 18.0 m 不等（广州高程系）。综合发展北区集中了大部分研究活动，内有实验室、孵化空间、研究机构以及交流空间，通过规划中的隧道和轮渡与北部生物岛相联系。综合发展南区及会展、文化共享区设置大学城最重要的共享设施，大学城管理中心；主要的商业娱乐中心以及文化艺术综合体，以总协调和分特点的功能分布其间。

三、设计理念

大学城中心区公共绿地不能等同于一般意义上的公园。它既是各座大学校园绿化景观的延伸和补充，更是展示多种学术风格、思想方式的公众舞台。因而其绿地定位必须既具备大学城中心绿地的特殊性，又具备社会公共绿地的兼容性。

1. 完整的生态理念——自然

（1）尊重现实的自然观。天人合一反映了古代人类对自然的认知和采取的态度，大学城设计的生态理念也源于这一朴素的自然观。

（2）融入可持续发展的生态观。在继承先人思想的基础上，融合了当前的可持续发展的理论和现代的生态观。采用综合的、完整的生态设计方法，在各绿地所处位置、环境的自然地理条件下，绿地的要素设计均考虑与自然的协调统一和对生态最大程度的改善。

2. 独特的文化理念——沟通与超越

（1）信息与体育共享区的设计依托"沟通"和"超越"理念。人们获取信息是为了更好的交流和沟通，从而使自身以及整个团体得到提高。其后，终将实现自我的超越，这也是人类体育精神更快、更高、更强的最佳体现。

（2）这种对环境景观的体验与实践，能让莘莘学子获得源于自然，超越自我的一种感悟。

四、功能结构组织

信息与体育共享区的公共绿地设计在结构组织上强调了"一点、一环、两轴"的形态轮廓。

一点——以求知塔为全园景观控制点。一环——以沿知识湖外围 7 m 宽的景观路为各建筑组团的景观空间连廊。两轴——南北向的轴线，景观空间上强化，以实为主。东西向的轴线，景观处理上弱化，以虚为主。一强一弱、虚实对比，突出重点。

另外，内环路外侧南、北综合发展区在中心区内的景观收头处，以两个各具特色的生态广场空间——清歌如烟景区和似水年华景区为收景节点，使其轴线影响力不延伸至内部空间，而只在外部产生控制作用。

五、景区划分及重要景观节点

绿地景观序列构成宛如一曲激昂的交响乐。每一乐章是对景观空间序列展示的一种演绎。

清歌如烟景区作为第一乐章；快板沉默是金景区作为第二乐章；慢板心如水蓝景区作为第三乐章；海阔天空景区作为第四乐章快板（高潮部分）。

六、植物配置

（一）绿化的分区

本标段的公共绿地是广州大学城公共景观的核心部分。其位于整个小谷围岛的中心部位，地块呈长条状，分为信息与体育共享区（中央公园）、综合发展北区与综合发展南区三个部分。

（二）渗透以人为本的主题

大学城公共绿地的设计应当以绿盈水绕、生态学府的绿地系统规划总体目标为指导，适应一心两轴、三环八园、放射网络的大学城（小谷围岛）绿地系统结构的特点，构建开放式绿地系统，建设成为生态环境良好、体现岭南文化特色的绿色校园城区，力求成为21世纪生态园林学府的典范。植物配置中所谓的开放式，充分体现了公共绿地的共享属性，这是一片从功能和形式上都必须考虑其使用主体（广大学子以及教工）的热土。

（三）绿化配置

1. 信息与体育共享区（中央公园）**绿化配置** 围绕规划中的清歌如烟、沉默是金、心如水蓝等8个景区进行植物配置，将整个信息与体育共享区装点得清丽不俗。

（1）清歌如烟景区。清歌如烟景区是香花植物的天堂，植物的芳香气味能使人宁静和谐，也能够杀灭许多致病菌，有效地净化空气。广州地区有许多观赏价值高、同时又能够散发沁人心脾芬芳的园林观赏植物，如鸡蛋花、九里香、茉莉、夜来香、米兰、狗牙花、桂花、含笑、黄栀子等，在道路两侧适当点缀或在建筑周围种植，除使校园呈现出视觉美外，也为味觉提供一个新的天地。其中蝶园景区是为吸引蝴蝶而特别设计的，种植各种引鸟诱蝶植物，如樟树、构树、台湾相思、人心果、海桐花、黄槿等，形成一个良好的生态环境。

（2）沉默是金景区。拥有灿烂的百花园和曲线流畅的白色沙滩艺海晨韵。广州地区适合园林种植的花通常指开花灌木和宿根地被，如黄素馨、大红花、金苞花、美人蕉等，还有许多阴生灌木和宿根植物如蜘蛛兰、文殊兰、黄金鸟、白蝴蝶等，其花叶均有很高的观赏性。这些美丽的花木一般都种植在与人接近便于观赏的区域，如道路的两侧、视觉的焦点、建筑物的周围、水面的附近。百花园景区突出表现了这些美丽的开花和色叶植物，令人心旷神怡。

（3）海阔天空景区。坐拥整个知识湖、背山面水的海阔天空景区是整个中心景区的视觉焦点，大王椰子、蒲葵的运用为亲水平台提供了良好的线性背景，同时背部的乔木林和山林更提供了丰富的景观，使景观具有连续性。

在中心湖区北面的主观景台周围，有蜿蜒的道路和树叶状的亲水平台，两侧的区域分布具有一定高差的水生植物种植池，将其定名为菖蒲海，种植以菖蒲为主的水生植物，因其成片种植产生的宽阔、优美、郁郁葱葱的美感，类似海水，令人心旷神怡、目不暇接。主要种植黄菖蒲、花菖蒲、石菖蒲和其余一些类似的植物，如水葱、德国鸢尾、鸢尾、千屈菜、紫娇花等。由于广州地区的温度比较恒定，有利于水生植物的生长，这一片人工湿地呈现的美景，非常适合学子们在此流连观赏。

（4）似水年华景区。似水年华景区位于中心景区的西北入口，轴线关系明确，视线收于精致的膜亭，这一区域以高大美丽的木棉树为行道树，经过整形修剪的垂榕柱下配以色彩鲜艳的杜鹃，强调了轴线的完整。两侧美丽的花木自然素雅，引导着人们渐渐步入这一静谧的区域。越是走近膜亭广场，色木的布置越是丰富，鲜艳灵动的颜色让人不仅赏心悦目，更对未来的景观充满期待。

2. 综合发展北区绿化配置　由火树银花、百鸟归巢、硕果归根和孕育新生等景区组成。

3. 综合发展南区绿化配置　设计时以自然生态为原则，故多以密林为主，湖边适当配以疏林草地，营造舒适、幽闲的休息空间。

实训项目 7-1　山水园林规划设计

目的

通过山水园林的综合环境条件分析和群落配置设计，训练对不同园林植物种类生物学特性、生态学特性以及种间、种内关系和群落稳定性等基本原理的综合应用能力。

工具

设计山水园林基地的地形图或平面图一张（1∶200），生境条件及相关背景资料，设计室及设计绘图用具（实验时由教师提供）。

内容

根据山水园林基地的地形图或平面图（1∶200）及相关背景资料（区位关系，简要的社会经济条件、气候条件、土壤状况、现有植被情况及权属关系等），进行山水园林规划的详细设计，绘制设计平面效果图。

方法

1. 仔细审核设计基地地形图或平面图及相关背景资料，必要时应进行现场踏查或补充调查，确定其基本特点。
2. 确定山水园林规划设计应遵循的生态学原则，必要时进行功能分区。
3. 根据设计原则选择相应的植物种类。
4. 确定山水园林植物群落的水平结构和垂直结构。
5. 绘制设计平面图，必要时出效果图。
6. 撰写设计说明书。

要求

  1. 山水园林规划设计应充分体现生态环境条件与植物生态学特性的一致性，种间、种内关系及群落稳定性的基本要求，并尽可能保证群落的环境保护功能及景观效果。

  2. 在保证基本要求的基础上，可充分发挥自身优势进行独具特色的群落配置及景观设计。

  3. 实验设计应独立完成，可在明确设计目的及基本要求后分头进行。

作业

  1. 提交山水园林规划设计平面图及相关效果图。

  2. 提交山水园林规划设计说明书一份，要求至少包括背景条件，设计原则，功能分区（范围较小可不分），植物种类的选择，群落水平结构设计，群落垂直结构设计，景观配置效果与特色。

实训项目7-2　呼吸保健型园林规划与设计

目的

  通过对呼吸保健型园林的规划和设计，培养学生对不同园林植物生物学特性、生态学特性以及种间、种内关系和群落稳定性等基本原理的综合应用能力。

条件

  提供设计地段的地形图或者平面图，条件及背景资料。

内容

  根据园林生态规划和生态设计要求进行园林植物筛选和配置设计。

方法步骤

  1. 布置课题，讲解要求。

  2. 筛选呼吸保健型植物种类。

  3. 确定植物配置。

  4. 撰写设计说明。

  5. 交流、讨论。

设计要求

  1. 以植物造景为主，园林小品为辅。

  2. 选择园林植物时，以呼吸保健型园林植物为主。

  3. 园林配置设计兼顾景观设计要求。

作业

  提交规划设计说明。

实训项目7-3　社区园林绿地的观察与实测

目的

  通过在社区内参观，使学生了解社区园林绿地的配置类型及特点，对社区园林绿地设计做初步的实践指导。同时在参观过程中，使学生掌握理论课程中关于社区园林绿地的生态作用。

工具

笔、笔记本或纸、卷尺等。

方法步骤

选择几处园林绿化较好的社区，带领学生参观，参观过程中就所看到的社区园林绿地的情况进行讲解，引导学生观察并分析该社区园林绿地规划设计的优、缺点。

1. 社区的道路绿化情况。包括树种选择及种植方式、行道树间距等。
2. 社区组团绿化情况。包括园林绿地布局特点、种植及设施安排等。
3. 社区旁楼间绿化情况。包括场地布局及种植方式等。

作业

实测一休息场所及其邻近的园林植物。按照比例1∶100～1∶200画实测平面图，图中应标注园林植物的种类及设施的名称（或做图例），附写简单的分析说明，评价分析园林植物的配置及达到的生态效果。图中应有指北针。

表7-2 评分标准

项目	满分	得分
分析报告	30	
实测	10	
平面图	30	
图例与标注	10	
线条	10	
图面布局	10	
得分		

说明：总分85～100分为优秀，60～81分为合格，0～59分为不合格。

参 考 文 献

包满珠.2003.花卉学［M］.北京：中国农业出版社.
常杰，葛滢.2001.生态学［M］.杭州：浙江大学出版社.
陈阜.2001.农业生态学［M］.北京：中国农业大学出版社.
陈敏豪.2002.归程何处—生态史话文明［M］.北京：中国林业出版社.
陈望衡.2001.生态美学及哲学基础［M］.武汉：武汉大学出版社.
陈湘主.1994.自然美景随笔［M］.武汉：湖北人民出版社.
陈有民.2004.园林树木学［M］.北京：中国林业出版社.
段大娟，李民杰，张涛.1999.园林小品及其植物配置的探讨［J］.河北林果研究，14（4）：12-14.
付荣恕，刘林德.2004.生态学实验教程［M］.北京：科学出版社.
付彦荣.2012.风景园林之于生态文明的价值体现［J］.风景园林（1）：158
傅伯杰，陈利顶.2003.景观生态学原理及应用［M］.北京：科学出版社.
高志强.2001.农业生态与环境保护［M］.北京：中国农业出版社.
戈峰.2002.现代生态学［M］.北京：科学出版社.
谷茂.2007.园林生态学［M］.北京：中国农业出版社.
郭晋平，周志翔.2007.景观生态学［M］.北京：中国林业出版社.
何平.2001.城市绿地植物配置及其造景［M］.北京：中国林业出版社.
贾卫列，杨永岗，朱明双.2013.生态文明建设概论［M］.北京：科学出版社.
姜林，王岩.2004.场地环境评价指南［M］.北京：中国环境出版社.
蒋莹.2009.西方医疗性园林的两个实例［J］.中国园林，25（164）：16-18.
焦胜，曾光明，曹麻茹.2006.城市生态规划概论［M］.北京：化学工业出版社.
孔国辉，汪嘉熙，陈庆诚.1988.大气污染和植物［M］.北京：中国林业出版社.
冷平生.2003.园林生态学［M］.北京：中国农业出版社.
李博，杨持，林鹏.2000.生态学［M］.北京：高等教育出版社.
李良美.2005.生态文明的科学内涵及其理论意义［J］.毛泽东邓小平理论研究（12）：23-25.
李树华，张文秀.2009.园艺疗法科学研究进展［J］.中国园林，25（164）：19-23.
李秀珍.2003.景观生态学［M］.北京：科学出版社.
李振基，陈小麟.2000.生态学［M］.北京：科学出版社.
李征.2001.园林景观设计［M］.北京：气象出版社.
林文雄.2013.生态学［M］.北京：科学出版社.
刘常富，陈玮.2003.园林生态学［M］.北京：科学出版社.
刘成纪.2001.生态学视野中的当代美学［J］.郑州大学学报（哲学社会科学版）（4）：56-63.
刘国华.2010.园林植物造景［M］.北京：中国农业出版社.
刘金燕.2011.私家庭院造景［M］.福州：福建科学技术出版社.
刘茂松，张明娟.2004.景观生态学：原理与方法［M］.北京：化学工业出版社.
刘志礼.2011.生态文明的理论体系构建与实践路径选择［J］.武汉理工大学学报（社会科学版），24（5）：638-644.

卢圣.2009.可持续设计与风景园林［J］.北京农学院学报，24（2）：64-66.
吕正华，马青.2004.街道环境景观设计［M］.沈阳：辽宁科学技术出版社.
潘文明.1999.园林绿化［M］.北京：高等教育出版社.
瞿辉.1999.园林植物配置［M］.北京：中国农业出版社.
曲仲湘，吴玉树.1983.植物生态学［M］.北京：高等教育出版社.
尚玉昌.2002.普通生态学［M］.2版.北京：北京大学出版社.
佘正荣.1995.生态智慧论［M］.北京：中国社会科学出版社.
宋国平，张建，刘国东.2004.川主寺至九寨沟旅游公路建设与环境保护［J］.四川环境，23（5）：95-98.
宋永昌.2001.植被生态学［M］.上海：华东师范大学教材出版社.
苏雪痕.1994.植物造景［M］.北京：中国林业出版社.
孙儒泳，李博，诸葛阳.1993.普通生态学［M］.北京：高等教育出版社.
孙儒泳.2002.基础生态学［M］.北京：高等教育出版社.
土人景观网站.Webmaster@turenscape.com
王发祥，1998.深圳园林植物［M］.北京：中国林业出版社.
王浩，谷康，赵岩.1995.城市道路绿化景观设计［M］.南京：东南大学出版社.
王孝国.2003.川九公路建设的生态理念与环保措施［M］//中国公路学会2003年学术年会论文集.326-328.
邬建国，杨劼.2009.现代生态学讲座（Ⅳ）［M］.北京：高等教育出版社.
徐恒醇.2003.关于生态美学的几点思考［M］.西安：陕西人民教育出版社.
姚方，张文颖.2010.园林生态学［M］.郑州：黄河水利出版社.
应立国.2002.城市景观元素：国外城市植物景观［M］.北京：中国建筑工业出版社.
于艺婧，马锦义，袁韵珏.2013.中国园林生态学发展综述［J］.生态学报，33（9）：2665-2675.
俞孔坚.2000.景观、生态与感知［M］.北京：科学出版社.
岳友熙.2007.生态环境美学［M］.北京：人民出版社.
臧德奎.2002.彩叶树种选择与造景［M］.北京：中国林业出版.
张吉祥.2001.园林植物种植设计［M］.北京：中国建筑工业出版社.
张文英，巫盈盈，肖大威.2009.设计结合医疗：医疗花园和康复景观［J］.中国园林，25（164）：7-11.
周凤霞.2005.生态学［M］.北京.化学工业出版社.
周淑贞.气象学与气候学［M］.北京：高等教育出版社.
周志翔.2003.园林生态学实验实习指导书［M］.北京：中国农业出版社.
祝廷成，钟章成，李建东.1988.植物生态学［M］.北京：高等教育出版社.

读者意见反馈

亲爱的读者：

感谢您选用中国农业出版社出版的职业教育教材。为了提升我们的服务质量，为职业教育提供更加优质的教材，敬请您在百忙之中抽出时间对我们的教材提出宝贵意见。我们将根据您的反馈信息改进工作，以优质的服务和高质量的教材回报您的支持和爱护。

地　　　址：北京市朝阳区麦子店街18号楼（100125）
　　　　　　中国农业出版社职业教育出版分社
联系方式：QQ（1492997993）

教材名称：＿＿＿＿＿＿＿＿＿ ISBN：＿＿＿＿＿＿＿＿＿

个人资料

姓　名：＿＿＿＿＿＿＿＿＿＿所在院校及所学专业：＿＿＿＿＿＿＿＿＿＿
通信地址：＿＿＿＿＿＿＿＿＿＿＿＿＿＿＿＿＿＿＿＿＿＿＿＿＿＿＿＿＿
联系电话：＿＿＿＿＿＿＿＿＿＿电子信箱：＿＿＿＿＿＿＿＿＿＿＿＿＿＿

您使用本教材是作为：□指定教材□选用教材□辅导教材□自学教材

您对本教材的总体满意度：

　从内容质量角度看□很满意□满意□一般□不满意
　　改进意见：＿＿＿＿＿＿＿＿＿＿＿＿＿＿＿＿＿＿＿＿＿＿＿＿＿＿
　从印装质量角度看□很满意□满意□一般□不满意
　　改进意见：＿＿＿＿＿＿＿＿＿＿＿＿＿＿＿＿＿＿＿＿＿＿＿＿＿＿

本教材最令您满意的是：
□指导明确□内容充实□讲解详尽□实例丰富□技术先进实用□其他＿＿＿＿＿

您认为本教材在哪些方面需要改进？（可另附页）
□封面设计□版式设计□印装质量□内容□其他＿＿＿＿＿

您认为本教材在内容上哪些地方应进行修改？（可另附页）
＿＿＿＿＿＿＿＿＿＿＿＿＿＿＿＿＿＿＿＿＿＿＿＿＿＿＿＿＿＿＿＿＿＿
＿＿＿＿＿＿＿＿＿＿＿＿＿＿＿＿＿＿＿＿＿＿＿＿＿＿＿＿＿＿＿＿＿＿

本教材存在的错误：（可另附页）
第＿＿＿页，第＿＿＿行：＿＿＿＿＿＿＿应改为：＿＿＿＿＿＿＿＿
第＿＿＿页，第＿＿＿行：＿＿＿＿＿＿＿应改为：＿＿＿＿＿＿＿＿
第＿＿＿页，第＿＿＿行：＿＿＿＿＿＿＿应改为：＿＿＿＿＿＿＿＿

您提供的勘误信息可通过QQ发给我们，我们会安排编辑尽快核实改正，所提问题一经采纳，会有精美小礼品赠送。非常感谢您对我社工作的大力支持！

欢迎访问"全国农业教育教材网"http：//www.qgnyjc.com（此表可在网上下载）
欢迎登录"中国农业教育在线"http：//www.ccapedu.com 查看更多网络学习资源